图 3-34 径向擦除　　　　　　图 3-35 插入　　　　　　图 3-36 时钟式擦除

图 4-28 原图与应用【放大】、【旋转】特效后的效果

图 4-39 原图与应用【杂色】、【杂色 Alpha】特效后的效果

图 4-40 原图与应用【杂色 HLS】、【灰尘与划痕】特效后的效果

图 4-42 【快速模糊】、【相机模糊】、【方向模糊】特效效果

图 4-45 原图与应用【锐化】、【非锐化遮罩】特效后的对比效果

图 4-51 原图与应用【网格】、【单元格图案】特效后的画面

图 4-52 原图与应用【镜头光晕】、【闪电】特效后的画面

图 4-58 【光照效果】特效　　　　图 4-114 原图与应用【通道混合器】特效后的效果

图 4-123 应用【画笔描边】、【抽帧】、【粗糙边缘】特效后的效果

图 14-1 或许没有人真正知道，我们的人生将去何方

图 14-5 昔日的老友和新结识的伙伴

图 14-6 一段又一段的旅程组成了生命的旅途

图 14-7 我们称之为人生

图 14-8 我们认为，抵达目的地固然重要

图 14-9 但我们也懂得，旅途，更加弥足珍贵

图 14-10 御风而行，以游无穷

图 14-11 增强节奏感

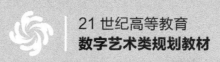

21 世纪高等教育
数字艺术类规划教材

数字媒体
后期制作教程
——Premiere+After Effects
（第 2 版）

陆平 ◎ 主编
朱渤 郭雪婷 宋博 ◎ 副主编

人 民 邮 电 出 版 社
北　京

图书在版编目（CIP）数据

数字媒体后期制作教程：Premiere+After Effects /
陆平主编. -- 2版. -- 北京：人民邮电出版社，2016.8（2022.12重印）
ISBN 978-7-115-42415-0

Ⅰ. ①数… Ⅱ. ①陆… Ⅲ. ①视频编辑软件－教材②
图象处理软件－教材 Ⅳ. ①TN94②TP391.41

中国版本图书馆CIP数据核字(2016)第142365号

内 容 提 要

本书主要介绍数字媒体后期的编辑与合成，全书分 4 部分，共 14 章，分别介绍 Premiere Pro CC
2014 和 After Effects CC 2014 的使用方法，包括 Premiere 基本操作，编辑技巧及编辑方法，视频过
渡、视频特效及运动特效的使用，字幕制作，音频的编辑和控制，After Effects 基本操作，创建关键
帧动画，文字特效、抠像特效及其他特效的使用和制作等，并通过实例介绍了两种软件的综合应用。
每章开始都给出了本章的教学目标，再给出相应的实例用于阐述知识点，遵循由浅入深、命令解释
与实例演示相结合的方式进行介绍。本书将编辑技巧融合于软件的实际操作中，并通过一个较完整
的 DV 短剧的制作，使读者了解 Premiere 和 After Effects 的综合应用。

本书相应的素材资源可在网上下载，包含书中实例涉及的素材、制作结果等文件，供课堂教学
和读者自学使用。

本书适合高等院校相关专业及社会相关培训学校作为教材使用，也适合从事后期制作及相关专
业工作的初学者作为自学教材或参考书使用。

◆ 主　编　陆　平
　　副主编　朱　渤　郭雪婷　宋　博
　　责任编辑　吴　婷
　　责任印制　沈　蓉　彭志环
◆ 人民邮电出版社出版发行　　北京市丰台区成寿寺路 11 号
　　邮编　100164　　电子邮件　315@ptpress.com.cn
　　网址　http://www.ptpress.com.cn
　　固安县铭成印刷有限公司印刷
◆ 开本：787×1092　1/16　　　彩插：2
　　印张：21　　　　　　　　2016 年 8 月第 2 版
　　字数：510 千字　　　　　2022 年 12 月河北第 13 次印刷

定价：52.00 元

读者服务热线：(010)81055256　印装质量热线：(010)81055316
反盗版热线：(010)81055315

第2版前言

Premiere 和 After Effects 是目前 PC 平台上使用得最为广泛的非线性编辑、特效合成软件。它们能稳定地运行在 Windows 和 Mac OS 两大操作系统中，对硬件要求低，易于使用，主要应用于影视剧、电视广告、片头包装、多媒体开发等领域。Premiere 和 After Effects 虽然各有侧重，但是两者可以实现实时的高度整合，在实际应用中经常配合使用。

内容和特点

本书分为 4 大部分：概述（第 1 章）、非线性编辑技术（第 2 章～第 7 章）、数字合成技术（第 8 章～第 12 章）、数字媒体短片创作（第 13 章～第 14 章），深入浅出地讲解了 Premiere 和 After Effects 的使用方法及相应的编辑技巧。

本书拍摄并精选了一些具有完整故事情节的视频，采用理论介绍与实例相结合的方式，使读者可以快速了解数字媒体后期制作的编辑技巧，深入学习软件功能以及后期制作技术。章后设有课后习题，可以提高读者的实际应用能力。

全书共分为 14 章，具体内容简要介绍如下。

● 第 1 章：介绍数字视频基础知识、技术基础、数字媒体后期制作常用软件、理论知识及数字媒体制作的基本原则。

● 第 2 章：介绍 Premiere 的基本操作，包括创建项目、捕捉视音频素材、素材的导入及管理、建立和管理节目序列、监视器的使用、影片视音频的处理技巧、在时间轴面板中进行编辑、高级编辑及启用多机位模式切换。

● 第 3 章：包括添加视频过渡的应用原则、视频过渡分类夹、视频过渡效果的应用、视频过渡分类讲解及过渡技巧应用实例。

● 第 4 章：包括视频特效简介、应用和设置视频特效、设置关键帧和特效参数、视频特效概览及不同视频特效的功能。

● 第 5 章：介绍运动特效的参数设置和使用方法改变不透明度、创建关键帧插值控制及使用时间重映射特效。

● 第 6 章：介绍字幕设计窗口、字幕菜单命令、制作字幕、创建动态字幕及使用模板等。

● 第 7 章：包括导入音频、声道与音频轨道、音频素材编辑处理、音频剪辑混合器、声音的处理以及对音频效果的简介。

● 第 8 章：介绍 After Effects 的基本操作，包括用户界面、项目的创建与编辑、图像合成以及对图层的应用。

● 第 9 章：介绍关键帧的概念、创建关键帧动画项目、为合成设置关键帧以及关键帧高级技巧。

● 第 10 章：介绍创建和修饰文字、文字的动画、路径文字以及文字特效预设。

● 第 11 章：介绍关于数字抠像的操作，包括创建数字抠像项目、使用键控特效抠像、使用蒙版及使用图层混合模式调和素材。

- 第 12 章：介绍常用特效的一般设置方法以及稳定运动和跟踪运动的基本制作技巧。
- 第 13 章：介绍将序列导出到磁带、导出单帧及导出影片的方法，同时介绍了 Adobe Media Encoder 的使用方法及 Premiere 与 After Effects 的结合使用方法。
- 第 14 章：介绍短片的制作流程、编辑技巧及编辑方法等。

读者对象

本书适合高等院校相关专业及社会相关培训学校作为教材使用，也适合从事后期制作及相关专业工作的初学者作为自学教材及参考书使用。

素材资源内容

本书相应的素材资源可在网上（网址 http://pan.baidu.com/s/1hsPkAQ4）进行下载，包含书中实例涉及的素材、制作结果文件、电子课件、课后习题答案等文件，供课堂教学和读者自学使用。

本书由陆平任主编，朱渤、郭雪婷、宋博任副主编，参加编写及提供视频资料工作的还有王丹丹、王涛、闫鹏、胡潇木、郝红艳、邢小琪、汲艳丽、胡凌志等。

编　者
2016 年 3 月

目录
CONTENTS

第 1 部分　概述

第 2 部分　非线性编辑技术

第3部分 数字合成技术

第4部分　数字媒体短片创作

第 1 部分

概　　述

1 Chapter

第 1 章
数字媒体后期制作概述

数字媒体后期制作指的是将实际拍摄的素材与图形、动画、字幕、声音等元素结合起来，按照影视艺术技巧和手法进行合成与剪辑，制作出完整影片的过程。

数字媒体后期制作被广泛应用于影视剧、电视广告、MTV、节目包装、多媒体开发等领域。近年来，随着计算机技术的成熟，个人计算机已经能够满足部分数字媒体后期制作软件的需求，数字媒体后期制作的普及程度越来越高。

本章首先介绍数字视频的基础知识，其次介绍非线性编辑技术和数字合成技术的概念和作用，使读者了解数字媒体后期制作的技术基础；再次介绍了本书涉及的两款数字媒体后期制作软件 Adobe Premiere 和 Adobe After Effects；接下来简要介绍数字媒体后期制作的流程；最后概括影视艺术中蒙太奇理论的各种表现形式以及数字媒体制作的基本原则。

【教学目标】

- 了解数字视频的基础知识。
- 了解非线性编辑技术的优点。
- 了解数字合成技术的原理和应用。
- 了解蒙太奇理论的主要表现形式。
- 掌握 Adobe Premiere 和 Adobe After Effects 的特点和主要功能。
- 熟悉数字媒体后期制作的流程。

1.1 数字视频基础知识

1. 数字视频的基本概念

数字视频（Digital Video）：包括运动图像（Visual）和伴音（Audio）两部分。

一般说来，视频包括可视的图像和可听的声音，然而由于伴音处于辅助地位，并且在技术上视像和伴音是同步合成在一起的，因此具体讨论时有时把视频（Video）与视像（Visual）等同，而声音或伴音则总是用 Audio 表示。所以，在用到"视频"这个概念时，它是否包含伴音要视具体情况而定。

2. 数字视频信号

（1）标清：物理分辨率在 720p 以下的一种视频格式，简称 SD。720p 是指视频的垂直分辨率为 720 线逐行扫描。具体地说，是指分辨率在 400 线左右的 VCD、DVD、电视节目等"标清"视频格式，即标准清晰度。

（2）高清：物理分辨率达到 720p 以上则称为高清，简称 HD。关于高清的标准，国际上公认的有两条，即视频垂直分辨率超过 720p 或 1080i，视频宽纵比为 16:9。

（3）超高清：国际电信联盟最新批准的信息显示，"4K 分辨率（3840×216 像素）"的正式名称被定为"超高清"。同时，这个名称也适用于"8K 分辨率（7680×4320 像素）"。CEA 要求，所有的消费级显示器和电视机必须满足以下几个条件之后，才能贴上"超高清 Ultra HD"的标签。首先屏幕最小的像素必须达到 800 万有效像素（3840×2160），在不改变屏幕分辨率的情况下，至少有一路传输端可以传输 4K 视频，4K 内容的显示必须原生，不可上变频，纵横比至少为 16:9。与此同时，美国消费者电子协会针对 4K 电视进行了一个官方的命名"UHDTV"，即"超高清电视"。

3. 电视制式

电视制式种类有 3 种：PAL 制、NTSC 制和 SECAM 制。中国及德国使用 PAL 制式，韩国、日本及东南亚地区与美国等使用 NTSC 制式，俄罗斯、法国及东欧地区等使用 SECAM 制式，不同的制式之间互不兼容。因此，若视频拍摄机器是 DV，则在中国应选用 DV-PAL 进行编辑。

4. 帧速率

数字视频利用人眼的视觉暂留特性产生运动影像，因此，将每秒钟显示的图片数量称为帧速率，单位是帧/秒（fps）。

传统电影的帧速率为 24 帧/秒（24fps），PAL 帧速率是 25 帧/秒（25fps），NTSC 制帧速率为 29.97 帧/秒（29.97fps），SECAM 制帧速率也是 25 帧/秒（25fps）。不管什么制式，大于 10 帧/秒的帧速度可以在视觉上产生平滑的动画，反之画面则会产生跳动感。

5. 场与场序

在将光信号转换为电信号的扫描过程中，扫描总是从图像的左上角开始，水平向前行进，同时扫描点也以较慢的速率向下移动。当扫描点到达图像右侧边缘时，扫描点快速返回左侧，重新开始在第 1 行的起点下面进行第 2 行扫描，行与行之间的返回过程称为水平消隐。一幅完整的图像扫描信号，由水平消隐间隔分开的行信号序列构成，称为一帧。扫描点扫描完一，帧后，要从图像的右下角返回到图像的左下角，开始新一帧的扫描，这一时间间隔，叫做垂直消隐。对于

PAL 制信号来讲，采用每帧 625 行扫描。对于 NTSC 制信号来讲，采用每帧 525 行扫描。

　　大部分的广播视频采用两个交换显示的垂直扫描场构成每一帧画面，这叫做交错扫描场。交错视频的帧由两个场构成，其中一个扫描帧的全部奇数场，称为奇场或上场；另一个扫描帧的全部偶数场，称为偶场或下场，如图 1-1 所示。场以水平分隔线的方式隔行保存帧的内容，在显示时首先显示第 1 个场的交错间隔内容，然后再显示第 2 个场来填充第一个场留下的缝隙。计算机操作系统是以非交错形式显示视频的，它的每一帧画面由一个垂直扫描场完成。电影胶片类似于非交错视频，它每次是显示整个帧的，一次扫描完一个完整的画面。

第一场：奇数行扫描场　　第二场：偶数行扫描场　　两场叠加构成完整画面

图 1-1　隔行扫描与逐行扫描对比

　　第一场：对于隔行扫描视频，首先整个高场（奇数行）按从上到下的顺序在屏幕上绘制一遍。第二场：接下来，整个低场（偶数行）按从上到下的顺序在屏幕上绘制一遍。图 1-1 的下面部分是逐行扫描，对于非隔行扫描视频，整个帧（计数顺序中的所有行）按从上到下的顺序在屏幕上绘制一遍。

　　解决交错视频场的最佳方案是分离场。合成编辑可以将上载到计算机的视频素材进行场分离。通过每个场产生一个完整帧再分离视频场，并保存原始素材中的全部数据。在对素材进行如变速、缩放、旋转、效果等加工时，场分离是极为重要的。未对素材进行场分离，画面中会有严重的抖动、毛刺效果。

　　由于场的的存在，因此出现了场序的问题，也就是显示一帧时先显示哪一场。这并没有一个固定的标准，不同的系统可能有不同的设置。比如 DV 视频采用的是下场优先，而像 Matrox 公司的 DigiSuite 套卡采用的则是上场优先。影片渲染输出时，场序设置不对就会产生图像的抖动，在后期制作中可以调整场序。

6. 脱机与联机

　　脱机（Off—line）编辑称为离线编辑，是指采用较大压缩比（如 100:1）将素材采集到计算机中，按照脚本要求进行编辑操作，完成编辑后输出 EDL 表（编辑决策表），记录视音频编辑的完整信息。联机（On-line）编辑称为在线编辑，指先将 EDL 表文件输入到编辑控制器内，控制广播级录像机以较小压缩比（如 2:1）按照 EDL 表自动进行广播级成品带的编辑，最终输出为高质量的成品带。在实际的制作中，常常将两者相互配合，利用脱机编辑得到 EDL 表，进而指导联机编辑，这样可以大大缩短工作时间，提高工作效率。

　　非线性编辑系统中有三种脱机编辑的方法。第一种方法是先以较低的分辨率和较高的压缩比录制尽可能多的原始素材，使用这些素材编好节目后将 EDL 表输出，在高档磁带编辑系统中进行合成。第二种方法是根据草编得到的 EDL 表，重新以全分辨率和小压缩比对节目中实际使用的素材进行数字化，然后让系统自动制作成片。第三种脱机编辑的方法是在输入素材的阶段首先以最高质量进行录制，然后在系统内部以低分辨率和高压缩比复制所有素材，复制的素材占用存储空间较小，处理速度也比较快，在它的基础上进行编辑可以缩短特技的处理时间。草编完成后，用高质量的素材替换对应的低质量素材，然后再对节目进行正式合成。

7. 时间代码

为确定视频素材的长度，以及每一帧的时间位置，以便在播放和编辑时对其进行精确控制，需要用时间代码给每一帧编号，国际标准称为 SMPTE 时间代码，SMPTE 时间代码一般简称为时码。SMPTE 时码的表示方法是：小时（h）:分钟（m）:秒（s）:帧（f）。例如，一段长度为"00:03:20:15"的视频片段的播放时间为 3 分钟 20 秒 15 帧。

8. 信号格式

摄像机拍摄图像时，通过扫描最初形成 R、G、B 三个信号，然后将 RGB 信号转换为亮度信号和色度信号。亮度信号 Y 是控制图像亮度的单色视频信号，而色度信号只包含图像的彩色信息，并分为两个色差信号 B-Y 与 R-Y。由于人眼对图像中的色度细节分辨力低而对亮度细节分辨力高，因此对两个色差信号的频带宽度又进行了压缩处理，对于 PAL 制来讲，压缩后的色差信号用 U、V 表示。

YUV 信号称为分量信号（component）格式，也被称为 YUV 颜色模式，是目前视频记录存储的主流方式。两个色差信号可以进一步合成一个色度信号 C，进而形成了 Y/C 分离信号格式。亮度信号 Y 和色度信号 C 又可进一步形成一个信号，被称为复合信号（composite），也就是人们常说的彩色全电视信号。对同一信号源来讲，YUV 分量信号质量最好，然后依次降低。Premiere 的内部运算支持 YUV 颜色模式，能够确保影片质量。

9. 帧长宽比

帧长宽比用于描述图像尺寸中宽度与高度的比例。例如，DV NTSC 具有 4:3 的帧长宽比（或 4.0 宽×3.0 长）。为了进行比较，典型的宽银幕帧具有 16:9 的帧长宽比；许多具有宽银幕模式的便携式摄像机可以使用此长宽比进行录制，如图 1-2 所示。很多影片是使用更大的长宽比进行拍摄的。

在使用不同的帧长宽比将剪辑添加到项目中时，必须明确如何协调各个值。在帧长宽比为 4:3 的标准电视上放映长宽比为 16:9 的宽银幕电影有两种方法。使用宽银幕式技术将 16:9 帧的整个宽度放到黑色 4:3 帧中。宽银幕帧的上方和下方将出现黑带。或者，使用全景和扫描技术只将 16:9 帧

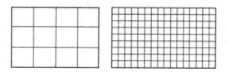

图 1-2　4:3 帧长宽比（左侧）与 16:9 帧长宽比（右侧）

的选定区域填充到 4:3 帧中。虽然此技术消除了黑带，但也会让部分动作消失。

10. 像素长宽比

像素长宽比描述帧的单一像素的宽度与高度的比例。由于不同的视频系统对填充帧时所需的像素数目的假设不同，因此像素长宽比是不同的。例如，许多计算机视频标准将具有 4:3 长宽比的帧定义为 640×480 像素。自身具有 1:1 长宽比的正方形像素完美填充了由帧定义的水平和垂直空间。然而，诸如 DV NTSC（美国的 DV 摄像机标准）等视频标准将 4:3 长宽比帧定义为 720×480 像素。因此，为了在帧中填充所有这些像素，像素必须比正方形像素窄。这些窄像素称为矩形像素，它们具有 0.9:1（或通常称之为 0.9）的长宽比。DV 像素在生成 NTSC 视频的系统中采用垂直方向，而在生成 PAL 视频的系统中采用水平方向。Premiere Elements 在【项目资源】面板中的剪辑图像缩览图旁显示剪辑的像素长宽比。

如果在正方形像素监视器上显示矩形像素，则图像会发生扭曲，例如，圆形会扭曲成椭圆。不过，当在广播监视器上显示图像时，这些图像会按照正确的比例出现，因为广播监视器使用的是矩形像素。系统可导出各种像素长宽比的剪辑而不失真。它可以将项目的像素长宽比自动调整为剪辑的像素长宽比。如果系统未正确地解释像素长宽比，剪辑可能会失真。可以通过指定源剪辑的像素长宽比来手动校正失真。如图 1-3 所示，左侧是正方形像素和 4:3 帧长宽比，中间是非正方形像素和 4:3 帧长宽比，右侧是非正方形像素在正方形像素监视器上显示有误。

 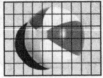 

图 1-3　像素长宽比和帧长宽比

11. 颜色模式

颜色模式可以理解为翻译颜色的方法，视频领域经常用到的是 RGB 颜色模式、Lab 颜色模式、HSB 颜色模式和 YUV 颜色模式。

科学研究发现，自然界中所有的颜色，都可以由红（R）、绿（G）、蓝（B）三种颜色的不同强度组合而成，这就是人们常说的三基色原理。因此，R、G、B 三色也被称为三基色或三原色。把这三种颜色叠加到一起，将会得到更加明亮的颜色，所以 RGB 颜色模式也称为加色原理。对于电视机、计算机显示器等自发光物体的颜色描述，都采用 RGB 颜色模式。三种基色两两重叠，就产生了青、洋红、黄三种次混合色，同时也引出了互补色的概念。基色和次混合色是彼此的互补色，即彼此之间是最不一样的颜色。例如，青色由蓝、绿两色混合构成，而红色是缺少的一种颜色，因此青色与红色构成了彼此的互补色。互补色放在一起，对比明显醒目。掌握这一点，对于艺术创作中利用颜色来突出主体特别有用。

Lab 颜色模式是由 RGB 三基色转换而来的，它是 RGB 模式转换为 HSB 模式的桥梁。该颜色模式由一个发光率（Luminance）和两个颜色（a、b）组成。它用颜色轴构成平面上的环形线来表示颜色的变化，其中径向表示色饱和度的变化，自内向外饱和度逐渐增高，圆周方向表示色调的变化，每个圆周形成一个色环。不同的发光率表示不同的亮度，并对应不同环形颜色变化线。它是一种"独立于设备"的颜色模式，即不论使用任何一种显示器或者打印机，Lab 的颜色不变。

HSB 颜色模式基于人对颜色的心理感受而形成，它将颜色看成三个要素：色调（Hue）、饱和度（Saturation）和亮度（Brightness）。因此这种颜色模式比较符合人的主观感受，可让使用者觉得更加直观。它可由底与底对接的两个圆锥体立体模型来表示，其中轴向表示亮度，自上而下由白变黑。径向表示色饱和度，自内向外逐渐变高。而圆周方向则表示色调的变化，形成色环。

YUV 颜色模式由一个亮度信号 Y 和两个色差信号 U、V 组成，它由 RGB 颜色转换而成，前面已有所论述。

12. 颜色深度

视频数字化后，能否真实反映出原始图像的颜色是十分重要的。在计算机中，采用颜色深度这一概念来衡量处理色彩的能力。颜色深度指的是每个像素可显示出的颜色数，它和数字化过程中的量化数有着密切的关系。因此颜色深度基本上用量化数，也就是位（bit）来表示。显然，量化比特数越高，每个像素可显示出的颜色数目就越多。8 位颜色就是 256 色；16 位颜色称为中（Thousands）彩色；24 位颜色称为真彩色，就是百万（Millions）色。另外，32 位颜色对应的是百万+（Millions+），实际上它仍是 24 位颜色深度，剩下的 8 位为每一个像素存储透明度信息，也叫 Alpha 通道。8 位的 Alpha 通道，意味着每个像素均有 256 个透明度等级。

13. 常见的视频格式

常见的视频格式有 AVI、MPEG、MOV、RM 等。

（1）AVI 格式。

英文全称为 Audio VideoInter leaved，即音频视频交错格式。这种视频格式的优点是图像质量好，可以跨多个平台使用，其缺点是体积过于庞大，而且压缩标准不统一。最普遍的就是高版本 Windows 媒体播放器播放不了采用早期编码编辑的 AVI 格式视频，而低版本 Windows 媒体播放器又播放不了采用最新编码编辑的 AVI 格式视频。

（2）MPEG 格式。

英文全称为 Moving Picture Expert Group，即运动图像专家组格式，常看的 VCD、SVCD、DVD 就是这种格式。MPEG 格式主要有三个压缩标准，即 MPEG-1、MPEG-2 和 MPEG-4。

MPEG-1 视频格式的文件扩展名包括.mpg、.mlv、.mpe、.mpeg 及 VCD 素材资源中的.dat 文件等。

MPEG-2 视频格式的文件扩展名包括.mpg、.mpe、.mpeg、.m2v 及 DVD 素材资源上的.vob 文件等。

MPEG-4 视频格式的文件扩展名包括.asf、.mov 和 DivX AVI 等。

（3）MOV 格式。

MOV 格式是美国 Apple 公司开发的一种视频格式，默认的播放器是苹果的 QuickTimePlayer。它具有较高的压缩比率和较完美的视频清晰度等特点，其最大的特点是跨平台性，即不仅能支持 MacOS，同样也能支持 Windows 系列。

（4）RM 格式。

用户可以使用 RealPlayerRealOnePlayer 播放器，对符合 RealMedia 技术规范的网络音频/视频资源进行实况转播；并且 RealMedia 可以根据不同的网络传输速率制定出不同的压缩比率，从而实现在低速率的网络上进行影像数据实时传送和播放。

（5）RMVB 格式。

这是一种由 RM 视频格式升级延伸出的新视频格式。先进之处在于 RMVB 视频格式打破了原先 RM 格式那种平均压缩采样的方式，在保证平均压缩比的基础上合理利用比特率资源。

一部大小为 700MB 左右的 DVD 影片，如果将其转录成同样视听品质的 RMVB 格式，其个头最多也就 400MB 左右。不仅如此，这种视频格式还具有内置字幕和无需外挂插件支持等独特优点。要想播放这种视频格式，可以使用 RealOnePlayer2.0 或 RealPlayer10.0 加 RealVideo9.0 以上版本的解码器形式进行播放。

除此之外，常见的可用做其他用途的视频格式还有 DV-AVI、FLV、ASF、WMV、RM 等，不同的格式用在不同的软件环境中。

1.2 技术基础

数字媒体后期制作系统是计算机技术和数字化电视技术相结合的产物，它主要由三部分组成：计算机平台；音频处理卡（即声卡）、视频处理卡（包括视频采集卡和视频压缩卡）；数字媒体后期制作软件。非线性编辑技术和数字合成技术是数字媒体后期制作的两大组成部分。

1.2.1 非线性编辑技术

非线性编辑技术是将各种视音频素材输入以计算机为工作平台的非线性编辑系统，在计算机上完成编辑、特技处理、字幕制作和最终输出的数字化编辑方式。非线性编辑相比于传统的线性编辑具有无比的优越性。

传统的线性编辑技术是基于电视录编系统的一种编辑方式，它通常由两部编辑机、两台监视器和一部切换台构成，各设备之间由视音频线连接，通过频繁的输入、搜索、录制、输出视音频信号来进行编辑。在线性编辑中，编辑过程非常耗时，为了找到合适的素材和编辑位置，必须不断地从录像机上装卸、搜索磁带。由于画面的记录完全按照时间顺序进行线性排列，因此要在已有的画面之间插入和删除更长或更短的镜头，就会影响后面所有画面的排序，这意味着后面所有的镜头都要重新进行录制。例如，A、B、C 分别是磁带上按照时间顺序排列的 3 段素材，想要在 A、C 之间将素材 B 替换成时间较长的素材 D，需要搜索至素材 A 结束点，录制素材 D 之后，再次录制素材 C。

基于计算机的非线性编辑技术改进了这种方式，它不必使用磁带这个载体，所有素材以数字化方式存储在计算机硬盘上，从而避免了磁带由于反复使用产生的损耗。各种视音频素材和图像素材都以图标的方式在项目面板中显示，素材也不必刻板地按照时间顺序进行载入，允许无序的非线性编辑方式，只要用鼠标进行拖曳，就可以随意放置和调整素材。例如，同样在按照时间顺序排列的素材 A、B、C 中将素材 B 替换成素材 D，只要在进行替换之后将素材 C 的位置稍作调整就可以了，省去了重复录制的麻烦。

同时，非线性编辑技术使在传统线性编辑中非常复杂的特技、字幕、转场等效果变得简单易行，大大拓展了编辑的艺术表现空间。

1.2.2 数字合成技术

合成技术是一种将各种素材集合在一起，进行加工处理之后产生全新声画效果的影视技巧。早期的影视合成技术是在拍摄过程和胶片洗印过程中实现的，效果有限，技术步骤繁杂。计算机图形技术的介入极大地改进了合成技术，形成了极其丰富的视听效果。数字合成技术已经广泛地应用于各种影视、动画、多媒体领域，可以较好地实现诸如制作动画、场景合成、抠像、校正颜色、虚拟环境、调音等特技效果。

需要注意的是，合成技术不仅仅只是一种操作软件的能力，还涵盖了审美能力、对影像的理解能力和创新能力等各个方面，切勿为了技巧而技巧，毫无目的、毫无新意地堆砌合成特技，进行数字后期合成依然要以最终的表现目的为宗旨，过于花哨、不合时宜的特技只会降低影像的表现力。

1.3 数字媒体后期制作软件简介

数字媒体后期制作软件是数字媒体后期制作的灵魂。随着数字媒体后期制作事业与计算机软件业不断结合、发展，数字媒体后期制作软件逐渐走向了成熟。各种新型数字媒体后期制作系统不断涌现，种类也由单一化发展成多样化。其性能及特点也各有不同，相当专业的有大洋、索贝等广播级的非线性编辑软件，但是这些软件价格普遍较高。也有一些价格低廉、实用、专业、功能强大的非线性编辑软件，如 Adobe Premiere、After Effect、Edius 等数字媒体后期制作软件，可以和广播级软件相媲美。

（1）基于非线性编辑板卡的系统。

非线性编辑板卡的出现，使个人计算机可以很方便地扩展为数字媒体后期制作系统。Matrox 公司的 DigiSuite 系列非线编板卡、Pinnacle 公司的 ReelTime 系列非线编板卡是两款具有代表性的产品，国内许多非线性编辑系统由此类板卡开发而来。

（2）基于工作站平台的系统。

图形工作站中央处理器处理能力较强，内存容量大且多采用磁盘阵列，并集成了很多具有特殊功能的硬件，可以实现全分辨率、非压缩视频的实时操作，并且能够快速实现大量三维特技。Discreet 公司的 Inforno、Flame、Flint 系列非线性编辑软件是运行在 SGI 工作站平台上的代表产品。

（3）基于 PC 平台的系统。

在个人计算机上安装 Adobe Premiere、After Effect、Edius 等数字媒体后期制作软件，再配以 IEEE1394 接口或者 USB2.0 接口作为数据输入/输出的通道，便可建立一套简单的非线性编辑系统。这类产品以 Intel、AMD 公司生产的 CPU 为核心，型号及配置多样化，性价比较高，兼容性好，发展速度快，是未来几年内的主导型系统。

本节主要介绍数字媒体后期制作中常用的软件：非线性编辑软件 Adobe Premiere 以及后期合成软件 Adobe After Effects。这两款软件可以在各种平台下和硬件配合使用，广泛地应用于电视台、广告制作、电影剪辑等领域，是目前应用最为广泛的视音频编辑与后期合成软件。

1.3.1　Adobe Premiere

目前应用比较广泛的非线性编辑软件有 Adobe Premiere、Edius、Final Cut Pro 等，本书主要介绍 Adobe 公司生产的非线性编辑软件 Adobe Premiere。

Premiere 提供了完备的制作动态视音频的工具，以往需要编辑机、切换台、字幕机、特技台、调音台等一系列产品才能实现的效果，现在可以使用 Premiere 轻而易举地解决，只要一台具有所需配置的个人计算机和一定的技巧，普通人也可完成视音频剪辑和制作的工作。

Premiere 的主要功能有以下几点。

从摄像机或磁带录像机中采集视频，存放到计算机。

（1）导入并使用已有的图像、视频、声音素材，支持多种视音频格式和图像格式。

（2）创建转场效果，如卷边、开门、擦除转场等。

（3）创建 Motion 动画，制作视频或图片的移动、旋转、改变透明度、缩放等效果。

（4）创建各种特效，如模糊、变形、调整颜色等。

（5）创建静态字幕和动态字幕。

（6）编辑音频，改变音量、调整增益等。

（7）支持多种格式的输出，同时支持将视音频信号直接输出到录像带上或制作成 DVD。

1.3.2　Adobe After Effects

同样由 Adobe 公司生产的 After Effects 是目前使用最为广泛的后期合成软件，它可以和大多数 3D 软件配合使用。对硬件性能要求不高的 After Effects 非常适合初学者，此款软件也是读者认识后期合成庞大系统的一个极其适当的入门工具。

After Effects 兼容性好，支持多种平面和动画文件格式。主要功能有以下几点。

（1）Adobe 产品整合度高，Photoshop、Illustrator 的图层效果、混合模式、蒙版、透明度等可以合成到 After Effects 中。

（2）图像处理速度比较快，适合做多层的合成效果。

（3）特效插件多如牛毛，非常适合做一些绚烂的光效。

（4）具有较为强大的粒子系统。

（5）可以进行较为精细的抠像和调色。

（6）预置丰富，制作文字动画和特效简单易行。

1.3.3　数字媒体后期制作运行环境

Adobe Premiere Pro CC 将卓越的性能、优美的改进版用户界面和许多奇妙的创意功能结合在一起，包括用于稳定素材的 Warp Stabilizer、动态时间轴裁切、扩展的多机编辑、调整图层等。

（1）Windows 系统。

- 支持 64 位 Intel Core2 Duo 或 AMD Phenom II 处理器。
- Microsoft Windows 7 Service Pack 1（64 位）。
- 安装 4GB 的 RAM（建议分配 8GB）。
- 用于安装的 4GB 可用硬盘空间；安装过程中需要其他可用空间（不能安装在移动闪存存储设备上）；预览文件和其他工作文件所需的其他磁盘空间（建议分配 10GB）。
- 1280×900 显示器。
- 支持 OpenGL 2.0 的系统。
- 7200 RPM 硬盘（建议使用多个快速磁盘驱动器，首选配置了 RAID 0 的硬盘）符合 ASIO 协议或 Microsoft Windows Driver Model 的声卡。
- 与双层 DVD 兼容的 DVD-ROM 驱动器（用于刻录 DVD 的 DVD+-R 刻录机；用于创建蓝光素材资源媒体的蓝光刻录机）。
- QuickTime 功能需要的 QuickTime 7.6.6 软件。
- 可选：Adobe 认证的 GPU 卡，用于 GPU 加速性能。

（2）Mac OS 系统。

- 支持 64 位多核 Intel 处理器。
- Mac OS X v10.6.8 或 v10.7。
- 4GB 的 RAM（建议分配 8GB），用于安装的 4GB 可用硬盘空间；安装过程中需要其他可用空间（不能安装在使用区分大小写的文件系统卷或移动闪存存储设备上）。
- 预览文件和其他工作文件所需的其他磁盘空间（建议分配 10GB）。
- 1280×900 显示器。
- 7200 RPM 硬盘（建议使用多个快速磁盘驱动器，首选配置了 RAID 0 的硬盘）。
- 支持 OpenGL 2.0 的系统。
- 与双层 DVD 兼容的 DVD-ROM 驱动器（用于刻录 DVD 的 SuperDrive 刻录机；用于创建蓝光素材资源媒体的蓝光刻录机）。
- QuickTime 功能需要的 QuickTime 7.6.6 软件。
- 可选：Adobe 认证的 GPU 卡，用于 GPU 加速性能。

因为制作影视作品或多媒体视频素材的文件与一般的文件不同，它们的数据量相当大，所以硬盘空间越大越好、速度越快越好。

1.3.4 数字媒体后期制作的优势

数字媒体后期制作具有信号质量高、制作水平高、设备寿命长、便于升级、网络化等方面的优越性。

（1）图像信号质量高。

使用传统的录像带编辑节目，素材磁带要磨损多次，而机械磨损也是不可弥补的。另外，为了制作特技效果，还必须"翻版"，每"翻版"一次，就会造成一次信号损失。为了质量的考虑，往往不得不忍痛割爱，放弃一些很好的艺术构思和处理手法。而在数字媒体后期制作系统中，这些缺陷是不存在的，无论你如何处理或者编辑。拷贝多少次，信号质量将是始终如一的。当然，由于信号的压缩与解压缩编码，多少存在一些质量损失。

（2）制作水平高。

使用传统的编辑方法，为制作一个十来分钟的节目，往往要面对长达四五十分钟的素材带，反复进行审阅比较，然后将所选择的镜头编辑组接，并进行必要的转场、特技处理。这其中包含大量的机械重复劳动。而在数字媒体后期制作系统中，大量的素材都存储在硬盘上，可以随时调用，不必费时费力地逐帧寻找。素材的搜索极其容易，不用像传统的编辑机那样来回倒带。用鼠标拖动一个滑块，能在瞬间找到需要的那一帧画面，搜索、打点易如反掌。整个编辑过程就像文字处理一样，既灵活又方便。同时，多种多样、花样翻新、可自由组合的特技方式，使制作的节目丰富多彩，将制作水平提高到了一个新的层次。

（3）设备寿命长。

数字媒体后期制作系统对传统设备的高度集成，使后期制作所需的设备降至最少，有效地节约了投资。由于是数字媒体后期制作编辑，因此只需要一台录像机，在整个编辑过程中，录像机只需要启动两次，一次输入素材，另一次录制节目带。这样就避免了磁鼓的大量磨损，使得录像机的寿命大大延长。

（4）便于升级。

影视制作水平的提高，总是对设备不断地提出新的要求，这一矛盾在传统编辑系统中很难解决，因为这需要不断投资。而使用数字媒体后期制作系统，则能较好地解决这一矛盾。数字媒体后期制作系统所采用的，是易于升级的开放式结构，支持许多第三方的硬件、软件。通常，功能的增加只需要通过软件的升级就能实现。

（5）网络化。

网络化是计算机的一大发展趋势，数字媒体后期制作系统可充分利用网络方便地传输数码视频，实现资源共享，还可利用网络上的计算机协同创作，对于数码视频资源的管理、查询，更是易如反掌。目前在一些电视台中，数字媒体后期制作系统正在利用网络发挥着更大的作用。

1.3.5 数字媒体后期制作流程

数字媒体后期制作流程，一般来说分为输入、编辑、输出 3 个步骤。尽管影视制作进入数字时代之后，许多方面都发生了改变，但是视频制作的这 3 个步骤仍然保留着，只是每个阶段都介入了数字技术的力量。当然，由于不同软件功能的差异，其使用流程还可以进一步细化。

以 Premiere 为例，其使用流程主要分成如下 5 个步骤。

（1）素材采集与输入。

采集就是利用 Premiere，将模拟视频、音频信号转换成数字信号存储到计算机中，或者将外部的数字视频存储到计算机中，成为可以处理的素材。输入主要是把其他软件处理过的图像、声音等，导入到 Premiere 中。

（2）素材编辑。

素材编辑就是设置素材的入点与出点，以选择最合适的部分，然后按时间顺序组接不同素材的过程。

（3）特技处理。

对于视频素材，特技处理包括转场、特效、合成叠加。对于音频素材，特技处理包括转场、特效。令人震撼的画面效果，就是在这一过程中产生的。而非线性编辑软件功能的强弱，也往往体现在这方面。配合某些硬件，Premiere 还能够实现特技播放。

（4）字幕制作。

字幕是影片中非常重要的部分，它包括文字和图形两个方面。在 Premiere 中制作字幕很方便，几乎没有无法实现的效果，并且还有大量的模板可以选择。

（5）输出与生成。

影片编辑完成后，就可以输出回录到录像带上；也可以生成视频文件，发布到网上、刻录 VCD 和 DVD 等。

1.4　理论基础

蒙太奇贯穿于整个影片的创作过程中，镜头的连接，构成了一定的情节，使观众心理上产生某种联想，从而概括出新的含义。它产生于编剧的艺术构思之时，体现在导演的分镜头稿本里，最后完成在剪辑台上。

1.4.1　蒙太奇的叙述方式

根据内容的叙述方式和表现形式的不同，蒙太奇分为两大类：叙事蒙太奇和表现蒙太奇。

叙事蒙太奇以交待情节、展示事件为目的。按照情节发展的时间流程、逻辑顺序、因果关系来分切和组合镜头。优点是脉络清楚，逻辑连贯，明白易懂。表现蒙太奇不注重事件的连贯、时间的连续，而注重画面的内在联系。它通过镜头间的相互对照、冲击，引发联想、表达概念；通过画面间的对列、呼应、对比、暗示揭示形象间的有机联系，在镜头的并列过程中逐渐认识事物的本质、阐发哲理。

1.4.2　叙事蒙太奇与表现蒙太奇

按照镜头的功能，蒙太奇可以分为叙事蒙太奇和表现蒙太奇两大类。

（1）叙事蒙太奇。

叙事蒙太奇的目的是交待情节、展现事件。

它按照事件发展的时间流程、逻辑顺序和因果关系分切和组织镜头、场面和段落。表达的重点是动作、形态和造型的连贯性。

叙事蒙太奇包括连续式蒙太奇、平行式蒙太奇、交叉式蒙太奇和颠倒式蒙太奇。

① 连续式蒙太奇。

它以单一的线索和连贯动作为主要内容，以情节和动作的连续性和逻辑上的因果关系作为镜头的组接依据。连续式蒙太奇的优点是符合人的认知习惯和思维方式，有头有尾，层次分明。

连续式蒙太奇的缺点是不利于处理多线索、多情节；不利于省略多余过程；有平铺直叙感，缺乏艺术表现力。

② 平行式蒙太奇。

它将两条或两条以上的线索分开表现，不同地点同时发生的事件依次分叙，造成一定的呼应和对位，扩大信息量，产生丰富的戏剧气氛和艺术效果。

③ 交叉式蒙太奇。

交叉蒙太奇是平行蒙太奇的发展。它强调线索之间具有严格的同时性、密切的因果关系、迅速频繁的切换，一条线索影响其他线索的发展，使人产生悬念。惊险片、恐怖片和战争片常用此法造成追逐和惊险的场面。

④ 颠倒式蒙太奇。

它展现事件的现状，再介绍故事始末，表现为时间概念上过去与现在的重新组合。它常借助叠印、化变、画外音、旁白等转入倒叙，成为电视节目构成的基本手段。运用颠倒式蒙太奇，打乱的是时间顺序，但时空关系仍需交代清楚，叙事仍应符合逻辑关系，事件的回顾和推理都可以以这种方式建构。

（2）表现蒙太奇。

表现蒙太奇组织镜头的依据是根据艺术表现的需要，将不同时间、不同地点、不同内容的画面组接在一起，产生不曾有的新含义。

表现蒙太奇的特点是不注重事件的连贯、时间的连续，而注重画面的内在联系。以镜头的并列为基础，在并列过程中，引发联想、表达概念，逐渐认识事物的本质、事物间的联系、阐发哲理。它是一种作用于视觉联想的表意方法，往往更能体现创作者的主观意图。

表现蒙太奇包括对比式蒙太奇、重复式蒙太奇、心理蒙太奇、积累式蒙太奇、隐喻式蒙太奇（或称象征式）、抒情蒙太奇、节奏蒙太奇等。

① 对比式蒙太奇。

即把性质、内容或形式上相反的镜头并列组接，产生强烈的对比效果，表达创作者的寓意，强化内容、思想或情绪。画面内容，包括真与假、美与丑、贫与富、生与死、高尚与卑鄙、胜利与失败、善良与凶残、文明与野蛮、欢乐与痛苦等对比。镜头的造型因素如景别的大小、角度的俯仰、光线的明暗、色彩的冷暖和浓淡、动与静、声音的强弱等也可以构成对比。

② 重复式蒙太奇。

即把代表一定寓意的镜头、场面或类似的内容在关键的时候反复出现，以达到刻画人物、深化主题的目的。使作品内涵由浅入深，艺术表现力由弱变强。其构成元素是多种多样的，如人物、景物、场面、动作、细节、语言、音乐、音响、光影、色彩等。

③ 心理蒙太奇。

它是人物心理描写的重要手段，通过画面镜头组接或声画有机结合，形象生动地展示出人物的内心世界，常用于表现人物的梦境、回忆、闪念，幻觉、遐想、思索等精神活动。这种蒙太奇在剪接技巧上多用交叉穿插等手法，其特点是画面和声音形象的片断性、叙述的不连贯性和节奏的跳跃性，声画形象带有剧中人强烈的主观性。

④ 积累式蒙太奇。

即把若干内容相关或有内在相似性联系的镜头并列组接，造成某种效果的积累，以达到渲染气氛、强调情绪、表达情感、突出含义的目的，激发观众的感情共鸣，集中表现主题思想。

⑤ 隐喻式蒙太奇（或称象征式）。

即通过镜头画面的对列，用某种形象或动作比喻一个抽象的概念，或借助一个现象所固有的特征来解释另一现象或象征某一意义，从而含蓄形象地表达某种寓意或感情色彩。它有利于刻画人物性格、揭示作品的主题，让观众接受深层的思想内涵。

⑥ 抒情蒙太奇。

即在保证叙事和描写的连贯性的同时，表现超越剧情之上的思想和情感。意义重大的事件被分解成一系列近景或特写，从不同的侧面和角度捕捉事物的本质含义，渲染事物的特征。

⑦ 节奏蒙太奇。

即依据内部节奏调整镜头顺序，变化节奏，以之带动主题内涵的一种剪接技巧。它通过镜头之间的相互作用，产生不同的节奏效果，表现不同的情绪和气氛。

"蒙太奇"通过剪接组合，往往创造出一些令人惊奇的效果，形成强烈的视觉冲击力，更加合乎影视消费者的观赏习惯，是提升收视率的有效手段。

1.5 数字媒体制作的基本原则

目前，在影视影片制作中，不重视蒙太奇规律的现象很多，最普遍的现象就是在动画制作中一个镜头到底的现象。这往往会破坏影片的节奏，使观众产生厌倦。蒙太奇作为影视艺术的构成方式和独特的表现手段，不仅对影片中的视、音频处理有指导作用，而且对影片整体结构的把握也有十分重要的作用。

1.5.1 素材剪接的原则

素材的剪接，是为了将所拍摄的素材串接成影片，增强艺术感染力，最大限度地达到表现影片的内涵，突出和强化拍摄主体的特征。

在对素材进行剪接加工的过程中，必须遵循以下的一些基本规律。

（1）突出主题。

突出主题，合乎思维逻辑，是对每一个影片剪接的基本要求。在剪辑素材中，不能单纯追求视觉习惯上的连续性，而应该按照内容的逻辑顺序，依靠一种内在的思想实现镜头的流畅组接，达到内容与形式的完善统一。

（2）注意遵循"轴线规律"。

轴线规律，是指组接在一起的画面一般不能跳轴。镜头的视觉代表了观众的视觉，它决定了画面中主体的运动方向和关系方向。如拍摄一个运动镜头时，不能是第一个镜头向左运动，下一个组接的镜头向右运动，这样的位置变化会引起观众的思维混乱。

（3）剪辑素材时，要动接动、静接静。

这个剪辑原则是说，在剪辑时，前一个镜头的主体是运动的，那么组接的下一个镜头的主体也应该是运动的；相反，如果前一个镜头的主体是静止的，组接的下一个镜头的主体也应该是静止的。

（4）素材剪接时，景别的变化要循序渐进。

这个原则要求镜头在组接时，景别跳跃不能太大，否则就会让观众感到跳跃太大、不知所云。这是因为人们在观察事物时，总是按照循序渐进的规律，先看整体后看局部。在全景后接中景与近景逐渐过渡，会让观众感到清晰、自然。

（5）要注意保持影调、色调的统一性。

影调是针对黑白画面而言的，在剪接中，要注意剪接的素材应该有比较接近的影调和色调。如果两个镜头的色调反差强烈，就会有生硬和不连贯的感觉，影响内容的表达。

（6）注意每个镜头的时间长度。

每个素材镜头保留或剪掉的时间长度，应该根据前面所介绍的原则来确定，每个镜头的持续时间，该长则长，该短则短。画面的因素、节奏的快慢等都是影响镜头长短的重要因素。

一部影片是由一系列镜头、镜头组和段落组成的。镜头的切换分为有技巧切换和无技巧切换。有技巧切换是指在镜头的组接时，加入如淡入与淡出、叠化等特技过渡手法，使镜头之间的过渡更加多样化。无技巧组接是指在镜头与镜头之间直接切换，这是最基本的组接方法，在电影中使用最多。

1.5.2　节奏的掌握

影视影片剪辑的成功与否，不仅取决于影视剧情是否交代得清楚，镜头是否流畅，更重要的是取决于对节奏的把握。节奏是人们对事物运动变化的总的感受。把握影视艺术的节奏，是在影视影片编辑中增强吸引力和感染力的重要方法。把握节奏的一般要求是：注重运动，富于变化、保持和谐。

上面提到的是数字媒体后期制作应遵循的基本艺术规律。但这些艺术规律决不是一成不变的，在实践中不能照本宣科，生搬硬套，束缚自己的手脚。在艺术创作中，十分注重提倡独创性，切忌重复雷同。

随着科技发展的步伐日趋加快，计算机技术逐步渗透到各个领域，数字媒体后期制作系统将会在广播电视行业内占据越来越重要的地位，它是一项朝阳技术，其应用才刚刚起步，一定会迎来辉煌的时代。

习题

简答题

1．什么是非线性编辑？非线性编辑技术有什么优点？

2．数字合成技术目前应用于哪些领域？

3．什么是蒙太奇？叙事蒙太奇和表现蒙太奇各有什么特点？

4．蒙太奇的主要表现形式有哪些？

5．数字媒体后期制作的流程是怎样的？各阶段有哪些主要任务？

第 2 部分
非线性编辑技术

Chapter
2

第2章
Premiere 基本操作

本章通过创建一个数字视频项目文件来介绍有关 Premiere 的基本操作。读者能够通过本章的内容对 Premiere 的工作方式有一个初步的了解，并能够熟悉 Premiere 的各个工作区，如项目、监视器、时间轴的功能。下面通过编辑一个简单的视频剪辑来熟悉 Premiere 简单易行的编辑方式。

【教学目标】
- 掌握创建新项目文件并进行项目设置的方法。
- 掌握进行视音频捕捉的方法。
- 掌握导入素材的方法。
- 了解有关素材管理的内容。
- 了解使用 Adobe Bridge 管理素材的方法。
- 掌握建立和管理节目序列的方法。
- 掌握监视器的使用方法。
- 掌握影片视音频编辑的处理技巧。
- 掌握在【时间轴】面板进行编辑的方法。
- 掌握高级编辑技巧。
- 掌握基本的视频剪辑技巧。
- 掌握多机位切的技巧

2.1　创建项目

Premiere Pro CC 采用项目管理方式制作节目。所谓项目，是一个用来描述所编辑节目的文件，它主要包含了如下信息。

- 节目的项目设置，比如分辨率、帧率等，主要涉及节目播放时的相关指标。
- 存储多个【序列】编辑信息和所用【剪辑】的引用链接。
- 所用特效的具体参数设置等。

当初次进行新节目编辑时，首先就要进行新建项目设置。

【例 2-1】　新建项目。

（1）双击桌面上的 Pr 图标，或在【开始】菜单中选择【Premiere Pro CC 2014】命令，启动并运行 Premiere Pro CC，弹出欢迎界面，如图 2-1 所示。

（2）单击【新建项目】图标，打开【新建项目】对话框，如图 2-2 所示。

图 2-1　欢迎界面

图 2-2　【新建项目】对话框

【新建项目】对话框中主要设置的含义如下。

- 【名称】：确定项目文件的名称。
- 【位置】：确定项目文件的存储位置，用户可以通过单击 浏览… 按钮，弹出【请选择新项目的目标路径】对话框，在其中选择要保存项目的路径，单击 选择文件夹 按钮，返回【新建项目】对话框。在【名称】文本框中为新项目命名，单击 确定 按钮，建立并保存一个新的项目文件。

【常规】窗口中主要设置的含义如下。

- 【视频渲染与回放】：列出了预先设置好的模板，以确定项目的各项参数。由于我国的电视制式采用 PAL 制，因此我们只考虑【DV-PAL】分类夹下的模板即可。
- 【视频】：显示视频素材的格式信息。
- 【音频】：显示音频素材的格式信息。
- 【捕捉】：用来设置设备参数及捕捉方式。

要点提示

除了在创建项目完成时保存项目文件外，在编辑过程中，也应该养成随时保存文件的好习惯，这样可以避免因死机、停电等意外事件造成的数据丢失。

（3）单击【暂存盘】选项，打开【暂存盘】窗口，如图 2-3 所示。该窗口用来确定【捕捉的视频】、【捕捉的音频】、【视频预览】、【音频预演】和【项目自动保存】文件存储磁盘文件夹的位置。

【暂存盘】中的下拉选项，指与项目文件存储在相同位置。单击 浏览... 按钮可以自行选择文件夹。磁盘的选择应该注意以下几点。

① 将 Premiere Pro CC 软件和操作系统安装在同一硬盘，而视频捕捉则单独使用另一个 AV 硬盘。

② 用于视频捕捉的 IDE 硬盘，一定要将其 DMA 通道打开，以提高读取速度，避免捕捉过程中的丢帧。

③ 使用计算机中速度最快的硬盘存取视频预演文件，而使用其他硬盘存取音频预演文件。将视频预演文件与音频预演文件存储在不同的硬盘上，可以减少播放时的读取活动。

图 2-3 【暂存盘】设置

④ 只使用本机磁盘作为暂存磁盘。网络磁盘的速度太慢，不能作为暂存盘使用。本机的可移动存储介质如果速度足够快，也可作暂存盘使用。

（4）在【名称】栏输入名称"t2"，单击 确定 按钮，进入 Premiere Pro CC 工作界面，如图 2-4 所示。

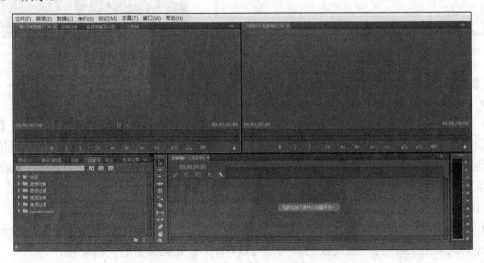

图 2-4 Premiere Pro CC 工作界面

（5）在 Premiere Pro CC 工作界面上，选择菜单栏【文件】/【新建】/【序列】命令，打开【新建序列】窗口，如图 2-5 所示。

在【新建序列】对话框中，可以对项目进行设置。Premiere 给出了多种预置的视频和音频配置，有 DNxHD、DV-24P、DV-NTSC、DV-PAL、DVCPRO50、DVCPROHD、Mobile&Devices

等格式。

选择哪种预置模式完全由素材的格式以及对项目的要求来决定，如果使用的是 PAL 制摄像机，并且视频不是宽屏格式，可以选择【DV-PAL】/【标准 48kHz】，其中 48kHz 指的是音频质量。

选择【DV-PAL】/【标准 48kHz】之后，在右边的【预设描述】面板中会给出相关的视音频要素介绍。

在 DV-PAL 预设下，采样频率分为标准 32kHz、标准 48kHz、宽屏 32kHz 和宽屏 48kHz 4 种。标准和宽屏分别对应"4:3"和 "16:9"两种屏幕的屏幕比例（又称纵横比）。"16:9"主要用于计算机的液晶显示器和宽屏

图 2-5 【新建序列】对话框

电视机播出。随着高清晰电视越来越多采用宽屏幕，16:9 的纵横比也在剪辑中更多被选择。从视觉感受分析，"16:9"的比例更接近黄金分割比，也更利于提升视觉愉悦度。若素材是"4:3"的比例，而剪辑时选择"16:9"的预设，则画面上的物体会被拉宽，造成图像失真。32kHz 和 48kHz 是数字音频领域常用的两个采样频率。采样频率是描述声音文件的音质、音调，衡量声卡、声音文件的质量标准，采样频率越高，即采样的间隔时间越短，则在单位时间内计算机得到的声音样本数据就越多，对声音波形的表示也越精确。通常，32kHz 是 mini DV、数码视频、camcorder 和 DAT（LP mode）所使用的采样频率，而 48kHz 则是 mini DV、数字电视、DVD、DAT、电影和专业音频所使用的数字声音采样频率。需要注意的是，项目一旦建立，有的设置将无法更改。

如果编辑者手中的素材是 NTSC 格式的，则需要在【新建项目】对话框中选择 DV-NTSC 制的预置格式。另外还有 DV-24P 格式用于设置每秒 24 帧，标准分辨率为 720 像素×480 像素、逐行扫描方式拍摄的素材。如果计算机中安装了捕捉卡，那么捕捉卡通常还会提供更多的预置选项。

 要点提示

在本书中如果不做特殊说明，创建的项目文件采用的都是【DV-PAL】/【标准 48kHz】模式。在以后的讲解中，我们均以"t1.prproj"的标准来建立项目文件。

2.1.1 项目设置

如果需要自行设置项目参数，可单击【设置】选项，在窗口中进行参数设置，如图 2-6 所示。

在图 2-6 所示的对话框中，各选项设置的含义如下。

- 【编辑模式】：一般有多个选项可供选择，如图 2-7 所示。

图 2-6 【设置】参数设置　　　　　　　　　图 2-7 编辑模式选项

- 　【时基】：设置节目播放的时间标准，指多少帧构成 1 秒钟，从其下拉列表中可以选择相应的数值。
- 　【帧大小】：以像素为单位，设置播放视频的帧尺寸。帧尺寸也就是分辨率，第 1 个数值是长度，第 2 个数值是宽度。如果前面选择了【DV PAL】，则此数是 720×576，不可更改。
- 　【像素长宽比】：设置像素长宽比，该值决定了像素的形状，需要根据节目的要求加以选择，否则会导致变形。
- 　【场序】：包含"无场"（逐行扫描）、"高场优先"和"低场优先"。
- 　【显示格式】：设置视频时间码的显示方式。
- 　【采样频率】：确定项目预设的音频采样频率。通常，采样频率越高，项目中的音频品质就越好，但这同时也需要更多的磁盘空间并进行更多处理。应以高品质的采样频率录制音频，然后以同一速率捕捉音频。
- 　【显示格式】：指定是使用音频采样数还是毫秒数来度量音频时间显示。默认情况下，时间显示在音频采样中。不过，用户可以在编辑音频时以毫秒显示时间，以获得采样级的精确度。
- 　【视频预览】设置：决定了 Premiere 在预览文件以及回放剪辑和序列时采用的文件格式、压缩程序和颜色深度。
- 　【预览文件格式】：选择一种能在提供最佳品质预览的同时将渲染时间和文件大小保持在系统允许的容限范围之内的文件格式。对于某些编辑模式，只提供了一种文件格式。
- 　【编解码器】：指定用于为序列创建预览文件的编解码器（仅限 Windows）。未压缩的 UYVY 422 8 位编解码器和 V210 10 位 YUV 编解码器分别匹配 SD-SDI 和 HD-SDI 视频的规范。如果用户打算监视或输出到其中一种格式，可从中选择一项。要访问其中任一格式，可首先选择"桌面"编辑模式。如果用户使用的剪辑未应用效果或更改帧或时间特征，则 Premiere 在回放时会使用剪辑的源编解码器。如果用户所做的更改需要重新计算每个帧，则 Premiere 将应用用户在此处选择的编解码器。
- 　【宽度】：指定视频预览的帧宽度，受源媒体的像素长宽比限制。
- 　【高度】：指定视频预览的帧高度，受源媒体的像素长宽比限制。
- 　【重置】：清除现有预览并为所有后续预览指定全尺寸。

- 【最大位深度】：使序列中回放视频的色位深度达到最大值（最大 32bpc）。如果选定的压缩程序仅提供了一个位深度选项，则此设置通常不可用。当准备用于 8bpc 颜色回放的序列时，例如，对于 Web 或某些演示软件使用"桌面"编辑模式时，也可以指定 8 位（256 颜色）调色板。如果用户的项目包含由 Adobe Photoshop 等程序或高清摄像机生成的高位深度资源，则选择"最大位深度"。然后，Premiere 会使用这些资源中的所有颜色信息来处理效果或生成预览文件。

- 【最高渲染质量】：当从大格式缩放到小格式，或从高清晰度缩放到标准清晰度格式时，保持锐化细节。"最高渲染质量"可使所渲染剪辑和序列中的运动质量达到最佳效果。选择此选项通常会使移动资源的渲染更加锐化。与默认的标准质量相比，最高质量时的渲染需要更多的时间，并且使用更多的 RAM。此选项仅适用于具有足够 RAM 的系统。对于 RAM 极少的系统，建议不要使用"最高渲染品质"选项。"最高渲染质量"通常会使高度压缩的图像格式或包含压缩失真的图像格式变得锐化，因此效果更糟。

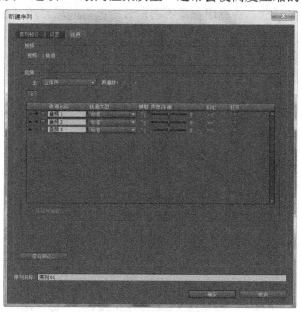

- 存储预设... 按钮：打开"存储预设"对话框，可以在其中命名、描述和保存序列设置。

- 【序列名称】：给序列命名并根据需要添加描述。

如果需要自行设置轨道项目参数，则单击【轨道】选项。在【轨道】面板中创建新序列的视频轨道数量和音轨的数量及类型，如图 2-8 所示。

在图 2-8 所示的【轨道】参数面板中，主要选项含义如下。

- 【主】：用于设置新序列中主音轨的默认声道类型为立体声、5.1、多声道或单声道。

图 2-8 【轨道】参数设置

单击 确定 按钮，进入 Premiere Pro CC 新建序列工作界面，如图 2-9 所示。

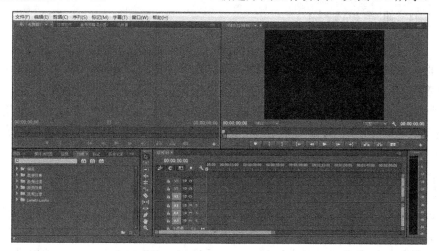

图 2-9 Premiere Pro CC 新建序列工作界面

2.1.2 保存项目

在编辑过程中，可以根据工作的进程随时保存项目文件，操作步骤如下。

【例 2-2】 保存项目文件。

（1）在 Premiere Pro CC 工作界面上，选择【文件】/【保存】命令，可以在项目原来的路径和名称上对文件进行保存。

（2）如果要改变文件的路径或者名称，选择【文件】/【另存为】命令，弹出【保存项目】对话框，如图 2-10 所示。在这里设置项目文件的路径和名称，单击 保存(S) 按钮，即可完成保存。

（3）如果保存路径中已有一个相同名称的项目文件，则系统会弹出一个【确认文件替换】对话框，提醒用户是否确定替换已有的项目还是放弃保存，如图 2-11 所示。

图 2-10 【保存项目】对话框

图 2-11 【确认文件替换】对话框

要点提示

按 Ctrl + S 组合键可以随时快速保存文件。

2.2 捕捉视音频素材

素材的捕捉，就是将多种来源的素材从外部媒体存放到计算机硬盘中。在对作品进行编辑时，经常需要用到很多素材，包括数字摄像机拍摄的视音频素材、数码相机拍摄的图片、其他软件制作的 CG 素材等，其中最主要的是数字摄像机拍摄的视音频素材。捕捉可以将摄像机拍摄在磁带、存储卡或素材资源上的视音频信号传输到计算机硬盘上，然后将其在 Premiere 中导入到项目文件即可使用。

2.2.1 DV 或 HDV 视频捕捉准备

在 Premiere Pro CC 中，我们可以直接捕捉、编辑、输出 DV 或 HDV 格式，或者生成其他格式的文件后输出。在开始捕捉 DV 或 HDV 视频之前，首先应确保硬件符合捕捉的条件。一般说来，目前的捕捉方式主要有两种，一种是通过 IEEE 1394/Firewire 端口进行捕捉，苹果公司的计算机上都具有 Firewire 端口，现在许多个人计算机上也配备了此种端口，它可以使操作系统接受数字摄像机上的数据。另一种是模数捕捉板，大部分个人计算机需要另外配备捕捉板，捕捉板的价格较高，但能够提供更清晰的数据和更快的捕捉速度，需要注意的是捕捉板的型号与计算机显卡以及软件的兼容问题。

其次，在硬件设备满足要求之后，要进行正确的连接，使数字摄像机或数字录像机与计算机平台相连，之后才能通过 IEEE 1394/Firewire 端口、复合视音频线或者 S-Video 传输数据。

最后，在捕捉 DV 或 HDV 格式的视频之前，要调整好 DV 或 HDV 摄录像机。通过 FireWire 电缆将 DV 或 HDV 设备连接到计算机，从该设备捕捉音频和视频。Premiere Pro 可将音频和视频信号录制到硬盘上，并通过 FireWire 端口控制设备。

可以从 XDCAM 或 P2 设备捕捉 DV 或 HDV 素材。如果计算机安装有支持的第三方捕捉卡或设备，也可以通过 SDI 端口进行捕捉。此外，计算机还必须安装相应的驱动程序。

在使用 DV 或 HDV 预设之一创建的序列中，已经分别为"DV"或"HDV"设置了捕捉设置。也可以在所建立的项目中从【捕捉】面板内部将捕捉设置更改为 DV 或 HDV。

选择在预览和捕捉期间是否在【捕捉】窗口中预览 DV 视频。也可以在【捕捉】窗口中预览 HDV 素材（仅限于 Windows）。但在捕捉期间，将无法在【捕捉】窗口中预览 HDV 素材。在 HDV 捕捉期间，此窗口中会显示文字"正在捕捉"。

2.2.2　DV 视频捕捉设置

捕捉之前要先进行相关属性的设置，操作步骤如下。

【例 2-3】　设置 DV 视频捕捉属性。

（1）接例 2-2。在菜单栏中选择【文件】/【捕捉】命令，打开【捕捉】面板。在【记录】选项卡的【捕捉】下拉列表中有 3 个选项：选择"音频和视频"，同时捕捉视频和音频信号；选择"音频"，只捕捉音频信号；选择"视频"，只捕捉视频信号，如图 2-12 所示。

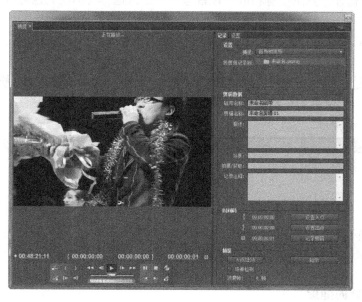

图 2-12　【捕捉】面板参数设置

（2）切换到【设置】选项卡，在【捕捉位置】面板可以通过单击 浏览… 按钮选择视频和音频信号存放的文件夹位置，如图 2-13 所示。

（3）在【设备控制】面板单击 选项… 按钮，打开【DV/HDV 设备控制设置】对话框，在【视频标准】下拉选项中选择【PAL】，【设备品牌】下拉选项中选择【通用】，【设备类型】下拉选项中选择【标准】，其余不变，如图 2-14 所示。单击 确定 按钮退出。

图 2-13　【设置】面板　　　　　图 2-14　【DV/HDV 设备控制设置】参数设置

该窗口中的各参数含义如下。

- 【视频标准】：设置视频制式，有 PAL 制和 NTSC 制两种选择。
- 【设备品牌】：选择与设备相一致的厂家，以实现准确配套。如果没有合适的厂家选择，可以使用【通用】控制选项。
- 【设备类型】：针对【设备品牌】中选择的不同厂家，可以进一步选择相应的设备型号，以便于遥控捕捉。如果没有相应的设备型号，那么选择【标准】也可以。比如本例使用了 Sony 摄像机，选择【标准】也能正常捕捉。
- 【时间码格式】：对于 PAL 制只有非丢帧一种选择，而 NTSC 制则有非丢帧和丢帧两种选择。
- 检查状态 ：单击该按钮，如果出现【在线】，说明前面的设置正确，检测到设备在线。如果出现【脱机】，说明 DV 播放设备不在线，可能是前面的设置不正确，也可能是 DV 播放设备没有接通电源。
- 在线了解设备信息 ：单击该按钮，可以链接到 Adobe 公司的相关网页，查询 DV 播放设备的一些信息。

　要点提示

DV 的数据率达 3.6MB/s，所以一定要选择速度快、容量大的磁盘存储。否则捕捉过程中会出现丢帧，捕捉时间也会受到限制。

2.2.3　素材的捕捉

完成以上的工作之后，就可以开始进行素材捕捉了。如果硬件支持设备控制，则可以使用 Premiere 遥控数字摄像机或录像机对视音频进行播放、停止、前进、后退等操作，【捕捉】

面板中的设备控制按钮及其功能如图 2-15 所示，操作步骤如下。

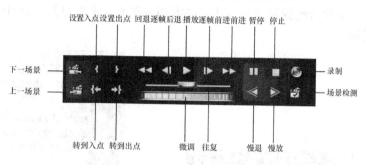

图 2-15 【捕捉】面板中的设备控制按钮

【例 2-4】 捕捉素材。

（1）切换到【设置】选项卡，打开【设备控制器】面板的【设备】右侧的下拉列表，选择"DV/HDV 设备控制"选项。

（2）采用快进或快倒的方法找到素材在 DV 相应的位置，单击 按钮开始捕捉。在捕捉过程中，窗口上方会出现捕捉帧数和丢帧数。

（3）捕捉完毕弹出【存储已捕捉素材】对话框，在其中输入素材名称"片段 1"，素材将自动出现在【项目】面板中存储到硬盘。

这是捕捉 DV 视频最简单的方法，利用 DV 视频带有时码的特点，还可以实现更加精确的捕捉。为了能够做到这一点，在使用 DV 摄录像机拍摄时，一定要保证时码的连续性。每次拍摄结束时多录几秒，下次开机拍摄时先回倒几秒，让 DV 摄录像机读出原来的时码，使接下来的拍摄能够按原来的时码延续下去。

（4）接例 2-3，设置入出点捕捉素材。

（5）使用设备控制按钮的各个按钮移动磁带上的视频信号到开始捕捉的位置，单击设置切入点 按钮，再移动到捕捉结束的位置，单击设置切出点 按钮。为了确保有足够的长度添加切换特效，切换到【记录】选项卡，在【捕捉】面板的【手控】选项中输入"125"，这样将在这段素材切入点之前和切出点之后各添加 125 帧，单击 入点/出点 按钮进行捕捉，如图 2-16 所示。

 要点提示

设置入点的捕捉，要使磁带在入点前运行，保证捕捉时磁带运行稳定，信号正常。提前运行的时间叫预卷时间，一般情况设为 5 秒。依此设置入点时间，否则会导致捕捉失败。

（6）捕捉结束会出现【保存捕捉的剪辑】对话框，为素材取名"片段 2"，如图 2-17 所示。单击 确定 按钮退出，所捕捉的素材就出现在【项目】面板并存储到硬盘。

在【捕捉】窗口中单击上方的【设置】选项，会打开一些和捕捉 DV 视频相关的设置内容，从中可以看出，这里将前面使用菜单命令进行的设置内容综合到了一起，因此有关设置也可以直接在这里进行。

为了保证捕捉的顺利进行，在捕捉过程中最好不要再启动其他应用程序，或者激活其他应用程序窗口从事别的工作。如果捕捉时【捕捉】窗口中的画面不流畅，也不要停止捕捉，一切以是否丢帧为准。如果出现丢帧，可以再次捕捉。另外要注意的是，Premiere Pro CC 在捕捉中的【场景检测】功能，能够根据录像带上场景的不同自动分成几个文件，这在配合【手控】选项进行整盘录像带捕捉时非常有用。单击 按钮或在【捕捉】栏中勾选相应的命令就可以启用这项功能。

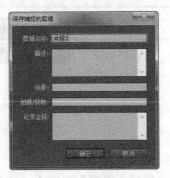

图 2-16　将【手控】选项设为 125 帧　　　　　图 2-17　【保存捕捉的剪辑】对话框

2.3　素材的导入

　　素材的导入，主要是指将已经存储在计算机硬盘中多种格式的素材文件导入到【项目】面板中。【项目】面板相当于一个素材仓库，编辑节目所用到的素材都存在其中。

2.3.1　【项目】面板

　　进入 Premiere Pro CC 设置【新建序列】窗口后，【项目】面板会出现一个"序列 01"，如图 2-18 所示。

　　该面板中各命令图标的含义如下。

- 　：以列表的形式显示素材属性。
- 　：以图标的形式显示素材。
- 　：用于放大、缩小列表视图或图标视图。
- 　：单击后，可以将素材自动加到【时间轴】面板中。
- 　：单击后打开一个【查找】窗口，可以输入相关条件寻找素材。
- 　：增加一个素材箱，以便于素材的分类存放管理。
- 　：单击后，会出现一个下拉菜单，用于增加新建分项，如图 2-19 所示。

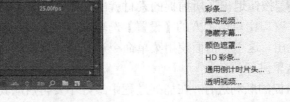

图 2-18　【项目】面板　　　　　　　　图 2-19　【新建分项】菜单

- 　：删除所选择的素材或者文件夹。

2.3.2 导入视频、音频

视频、音频素材是最常用的素材文件，视频、音频素材导入可以采用如下方法。

- 选择【文件】/【导入】命令，打开【导入】窗口，从中选择素材。
- 在序列和素材管理区的空白处双击鼠标左键，打开【导入】窗口选择素材。
- 在序列和素材管理区的空白处单击鼠标右键，在打开的快捷菜单中选择【导入】命令，打开【导入】窗口，从中选择素材。
- 选择【文件】/【导入】命令，输入项目或文件夹时，它们所包含的素材也一并输入。
- 选择【文件】/【导入】命令，弹出【导入】对话框，打开【所有可支持媒体】下拉列表，Premiere 支持导入多种文件格式，如图 2-20 所示。

图 2-20　Premiere 支持导入的文件格式

和 Windows 下选择文件的方法一样，在【导入】窗口中，可以结合 Shift 键和 Ctrl 键同时选择多个文件，然后一次性输入，导入的视频、音频素材出现在【项目】面板中。

有的视频或者音频文件不能被导入，可以安装相应的视频或者音频解码器进行解码，还有些文件需要对其进行格式转换。例如 CD 音频文件的格式是 CDA，这些音频文件需要先用音频软件（如 Adobe Audition）转换成 WAV 格式的音频文件，然后再导入到 Premiere 中。

2.3.3 导入图像素材

图像素材是静帧文件，可以在 Premiere 中被当作视频文件使用。导入图像素材的操作步骤如下。

【例 2-5】　导入图像素材。

（1）在【项目】面板中双击鼠标左键，弹出【导入】对话框，选择素材资源文件"第 2 章\素材\樱花.jpg"，单击　打开(O)　按钮，将其导入到 Premiere 的【项目】面板中，在【源】监视器视图中显示图像，如图 2-21 所示。

（2）将图像"樱花.jpg"拖曳到【时间轴】面板的【V1】轨道，可以在【节目】监视器视图中预览图像。由于图像的尺寸比项目设置的尺寸大，此时显示的图像只是原图的一部分，并没有完全显示，如图 2-22 所示。

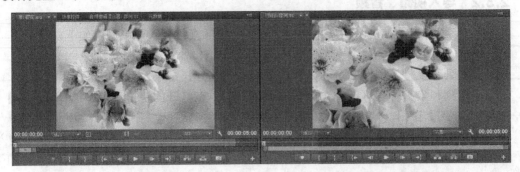

图 2-21　【源】监视器中图像显示　　　图 2-22　【节目】监视器中图像显示

（3）单击【工具】面板的 工具，在【时间轴】面板中选中图像。单击鼠标右键，在弹出的快捷菜单中选择【缩放为帧大小】命令，如图 2-23 所示。此时图像将完整地显示出来，如图 2-24 所示。

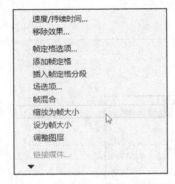

图 2-23　选择【缩放为帧大小】命令　　　图 2-24　调节图像显示比例

（4）也可以通过在【特效控件】面板中选择【运动】特效，调节图像的显示比例。

（5）单击【运动】特效左侧的 图标，展开其参数面板。调节【缩放】值，可以手动对图像大小进行缩放，如图 2-25 所示。

图 2-25　设置图片的显示比例

（6）如果希望图像在导入时画面大小自动与项目设置适配，可以选择【编辑】/【首选项】/【常规】命令，在弹出的对话框中，勾选【默认缩放为帧大小】复选框，这样图像导入时可自动完成画面尺寸的适配，如图 2-26 所示。

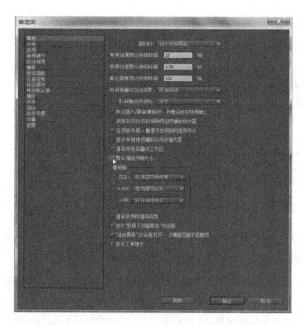

图 2-26　勾选【默认缩放为帧大小】复选框

2.3.4　导入图像序列文件

图像序列文件是文件名称按数字序列排列的一系列单个文件。如果按照序列将图像序列文件作为一个素材导入，必须勾选【序列图片】选项，系统将自动把整体作为一个视频文件，否则只能输入一幅图像文件。导入序列文件的操作步骤如下。

【例 2-6】　导入图像序列文件。

（1）在【项目】面板中双击鼠标左键，弹出【导入】对话框。打开素材资源中的"第 2 章\素材\过滤器动画"文件夹，可以看到里面有文件名称是按数字序列排列的一系列文件，如图 2-27 所示。

（2）选中序列图像中的第 1 张图片，勾选【图像序列】复选框，然后单击 打开(O) 按钮，如图 2-28 所示。

图 2-27　【导入】对话框

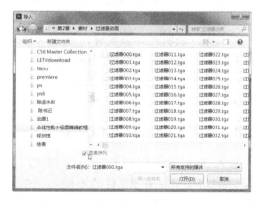

图 2-28　导入图像序列

（3）序列图像出现在【项目】面板中，它的图标显示与视频文件一样，而且后缀名与单张图片的后缀名一样都是".tga"，如图 2-29 所示。

（4）在【项目】面板中双击导入的序列文件，使其显示在【源】监视器视图中。单击 按钮，即可预览序列文件，如图 2-30 所示。

图 2-29 【项目】面板中导入的序列图片

图 2-30 预览序列文件

在【项目】面板中，单击【名称】栏，使素材按名称字母的顺序排列。按住鼠标左键拖动【项目】面板的边缘，使其扩大显示范围，调整后的窗口显示如图 2-31 所示。

图 2-31 输入的素材

⊙ 要点提示

单击【名称】栏后，再次单击，就会以相反的顺序排列。单击哪一栏的名称，就以那一栏为依据进行排列。

在【项目】面板中，每个序列和素材的左侧，都有一个图标标明其类型，各个图标的含义如下。

- ：表明素材既包含视频又包含音频。
- ：表明素材仅仅包含视频或图像序列文件。
- ：表明是音频素材。
- ：表明是一个静止图像素材。
- ：表明素材是脱机文件。
- ：表明是一个序列。

2.3.5 导入*.psd 图像文件

输入 Photoshop 制作的*.psd 文件时，由于文件一般包含许多图层，因此与一般图像文件的不同之处在于图层文件包含了多个相互独立的图像图层。在 Premiere Pro CC 中，可以将图层文件的所有图层作为一个整体导入，也可以单独导入其中的一个图层窗口进行处理，各参数的含义如下，如图 2-32 所示。

- 【合并所有图层】：确定文件所有图层将被合并为一个整

图 2-32 导入*.psd 素材

体导入。

- 【合并的图层】：将文件包含的图层有选择地合并导入。
- 【各个图层】：仅选择文件的某一个图层单独导入。
- 【序列】：将全部图层作为一个序列导入，并且保持各个图层相互独立。
- 【素材尺寸】：确定以文档大小输入，还是以图层大小输入。

2.3.6　脱机文件的处理

脱机文件是一个占位文件，建立时它没有任何实际内容，以后必须用实际的素材替代。在节目编辑中，如果突然发现手头缺少一段素材，那么为了不影响后续编辑，就可以暂时使用离线文件来进行编辑处理，等找到相关素材后再进行连接即可。

【例 2-7】　脱机文件的制作与替换。

（1）打开"t2.prproj"，在【项目】面板中单击 图标，在打开的下拉菜单中选择【脱机文件】命令，打开【新建脱机文件】窗口，其参数如图 2-33 所示。

（2）单击 确定 按钮，在打开的【脱机文件】对话框【包含】选项下拉选项中选择【视频】，将【文件名】修改为"奔马"，按住左键在【媒体持续时间】的数值处拖动鼠标，将数值调整为"00:00:02:00"，也就是 2 秒，如图 2-34 所示。

图 2-33　【新建脱机文件】窗口

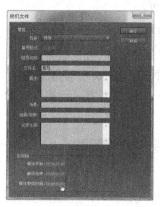

图 2-34　【脱机文件】对话框

（3）单击 确定 按钮退出，【项目】面板中就出现了一个离线素材"奔马"。

（4）确信【项目】面板中的"奔马"被选择，选择菜单栏【文件】/【链接媒体】命令，打开【链接媒体】对话框，如图 2-35 所示。

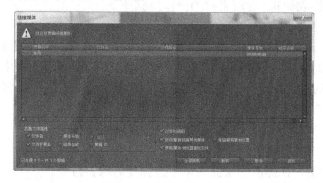

图 2-35　【链接媒体】对话框

（5）单击 查找 按钮，打开【查找文件"奔马"】对话框，如图 2-36 所示。

（6）选择随书所附素材资源中的"奔马.avi"文件。单击 确定 按钮，【项目】面板中的"奔马"就有了具体的连接内容，其图标也发生了变化，如图 2-37 所示。

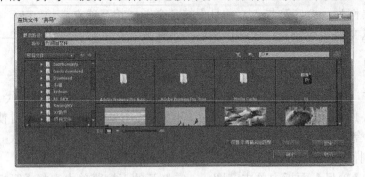 

图 2-36　【查找文件】对话框　　　　　　　　　　　　图 2-37　选择文件

> 连接后可以看出，"奔马"素材的持续时间不再是 2 秒，而是采用了"奔马 avi"的持续时间。

素材的输入过程，只是在【项目】面板中建立起一个与磁盘上相应文件的连接，并没有改变磁盘上相应文件的物理位置。因此在【项目】面板中出现的素材，只是告诉 Premiere Pro CC 在何处去寻找相应的文件。而且两者并不是一一对应的关系：【项目】面板中的一个素材，只能与磁盘中的一个文件连接，但磁盘中的一个文件，却可以和【项目】面板中的几个素材连接。

2.4　素材的管理

捕捉与导入素材后，素材便出现在【项目】面板中。【项目】面板会列出每一个素材的基本信息，可以对素材进行管理和查看，并根据实际需要对素材进行分类，以方便下一步的操作。

2.4.1　对素材进行基本管理

和 Windows 的其他应用软件一样，在 Premiere 的【项目】面板中可以对素材进行复制、剪切、粘贴、重命名等操作。管理素材的操作步骤如下。

【例 2-8】　管理素材。

（1）接例 2-7。在【项目】面板中选中"奔马.avi"，选择【编辑】/【复制】命令，然后选择【编辑】/【粘贴】命令，会复制一个同样的视频素材到【项目】面板中，如图 2-38 所示。

（2）选中复制的素材，选择【剪辑】/【重命名】命令，将其重命名为"海滩.avi"，如图 2-39 所示。

（3）选中素材"海滩.avi"，可以使用 5 种方法将其删除。

- 在菜单栏选择【编辑】/【清除】命令。
- 单击鼠标右键，在弹出的快捷菜单中选择【清除】命令。
- 按键盘的 Backspace 键。

- 按键盘的 Delete 键。
- 单击【项目】面板下方的 🗑 按钮。

图 2-38　复制视频素材

图 2-39　重命名素材

（4）选中任意一个素材，还可以对其进行剪切、复制、粘贴等操作，对应的快捷键分别是 Ctrl+X 组合键，Ctrl+C 组合键，Ctrl+V 组合键，读者可以自己尝试。

2.4.2　预览素材内容

通过预览，可以了解每一个素材中的内容，还可以对每一个素材进行标识。预览素材的操作步骤如下。

【例 2-9】　预览素材。

（1）接例 2-8。按住键盘的 Ctrl 键拖曳【项目】面板，解除面板的停靠，使其变成浮动面板，拖曳【项目】面板边界将其拉大，可以看到每段素材的起止时间、入点、出点、持续时间和视音频信息等，如图 2-40 所示。

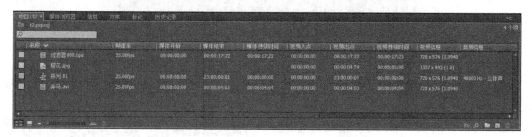

图 2-40　使【项目】面板变成浮动面板并拖曳其边界

（2）当前情况下，各素材以"列表"形式排列，单击 ⬛ 按钮，各素材将以"缩略图"形式排列，如图 2-41 所示。

图 2-41　素材以"缩略图"形式排列

（3）拖曳【缩略图】视图下方的时间滑块，可以在【项目】面板中浏览视频片段，如图 2-42 所示。

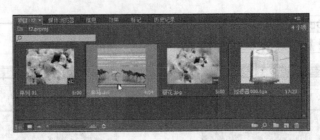

图2-42　浏览视频

2.4.3　建立素材箱

在【项目】面板中建立素材箱，可以像 Windows 操作系统中的文件夹一样对项目中的内容分类管理。分类的方法一般有两种，一种是按照素材的内容分类；另一种是按照素材的类型分类。两种分类的操作方法相似，这里根据素材的内容分类，操作步骤如下。

【例 2-10】　建立素材箱。

（1）单击█按钮，在【项目】面板中新建一个"素材箱"文件夹，练习在【项目】面板中将一些素材拖曳到"素材箱"文件夹中，如图 2-43 所示。

图2-43　移动素材到"素材箱"文件夹

（2）双击"素材箱"文件夹，在打开的【素材箱】面板中可见被移到其中的所有素材，如图 2-44 所示。

在内容繁多的项目中，可以使用素材箱分类存储方法来强化对素材的管理。掌握建立素材箱管理素材的基本方法很有实际意义，将一个项目文件输入到其他项目中，可以为模块化编辑节目提供保证，能够大大提高工作效率。比如要编辑的节目比较庞大复杂，就可以先将它分成几个小项目分别制作，最后再将这些项目输入到一个项目中合成输出。

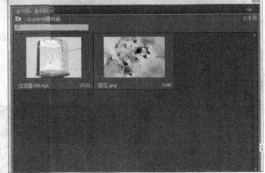

2.4.4　设定故事板

图2-44　【素材箱】文件夹

故事板是一种以照片或手绘的方式形象地说明情节发展和故事概貌的分镜头画面组合。在 Premiere 中，可以将【项目】面板的剪辑缩略图作为故事板，协助编辑者完成粗编，操作步骤如下。

【例 2-11】　编辑故事板。

（1）接例 2-10。在【素材箱】文件夹中，将素材按照一定的顺序排列起来。

（2）在【时间轴】面板中拖曳时间指针到要放置素材的位置。按住 Shift 键，将【素材箱】面板中的素材全部选中，单击面板下方的 ▆▆ 按钮，弹出【序列自动化】对话框，如图 2-45 所示。

【序列自动化】对话框中的常用参数介绍如下。

- 【顺序】：下拉列表中有两个选项，选择"排序"，按照【项目】面板中的排列顺序放置；选择"选择顺序"，按照选择素材的顺序放置。

- 【方法】：下拉列表中有两个选项，选择"插入编辑"，【时间轴】面板上已有的剪辑向右移动，选择"覆盖编辑"将替换【时间轴】面板上已有的剪辑。

- 【剪辑重叠】：设置默认过渡的帧数或秒数，设置为"25"帧，意味着相邻剪辑默认时间为 1 秒。

- 【静止剪辑持续时间】：可以选择勾选【使用入点/出点范围】和【每个静止帧剪辑的帧数】复选框。

图 2-45　【序列自动化】对话框

- 【转换】：勾选【应用默认音频过渡】和【应用默认视频转场】复选框，将为相邻的两段剪辑添加默认的"交叉溶解"过渡效果，取消勾选则无过渡效果。

- 【忽略选项】：勾选【忽略音频】复选框，不放置音频；勾选【忽略视频】复选框，不放置视频。

（3）在【序列自动化】对话框中设置【剪辑重叠】为"0"，取消【转换】选项组的勾选，其余参数设置如图 2-46 所示，单击 ▆▆ 确定 ▆▆ 按钮退出对话框。

（4）在【时间轴】面板中，按照素材在【项目】面板上的顺序，放置了视频剪辑。这样可以完成序列的粗编，如图 2-47 所示。

图 2-46　设置【序列自动化】对话框

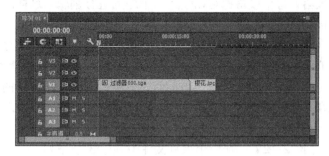

图 2-47　放置视频到【时间轴】面板

2.4.5　使用 Adobe Bridge 管理素材

Adobe Bridge 是一种文件与资源管理应用程序，它通常与 Adobe 系列软件结合使用。通过 Premiere 可以直接访问 Adobe Bridge，在 Adobe Bridge 中进行文件的管理、组织和预览等工作。

选择【文件】/【在 Adobe Bridge 中显示】命令，启动 Adobe Bridge。在【项目】面板中选中某一素材，选择【文件】/【在 Adobe Bridge 中显示】命令也可以启动 Adobe Bridge，并播放该素材，如图 2-48 所示。

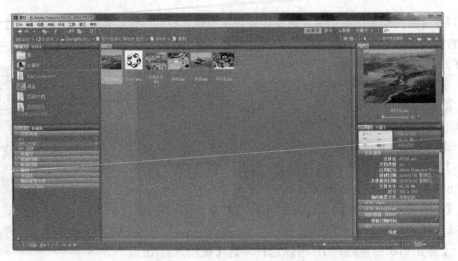

图 2-48　Adobe Bridge 工作界面

　　Adobe Bridge 对文件的操作方法类似于 Windows 操作系统的资源管理器：双击 Bridge 文件夹可以查看文件夹中的内容；单击 Bridge 文件夹的下拉列表可以快速跳转到某个文件夹；可以使用标准的 Windows 操作命令对文件进行剪切、复制、粘贴或删除等操作。

2.5　建立和管理节目序列

　　在 Premiere Pro CC 中，序列是时间轴上编辑完成的视频、音频素材的组合。在一个【时间轴】面板中编辑好一组视频、音频素材，将它们按一定位置和顺序排列，就成为一个序列，序列最终将渲染输出成为影片。

　　在一个项目中可以创建多个序列，在编辑制作较大的影视节目时，可以根据内容分为多个段落，每个段落都可以使用一个序列进行编辑。这样既能使思路条理清晰，也能起到事半功倍的作用。

　　序列在【项目】面板中进行管理，创建好的所有的序列都会出现在【项目】面板中。启动 Premiere 创建新项目时，【项目】面板会创建一个"序列 01"。创建新序列的方法有两种：一是单击【项目】面板下方的新建分类■按钮，在弹出的下拉菜单中选择【序列】命令；二是在菜单栏中选择【文件】/【新建】/【序列】命令。在【新建序列】对话框的【序列名称】文本框中输入文字可改变新序列的名称。

　　【例 2-12】　在一个项目文件中创建 3 个序列。

　　（1）接例 2-11。选择菜单栏中的【文件】/【导入】命令，打开素材资源中的"第 2 章\素材"文件夹，将"行走 1.avi""行走 2.avi""游乐场.avi""路边.avi""自拍 1.avi""自拍 2.avi""商场.avi""电梯.avi""街道.avi"文件导入【项目】面板。

　　（2）单击【项目】面板下方的新建分类■按钮，在弹出的下拉菜单中选择【序列】命令，在弹出的【新建序列】对话框中单击 ▉▉▉确定▉▉▉ 按钮。在【项目】面板中出现了"序列 02"，如图 2-49 所示。

图 2-49　【项目】面板中新增的序列 02

（3）观察【时间轴】面板，可见增加了一个序列 02 的【时间轴】面板，在视频轨道上没有任何素材。

（4）选中【项目】面板中的"行走 1.avi"，拖曳到【时间轴】面板的【V1】轨道，与【V1】轨道的左端对齐。再分别选择【项目】面板中的"游乐场.avi""路边.avi""行走 2.avi"，拖曳至【时间轴】面板已有素材的后面并依次排列，为序列 02 添加素材，如图 2-50 所示。

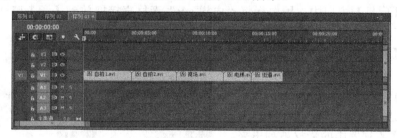

图 2-50　序列 02 的【时间轴】面板

（5）继续单击【项目】面板下方的新建分类 按钮，在【项目】面板中新建一个"序列 03"。

（6）分别选中【项目】面板的"自拍 1.avi""自拍 2.avi""商场.avi""电梯.avi""街道.avi"，依次拖曳到【时间轴】面板【V1】轨道上，如图 2-51 所示。

图 2-51　序列 03 的【时间轴】面板

从以上操作看出，序列 01、序列 02 和序列 03 是三个独立的【时间轴】面板，可以互不影响、独立编辑各自不同的素材内容。

　　要在【时间轴】面板中编辑不同的序列，需要先将该序列激活。要切换到不同序列的【时间轴】面板，有两种方法：一是双击【项目】面板中相应的序列；二是切换【时间轴】面板上方的【时间轴】选项卡。被激活序列的【时间轴】面板，会有橙黄色的外轮廓，表示可以在当前【时间轴】面板进行编辑。

2.6　监视器的使用

利用监视器可以实现视频或音频素材以及节目效果的播放，还可设置素材的入点、出点、检查视频信号指标、设置标记，迅速预演编辑的节目等。监视器分成两部分，左边为【源】监视器视图，显示源素材，右边为【节目】监视器视图，显示编辑后的节目，如图 2-52 所示。监视器具有多种功能，因此其显示模式也有多种，而且根据个人的编辑习惯和需要，还可以进行调整。

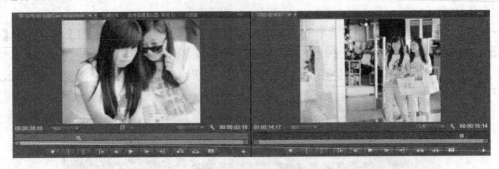

图 2-52　【监视器】面板

2.6.1　将素材加入到【源】监视器视图

为方便编辑工作，监视器一般为双屏显示。为了保证素材能够出现在【源】监视器的视图中，下面通过一个实例讲解如何加入素材，操作步骤如下。

【例 2-13】　在【源】监视器视图中加入素材。

（1）接例 2-12。用鼠标双击【项目】窗口中的素材"商场.avi"，使其加入到【源】监视器中。

（2）在【项目】窗口中，用鼠标将"电梯.avi"素材直接拖放到【源】监视器中，这样"电梯.avi"素材也被加入到【源】监视器视图中。

（3）在【时间轴】面板中双击"街道.avi"素材，此素材也被加入到视图中。

图 2-53　显示加入的素材

（4）素材进入【源】监视器后，会在视图上部出现一个素材夹，单击将其打开，进入【源】监视器中的素材被列出来，如图 2-53 所示。从中选择哪个素材，哪个素材就可以显示。选择【关闭】命令，正在显示的素材就被关闭。选择【全部关闭】命令，所有进入【源】监视器视图中的素材都将被关闭。

　　从图 2-53 中可以看出，在【时间轴】面板中双击显示的素材，前面是带有相应的序列名称的，与另外两个素材有所不同。

（5）如果【项目】窗口中有文件夹，可以按住左键拖动鼠标将文件夹拖动到【源】监视器视图中，打开【源】监视器上部的素材夹就可以看出，文件夹中的所有素材都被列了出来。

（6）在【项目】窗口中，用鼠标右键单击"樱花.jpg"素材，从打开的快捷菜单中选择【在源监视器中打开】命令，"樱花.jpg"素材加入到【源】监视器中。

2.6.2　使用监视器窗口的工具

在【源】监视器和【节目】监视器的下方都有相似的工具，如图 2-54 所示。利用这些工具可以控制素材的播放，确定素材的入点、出点后再把素材加入到【时间轴】面板中，还可以给素材设定标记等。

图 2-54 监视器窗口下方的工具

单击 ➕ 按钮，打开【按钮编辑器】中的各工具的功能如下，如图 2-55 所示。

图 2-55 【按钮编辑器】窗口

- 1/2 ▾：选择播放分辨率。
- 适合 ▾：从下拉选项中选择素材显示的大小比例。
- 🎬 ┅┅：这 2 个按钮是同一个按钮的不同显示方式。第一个是视频，第二个是音频，单击该按钮会在这二者间转换，以决定处理哪一部分。
- 🔧：显示与如图 2-53 所示类似的下拉设置菜单。
- 和 ：标记入点和标记出点。
- 和 ：清除入点和清除出点。
- 跳到下一个标记点和跳到上一个标记点。
- 和 ：转到入点和转到出点。
- ：从入点播放到出点。
- ：添加标记。
- 和 ：转到下一标记和转到上一标记。
- 和 ：后退一帧和前进一帧。
- 和 ：播放-停止切换。
- ：播放临近区域的视频。
- ：循环播放。
- ：将源视图的当前素材插入到【时间轴】面板所选轨道上。
- ：将源视图的当前素材覆盖到【时间轴】面板所选轨道上。
- ：显示安全区域。
- 📷：导出单帧。
- ：隐藏字幕显示。
- ：多机位录制开关。
- ：切换多机位视图。
- ：空格。
- 重置布局：单击该按钮可恢复系统默认布局。

2.6.3 设置素材的入点和出点

设置素材的入点和出点，就是使用素材中有用的部分，这是截取所需要的素材引入【时间轴】面板编辑节目前经常要做的工作。如果不对素材的入点和出点进行调整，那么素材开始的画面位置就是入点，结尾的位置就是出点。设置入点、出点时，一定要对素材进行准确定位，操作步骤如下。

要点提示

这里及后面所说的引入，是指对已经导入的素材进行的处理，比如放到【时间轴】面板等。

【例2-14】 设置素材的入点和出点。

（1）在【项目】面板中双击素材"行走1.avi"，在【源】监视器视图显示素材"行走1.avi"的图像。

Premiere提供了几种不同的方法精确定位素材，例如要将一段素材停留在"00:00:01:08"处，可以使用以下几种方法。

- 拖曳时间指针，同时结合 ▶ 按钮和 ◀ 按钮向前、向后逐帧移动，注意控制【源】监视器视图左下方的【当前时间】显示器，使其停留在"00:00:01:08"处。
- 使用 🖳 工具使时间指针停留在："00:00:01:08"处。
- 单击【源】监视器视图左下方的【播放指示器位置】显示器，将原来的时间码数值选中，直接输入"108"后按 Enter 键，【播放指示器位置】显示器将停留在"00:00:01:08"处。

 要点提示

尝试在【播放指示器位置】显示器上输入"33"后按 Enter 键，会显示为"00:00:01:08"，也就是33帧。如果项目设置的是NTSC制，【当前时间】显示器将显示为"00:00:01:03"，因为NTSC制每秒为30帧，而PAL制每秒只有25帧。

（2）将时间指针定位到"00:00:01:08"处，单击 ▮▮ 按钮标记入点。

（3）将时间指针定位到"00:00:03:19"处，单击 ▮▮ 按钮标记出点，如图2-56所示。

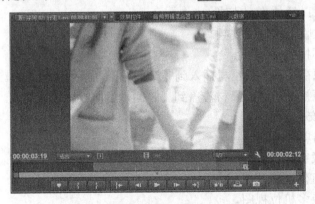

图2-56　设置【源】监视器中素材入点与出点

 要点提示

此时在时间标尺上出现一段灰色区域标明截取了素材视频的哪一部分。

（4）单击 {▶} 按钮，在【源】监视器中播放入点至出点之间的视频内容，也可以通过单击 {◀ 按钮和 →} 按钮分别跳转到入点和出点。

（5）观察【源】监视器右下方的【持续时间】显示器，素材长度已经由原来的"00:00:04:17"变为"00:00:02:12"，这时的持续时间是指从入点到出点之间的时间长度。

要删除已经设置的入点和出点，可以在时间指针上单击鼠标右键，在弹出的菜单中选择【清除入点和出点】、【清除入点】或【清除出点】命令，或者按键盘上的 $\boxed{D}$ 键（清除入点）或 $\boxed{G}$ 键（清除出点），或者在菜单栏中选择【标记】/【清除入点和出点】/【清除入点】或【清除出点】命令，都可以将入点或出点清除。

2.6.4　分离素材视频和音频

　　对既有视频又有音频的素材，可以使它同时具有不同的入点和出点。结合例 2-14，再学习一种分离素材视频和音频的方法。

　　【例 2-15】　分离素材视频和音频。

　　（1）选择菜单栏中的【文件】/【导入】命令，导入素材资源文件"第 2 章\影片\野生动物.avi"。

　　（2）在【项目】面板中双击素材"野生动物.avi"，在【源】监视器视图中显示影片"野生动物.avi"的图像。

　　（3）用鼠标将播放头拖动到"00:00:10:09"位置。在时间指针上单击鼠标右键，在弹出的快捷菜单中选择【标记拆分】/【视频入点】命令，如图 2-57 所示。

图 2-57　设置【源】监视器中视频入点

　　此时在时间标尺上出现一段暗灰色区域标明截取了素材视频的哪一部分，但和图 2-56 有所区别。

　　（4）拖动播放头到"00:00:12:17"位置。在时间指针上单击鼠标右键，在弹出的快捷菜单中选择【标记拆分】/【视频出点】命令，将此处设为视频出点。

　　（5）在【源】监视器视图中拖动播放头到"00:00:11:09"位置。选择菜单栏中【标记】/【标记拆分】/【音频入点】命令将此处设为音频入点。

　　在时间标尺灰色区域的下方，有一段灰绿色区域标明截取了素材音频的哪一部分。

　　（6）在【源】监视器视图中，将播放头拖动到"00:00:12:10"位置。选择菜单栏中【标记】/【标记拆分】/【音频出点】命令将此处设为音频出点，如图 2-58 所示。

图 2-58　设置【源】监视器中音频出点

（7）用鼠标拖动源视图中的素材至【时间轴】面板的 V1 轨，可以看出素材的视频和音频具有不同入点、出点，同时加入到各自的轨道上，如图 2-59 所示。

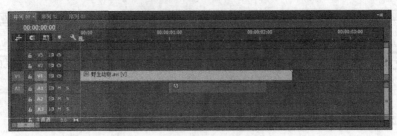

图 2-59 将素材放入到【时间轴】面板

2.6.5 插入编辑和覆盖编辑

【源】监视器提供了 ![按钮]【插入】和 ![按钮]【覆盖】两种将素材放置到【时间轴】面板中的编辑方式。

使用插入编辑时，【时间轴】面板中已有的素材在时间指针处被截断，【源】监视器中入点至出点间的素材在时间指针处插入，被截断素材的后半部分在时间轴上右移，序列总长度变大。使用覆盖编辑时，【源】监视器中入点至出点间的素材也在时间指针处被插入，不同的是，新插入的素材会覆盖【时间轴】面板中已有的部分素材。

下面将素材"草坪 1.avi""花草空镜.avi"两个视频素材分别采用插入编辑和覆盖编辑的方式放到【时间轴】面板中，操作步骤如下。

【例 2-16】 将素材导入【时间轴】面板。

（1）单击【项目】面板下方的新建分类 ![按钮] 按钮，在【项目】面板中新建一个"序列 04"。

（2）选择菜单栏中的【文件】/【导入】命令，打开素材资源中的"第 2 章\素材"文件夹，导入"草坪 1.avi""花草空镜.avi"两个视频片段。

（3）在【项目】面板中选中素材"草坪 1.avi"，将其拖曳到【时间轴】面板【视频 1】轨道的左端，如图 2-60 所示。单击【时间轴】面板左上方的【播放指示器位置】显示器，输入"45"，将时间指针定位在"00:00:01:20"处。

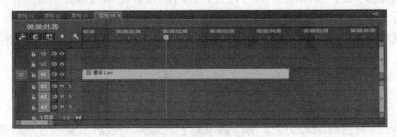

图 2-60 将素材放入【时间轴】面板

（4）在【项目】面板中双击素材"花草空镜.avi"，在【源】监视器视图中显示素材"花草空镜.avi"的图像。

（5）单击 ![按钮] 按钮，或者在菜单栏中选择【剪辑】/【插入】命令，进行插入编辑。【时间轴】面板中的已有素材在指针处被截断，插入新的素材，被截断素材的后半部分右移，整个影片的时间被加长，如图 2-61 所示。

图 2-61　插入编辑后的【时间轴】面板

（6）将【时间轴】面板的时间指针移至轨道左端，单击【节目】监视器中的 ▶ 按钮，观看插入编辑后的效果。

（7）选择【编辑】/【撤销】命令，取消刚才的插入编辑操作。下面再来执行覆盖编辑的操作。

（8）同样将【时间轴】面板上的时间指针定位到"00:00:01:20"处，单击 ▣ 按钮或者选择菜单栏中的【剪辑】/【覆盖】命令，进行覆盖编辑，如图 2-62 所示。【时间轴】面板中原来的素材"草坪 1.avi"在时间指针处被截断，被插入的新素材覆盖掉一部分，影片的总长度没有变化。

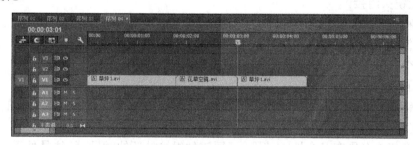

图 2-62　覆盖编辑后的【时间轴】面板

（9）将【时间轴】面板的时间指针移至轨道左端，单击【节目】监视器中的 ▶ 按钮，观看覆盖编辑后的效果。对比图 2-61 和图 2-62，体会插入编辑和覆盖编辑的区别。

2.7　影片视音频编辑的处理技巧

　　镜头是影片最基本的组成单元，而编辑的关键在于处理镜头与镜头之间的关系，好的编辑能够使镜头的连接变得顺畅、自然，既能明白简洁地叙事，又具有丰富的表现力和感染力。视频编辑出来的影片舒不舒服，跟编辑人员的文化修养、审美情趣，以及视频所要表现的主题等有密切关系，其他都是辅助手段。本章节要介绍几种具体的编辑技巧和原则，认真揣摩和钻研这些技巧能够帮助初学者理解镜头的组成与编辑方式，但是要想真正编辑出流畅的影片，除了多观摩学习之外，更重要的是在具体的操作与实践中提高能力和积累经验。

2.7.1　镜头的组接原则

　　镜头的组接必须符合观众的思想方式和影视表现规律，要符合生活的逻辑、思维的逻辑。不符合逻辑观众就看不懂。影视节目要表达的主题与中心思想一定要明确，在这个基础上我们才能确定根据观众的心理要求，即思维逻辑选用哪些镜头，怎么样将它们组合在一起。

2.7.2 镜头的组接方法

镜头画面的组接除了采用光学原理的手段以外，还可以通过衔接规律，使镜头之间直接切换，使情节更加自然顺畅，下面我们介绍几种有效的组接方法。

1．连接组接

相连的两个或者两个以上的一系列镜头表现同一主体的动作。

2．队列组接

相连镜头但不是同一主体的组接。由于主体的变化，下一个镜头主体的出现，会使观众联想到上下画面的关系，起到呼应、对比、隐喻烘托的作用，这往往能够创造性地揭示出一种新的含义。

3．黑白格的组接

为造成一种特殊的视觉效果，如闪电、爆炸、照相馆中的闪光灯效果等，在组接的时候，将所需要的闪亮部分用白色画格代替，在表现各种车辆相接的瞬间组接若干黑色画格，或者在合适的时候采用黑白相间画格交叉，有助于加强影片的节奏、渲染气氛、增强悬念。

4．两级镜头组接

这是从特写镜头直接跳切到全景镜头或者从全景镜头直接切换到特写镜头的组接方式。这种方法能使情节的发展在动中转静或者在静中变动，给观众的直观感受极强，节奏上形成突如其来的变化，产生特殊的视觉和心理效果。

5．闪回镜头组接

用闪回镜头，如插入人物回想往事的镜头，这种组接技巧可用来揭示人物的内心变化。

6．同镜头分析

将同一个镜头分别在几个地方使用。运用该种组接技巧的时候，往往是处于这样的考虑：或者是因为所需要的画面素材不够；或者是有意重复某一镜头，用来表现某一人物的情丝和追忆；或者是为了强调某一画面所特有的象征性的含义以引发观众的思考；或者为了造成首尾相互接应，从而达到艺术结构上给人以完整而严谨的感觉。

7．拼接

有些时候，在户外拍摄虽然多次，拍摄的时间也相当长，但可以用的镜头却很短，达不到我们所需要的长度和节奏。在这种情况下，如果有同样或相似内容的镜头的话，就可以把它们当中可用的部分相组接，以达到节目画面必须的长度。

8．插入镜头组接

即在一个镜头中间切换，插入另一个表现不同主体的镜头。如一个人正在马路上走着或者坐在汽车里向外看，突然插入一个代表人物主观视线的镜头（主观镜头），可以表现该人物意外地看到了什么及其直观感想和引起联想的镜头。

9．动作组接

借助人物、动物、交通工具等动作和动势的可衔接性以及动作的连贯性相似性，作为镜头的转换手段。

10．特写镜头组接

上个镜头以某一人物的某一局部（头或眼睛）或某个物件的特写画面结束，然后从这一特写画面开始，逐渐扩大视野，以展示另一情节的环境。目的是为了在观众注意力集中在某一个人的表情或者某一事物的时候，在不知不觉中就转换了场景和叙述内容，而不使人产生陡然跳动的不适合感觉。

11．景物镜头的组接

在两个镜头之间借助景物镜头作为过渡，其中有以景为主、物为陪衬的镜头，可以展示不同的地理环境和景物风貌，也表示时间和季节的变换，又是以景抒情的表现手法。在另一方面，是以物为主、景为陪衬的镜头，这种镜头往往作为镜头转换的手段。

12．声音转场

用解说词转场，这个技巧一般在科教片中比较常见。用画外音和画内音互相交替转场，比如一些电话场景的表现。此外，还有利用歌唱来实现转场效果，并且利用各种内容换景。

13．多屏画面转场

这种技巧有多画屏、多画面、多画格和多屏幕等多种叫法，是近代影片影视艺术的新手法。把屏幕一分为多，可以使双重或多重的情节齐头并进，大大压缩了时间。如在电话场景中，打电话时，两边的人都有了，打完电话，打电话的人戏没有了，但接电话人的戏开始了。

镜头的组接技法多种多样，按照创作者的意图，根据情节的内容和需要而创造，也没有具体的规定和限制。我们在具体的后期编辑中，可以尽量地根据情况发挥，但不要脱离实际的情况和需要。

2.7.3　声音的组合形式极其作用

在影片中，声音除了与画面内容紧密配合以外，运用声音本身的组合规律也可以显示声音在表现主题上的重要作用。

1．声音的并列

这种声音组合即是几种声音同时出现，产生一种混合效果，用来表现某个场景。如表现大街繁华时的车声以及人声等。并列的声音也应该是有主次之分的，要根据画面适度调节，把最有表现力的作为主旋律。

2．声音的对比

将含义不同的声音按照需要同时安排出现，使它们在鲜明的对比中产生反衬效应。

3．声音的遮罩

在同一场面中，并列出现多种同类的声音，有一种声音突出于其他声音之上，引起人们对某种发声体的注意。

4．接应式声音交替

同一声音此起彼伏，前后相继，为同一动作或事物进行渲染。这种有规律节奏的接应式声音交替，经常用来渲染某一场景的气氛。

5．转换式声音交替

采用两声音在音调或节奏上的近似，从一种声音转化为两种声音。如果转化为节奏上近似的音乐，既能在观众的印象中保持音响效果所造成的环境真实性，又能发挥音乐的感染作用，充分表达一定的内在情绪。同时由于节奏上的近似，在转换过程中给人以一气呵成的感觉，这种转化效果有一种韵律感，容易记忆。

6．声音与"静默"交替

"无声"是一种具有积极意义的表现手法，在影视片中通常作为恐惧、不安、孤独、寂静以及人物内心空白等气氛和心情的烘托。"无声"可以与有声在情绪上和节奏上形成明显的对比，具有强烈的艺术感染力。如在暴风雨后的寂静无声，会使人感到时间的停顿、生命的静止，给人以强烈的感情冲击。但这种无声的场景在影片中不能太多，否则会降低节奏，失去感染力，产生烦躁的主观情绪。

2.8 在【时间轴】面板中进行编辑

　　【时间轴】面板实际上是 Premiere Pro CC 的编辑室，大部分的非线性编辑工作都在这里完成。【时间轴】面板与【序列】相对应，每个【序列】都有自己独立的【时间轴】面板，如图 2-63 所示。但为了节省空间方便转换，一般多个【序列】组合显示在一个窗口中。轨道分为视频和音频两大部分，在轨道上按时间顺序图形化显示每个素材的位置、持续时间及各个素材之间的关系，将鼠标光标放到视频名称与音频名称之间的区域时，鼠标光标会变成上下双箭头￬表示，上下拖动鼠标就可以调整视频轨道与音频轨道占据的区域。如果将鼠标光标放到视频轨道（或音频）轨道之间，上下拖动鼠标会调整单个轨道的高度，其中的图形化素材就会有所变化。当将鼠标光标放到轨道名称与轨道区之间的竖线附近时，鼠标光标会变成横向双箭头￩￫表示，左右拖动鼠标会调整这两个区域占据的区域。

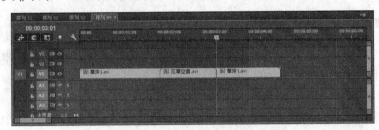

图 2-63　【时间轴】面板

　　从图 2-63 中可以看出，【时间轴】面板被一条灰色的线分为上下两部分，上面是视频编辑轨道，下面是音频编辑轨道，默认情况下视频和音频各有 3 条轨道。在实际操作中，可根据需要增加或减少视音频轨道。【时间轴】面板也分为左右两部分，左边为轨道的操作区，右边为各轨道中素材的编辑区。

　　【时间轴】面板中的一些工具、按钮在编辑工作中经常用到，有一些需要在轨道名称右侧的空白处双击鼠标左键才能够看到，下面进行介绍。

　　● ✚ ➧（将序列作为嵌套或个别剪辑插入并覆盖）：允许使用序列作为嵌套对象应用于当前序列，或者个别剪辑插入序列或覆盖序列剪辑。

　　● ⟲（对齐）：单击使其激活，移动素材时就具有吸附到边缘的功能，可实现自动吸附对齐。

　　● ▦（链接选择项）：链接或断开视频/音频链接。

　　● ▼（添加标记）：单击使其激活，在播放头位置设置一个非数字标记。

　　● 🔧（时间轴显示设置）：单击该按钮打开菜单后，可以在其中选择【时间轴显示设置】选项，如显示视频名称、显示视频缩览图、展开所有轨道等。

　　● 🔒（切换轨道锁定）：单击锁定对应的轨道。再次单击🔓，解锁对应的音频轨道。

　　● ▣（切换同步锁定）：单击使其消失。

- （切换轨道输出）：单击使其消失，则隐藏对应的视频轨道。在原位再次单击，则显示对应的视频轨道。
- （静音轨道）：单击则使对应的音频轨道静音。再次单击，则显示对应的音频轨道。
- （独奏轨道）：单击则使对应的音频轨道独奏。再次单击，则显示对应的音频轨道。
- （转到上一关键帧）：单击则转到上一个设定的关键帧。
- （添加-移除关键帧）：单击则添加或移除设定的关键帧。
- （转到下一关键帧）：单击则转到下一个设定的关键帧。
- （显示关键帧）：从打开的下拉菜单中选择命令，决定显示哪一种控制线。选择不同的命令，按钮的图形会有变化。
- （滑块）：与 工具的作用一样，按住鼠标左右拖动可以起到放大和缩小的作用。

按住 Shift 键单击 和 图标，可以同时对所有的视频轨道或音频轨道起作用。单击【时间轴】面板右侧的 按钮，打开的菜单中有两个命令，选择其中的【显示音频时间单位】决定时间显示采用音频采样单位；选择其中的【开始时间】打开一个窗口，可以设置节目开始处的时码，以满足不同要求，默认是"00:00:00:00"。

2.8.1　基本编辑工具

【工具】面板中，集中了用于编辑素材的所有工具，如图 2-64 所示。要使用其中的某个工具时，在【工具】面板中单击将其选中，移动鼠标指针到【时间轴】面板该工具上方，鼠标指针会变为该工具的形状，并在工作区下方的提示栏显示相应的编辑功能。

工具栏中每一种工具的主要功能如下。

- 【选择工具】：可以选择并移动轨道上的素材。单击 工具后，如果将鼠标光标移动到素材的边缘，鼠标光标会变为指针形状，此时按住鼠标左键拖动边缘可以调整素材的长短，达到裁剪素材的目的。按 Shift 键，通过【选择工具】可以选中轨道上的多个素材。在轨道空白处按住鼠标左键拖出一个方框，则所有接触到的素材均被选择。在默认状态下， 一直处于激活状态。

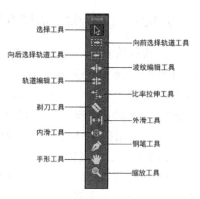

图 2-64　【工具】面板

- 【向前选择轨道工具】：使用【向前选择轨道工具】在轨道上单击，可选择所单击位置上单个轨道右端所包含的所有素材；按住 Shift 键在轨道上单击，可选择所单击位置右端所有轨道上的素材。
- 【向后选择轨道工具】：使用【向后选择轨道工具】在轨道上单击，可选择所单击位置上单个轨道左端所包含的所有素材；按住 Shift 键在轨道上单击，可选择所单击位置左端所有轨道上的素材。
- 【波纹编辑工具】：使用【波纹编辑工具】拖曳一段素材的左右边界时，可改变该素材的入点或出点。相邻的素材随之调整在时间轴的位置，入点和出点不受影响。使用【波纹编辑】工具调整之后，影片的总时间长度发生变化。
- 【滚动编辑工具】：与【波纹编辑工具】不同，使用【滚动编辑工具】拖曳一段素材的左右边界，改变入点或出点时，相邻素材的出点或入点也相应改变，影片的总长度不变。

- 【比率拉伸工具】：使用【比率拉伸工具】拖曳一段素材的左右边界，该素材的入点和出点不发生变化，但改变素材的时间长度，使其产生快、慢动作的效果。
- 【剃刀工具】：使用【剃刀工具】在素材上单击，可以将一个素材分割成为两个素材。按住 Shift 键在素材上单击，则变成多重剃刀工具，可将所单击位置处不同轨道上的多个素材一分为二。
- 【外滑工具】：选择该工具，往左拖动素材可使它的出点与入点同步提前，往右拖动可使素材的出点和入点同步推后，整个素材的持续时间不变，素材在节目中的位置也不变。
- 【内滑工具】：和【外滑工具】正好相反，选择该工具，在需要调整的素材上往左拖动，可将它前面素材的出点和它后面素材的入点向前移动；而往右拖动，则将它前面素材的出点和它后面素材的入点向后移动。所调整素材的持续时间不变，只是位置有所改变，所以整个节目的持续时间不变。
- 【钢笔工具】：使用【钢笔工具】可以在【节目】监视器中绘制和修改遮罩。用【钢笔】工具还可以在【时间轴】面板对关键帧进行操作，但只可以沿垂直方向移动关键帧的位置。单击 工具后，按住 Ctrl 键的同时单击控制线可以增加一个关键帧。
- 【手形工具】：可以滚动【时间轴】面板中的素材，使那些未能显示出来的素材显示出来。
- 【缩放工具】：使用【缩放工具】可以放大【时间轴】面板的时间单位，改变轨道上素材的显示状态。选择这个工具后按住 Alt 键则其功能相反，起缩小作用。

2.8.2 【时间轴】面板中的基本操作

将素材放入【时间轴】面板，最简便的方法就是按住鼠标左键将素材从其他窗口拖动到【时间轴】面板，然后释放鼠标左键确定素材最后所处的轨道和在轨道中所处的位置，这是前面的讲述中多次采用的方法。需要注意的是：拖动时鼠标光标显示为 形状，表示覆盖方式；按住 Ctrl 键拖动鼠标时鼠标光标显示为 形状，表示插入方式。

下面介绍在【时间轴】面板中常用的基本操作。

【例 2-17】 【时间轴】面板中常用的基本操作。

（1）接例 2-16。单击【项目】面板右下角 按钮，在打开的下拉菜单中选择【序列】命令，新建一个【序列 05】。

（2）将鼠标指针放到【时间轴】面板【V3】轨道左侧，单击鼠标右键，弹出如图 2-65 所示的快捷菜单。

- 【重命名】：为选中的轨道重新命名。
- 【添加单个轨道】：选择该命令，添加一个视频轨道。
- 【添加音频子混合轨道】：选择该命令，将增加一个音频子混合轨道。
- 【删除单个轨道】：选择该命令，删除一个视频轨道。
- 【添加轨道】：选择该命令，弹出【添加轨道】对话框，设置要增加的轨道数目。
- 【删除轨道】：选择该命令，弹出【删除轨道】对话框，选择要删除的轨道。

（3）选择【删除轨道】命令，弹出【删除轨道】对话框，如图 2-66 所示。

（4）勾选【删除视频轨】复选框，在【所有空轨道】下拉列表中选择"视频 3"，单击 确定 按钮退出对话框。【时间轴】面板中的【视频 3】轨道被删除。

（5）在【V1】轨道名称右侧空白处双击鼠标左键，在展开的【V1】轨道【视频 1】处单击鼠标右键。在弹出的菜单中选择【重命名】命令，输入"动态视频"。用同样的方法，将【V2】轨道轨道【视频 2】改名为"静态图像"。

图 2-65　轨道名称的快捷菜单

图 2-66　【删除轨道】对话框

（6）在【动态视频】轨道左侧的操作区单击将其选中，该轨道左侧的操作区呈亮灰色显示。选择【项目】面板的"草坪 1.avi"，按住鼠标左键拖曳至【动态视频】轨道左侧，当轨道左侧出现白色箭头黑色竖线时，松开鼠标，如图 2-67 所示。

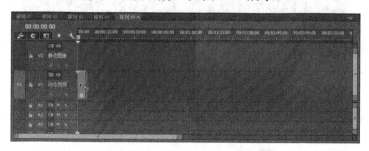

图 2-67　将素材放入选中的视频轨道

（7）按住鼠标左键左右拖曳▭▭▭滑块，将视图缩放到合适大小。

（8）单击【时间轴】面板右上方的【时间轴显示设置】按钮，选择不同选项，观察该轨道素材的不同显示风格，如图 2-68 所示。

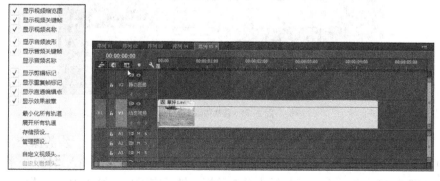

图 2-68　改变素材的显示风格

（9）选择【项目】面板中的素材"樱花.bmp"，将其拖曳至【静态图像】轨道，和轨道左端对齐，在【V2】轨道名称右侧空白处双击鼠标左键将该轨道展开显示，如图 2-69 所示。再次双击鼠标左键，该轨道被折叠。

（10）单击【静态图像】轨道左侧的切换轨道输出按钮，该按钮显示为状态，在【节目】监视器中该轨道中的素材被隐藏。如果将该序列输出为影片，该轨道的内容也不会被渲染。再次单击该按钮，按钮重新显示为 👁 状态。

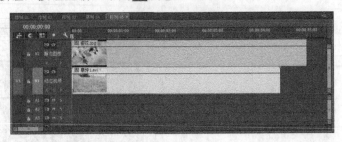

图 2-69　展开轨道

（11）单击【静态图像】轨道左侧 🔓 按钮，按钮转换为切换轨道锁定按钮 🔒 ，该轨道被锁定，不能对该轨道内的素材进行移动、拉伸、切割、删除等操作，如图 2-70 所示。如果再次单击 🔒 按钮，按钮重新显示为 🔓 按钮。

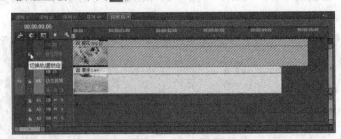

图 2-70　锁定轨道

（12）选择【工具】面板的 ▲ 工具，选中【动态视频】轨道中的素材向右拖曳，移动素材的位置。选择 ◇ 工具，在【动态视频】轨道素材的中间位置单击，将其截断，如图 2-71 所示。尝试对【静态图像】轨道中的素材进行同样操作，因为该轨道已经被锁定，所以无法执行。

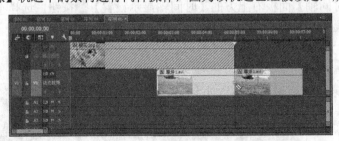

图 2-71　移动和切割素材

（13）选择【编辑】/【撤销】命令，将该命令执行两次，撤销上一步的操作。

（14）单击【时间轴】面板左上方的【播放指示器位置】显示器，输入"100"，将时间指针定位在"00:00:01:00"处，在时间指针上单击鼠标右键，在弹出的菜单中选择【添加标记】命令，或者单击【时间轴】面板左上方的设置无编号标记 🛡 按钮，在该处设置标记。用同样的方法在"00:00:02:00"处、"00:00:03:00"处、"00:00:04:00"处设置标记，如图 2-72 所示。

通过设置标记，可以快速定位素材的位置。在时间指针的右键快捷菜单中，选择【转到下一个标记】和【转到上一个标记】命令可以快速找到上一个、下一个标记点，选择【清除所选标记】和【清除所有标记】命令可以清除添加的标记。

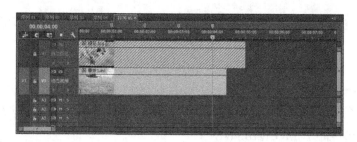

图 2-72 设置标记

2.8.3 设置素材的入点和出点

在编辑过程中，经常需要设置素材的入点和出点。既可以在【时间轴】面板中设置，也可以在【节目】监视器中设置入点和出点，操作步骤如下。

【例 2-18】 在【节目】监视器中设置入点和出点。

（1）单击【项目】面板右下角█按钮，在打开的下拉菜单中选择【序列】，新建一个【序列 06】。

（2）选择【项目】面板中的"商场 avi"，拖曳至【时间轴】面板的【视频 1】轨道，按住鼠标左键左右拖曳█████滑块，将视图缩放到合适大小。

（3）将时间指针移动至"00:00:01:00"处，在时间指针上单击鼠标右键，在弹出菜单中选择【标记入点】命令，或者选择菜单栏中的【标记】/【标记入点】命令，在该处设置入点。

（4）将时间指针移动至"00:00:03:03"处，在时间指针上单击鼠标右键，在弹出的快捷菜单中选择【标记出点】命令，或者选择菜单栏中的【标记】/【标记出点】命令，在该处设置出点，如图 2-73 所示。

图 2-73 在【时间轴】面板设置入点和出点

（5）在【时间轴】面板设置的入点和出点在【节目】监视器中也可以看到。将鼠标指针移动至【节目】监视器下方的视图区域条按住鼠标左键左右拖曳█████滑块，将视图缩放到合适大小，如图 2-74 所示。

图 2-74 【节目】监视器中的入点和出点

在【节目】监视器右下方的【持续时间】显示器中，可以看到入点和出点间的长度为2秒4帧。

 要点提示

　也可以在【节目】监视器中为【时间轴】面板中的素材设置入点和出点，单击 ■ 按钮设置入点，单击 ■ 按钮设置出点。

2.8.4　提升编辑和提取编辑

在前面的操作中，为【时间轴】面板中的素材设置了入点和出点，使用提升编辑和提取编辑，可以把入点至出点间的内容删除，操作步骤如下。

【例2-19】　使用提升编辑和提取编辑功能删除入点至出点间的内容。

（1）接例2-18。在【节目】监视器中，单击 ■ 工具，时间轴上入点至出点间的素材被删掉，中间留下空隙，如图2-75所示。

图2-75　提升编辑后的【时间轴】面板

（2）选择菜单栏中的【编辑】/【撤销】命令，撤销上一步的操作。在【节目】监视器中，单击 ■ 工具，时间轴上入点至出点间的素材被删掉，后段素材左移，中间不留空隙，如图2-76所示。

图2-76　提取编辑后的【时间轴】面板

2.8.5　删除波纹

在【时间轴】面板中编辑素材时，有时需要删掉中间的一段素材，在时间轴上会留下空隙，在Premiere Pro CC中称其为"波纹"，此时需要将同轨道后面所有的素材都向前移动，这样无疑是很麻烦的，将波纹删除可以轻松解决这个问题，操作步骤如下。

【例2-20】　删除波纹。

（1）接例2-19。选择菜单栏中的【编辑】/【撤销】命令，撤销上一步的操作。

（2）在时间指针上单击鼠标右键，在弹出的菜单中选择【清除入点和出点】命令，将【时间轴】面板上的标记全部清除。

（3）将时间指针移至"00:00:01:00"处，选择【工具】面板的 ◆ 工具，在时间指针处单击将素材截断。将时间指针移至"00:00:02:00"处，再次将素材截断。此时【时间轴】面板的素材变为 3 段，如图 2-77 所示。

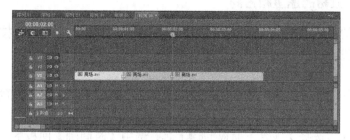

图 2-77　将素材截为 3 段

（4）选择【工具】面板的 ▶ 工具，选择中间的一段素材，选择菜单栏中的【编辑】/【波纹删除】命令，或者在选中素材上单击右键，在弹出的菜单中选择【波纹删除】命令。【时间轴】面板的第 2 段素材被删掉，第 3 段素材前移，中间没有留下空隙，如图 2-78 所示。

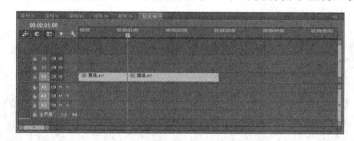

图 2-78　【波纹删除】后的【时间轴】面板

（5）选择菜单栏中的【编辑】/【撤销】命令，撤销上一步的操作。选择中间的一段素材，选择菜单栏中的【编辑】/【清除】命令，或者在选中素材上单击鼠标右键，在弹出的菜单中选择【清除】命令，或者直接按键盘上的 Delete 键。【时间轴】面板的第 2 段素材被删掉，第 1 段素材和第 3 段素材中间留下了空隙，如图 2-79 所示。在【节目】监视器中单击 ▶ 按钮预览，会发现没有素材的部分出现黑场。

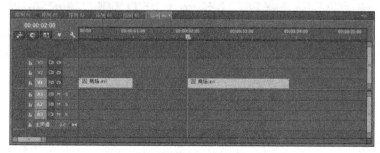

图 2-79　【清除】后的【时间轴】面板

对比图 2-78 和图 2-79 的不同，可以看出【波纹删除】和【清除】命令的区别。如果要在中间的空隙处添加其他素材，应该选择【清除】命令。但是如果中间的空隙不再添加素材，则选择【清除】命令后，还需要将中间的空隙删除。

（6）在两段素材中间的空隙处单击鼠标，选择菜单栏中的【编辑】/【波纹删除】命令，或者在空隙处单击鼠标右键，在弹出的菜单中选择【波纹删除】命令。此时会发现第3段素材前移，中间的空隙被填补。【时间轴】面板与图2-78所示效果一致。

2.8.6 改变素材的速度和方向

在节目序列的后期编辑过程中，有时需要改变素材的速度，不让素材按照正常的速度播放，例如希望一段素材快放、慢放或者倒放等。

【例2-21】 改变素材速度。

通过 ⬛ 工具，可以改变一段素材的播放速度，实现素材的快放、慢放效果，操作步骤如下。

（1）接例2-20。选择【工具】面板的 ▮ 工具，选中【时间轴】面板的"商场.avi"素材，按键盘上的 Delete 键，将其全部清除。

（2）在【V1】轨道名称右侧空白处双击鼠标左键将该轨道展开显示。

（3）选择菜单栏中的【文件】/【导入】命令，导入素材资源文件"第2章\素材\相遇.avi"。

（4）在【项目】面板中选择"相遇.avi"，拖曳到【时间轴】面板的【视频1】轨道，和轨道左端对齐，如图2-80所示。

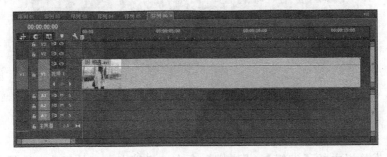

图2-80 【时间轴】面板中的素材

（5）将时间指针拖曳到"00:00:05:00"处，选择【工具】面板的 ◆ 工具，在时间指针处单击将素材截断。选择【工具】面板的 ▮ 工具，将第2段素材向右移动一段距离，如图2-81所示。

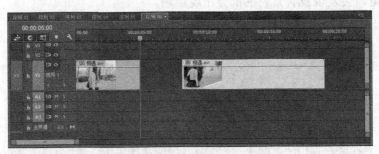

图2-81 分开截断的素材

（6）选择【工具】面板的 ⬛ 工具，将鼠标指针放置到第1段素材的右边界，向右拖曳直到与第2段素材对齐，如图2-82所示。这相当于拉长了第1段素材的时间，使它的播放速度变慢。

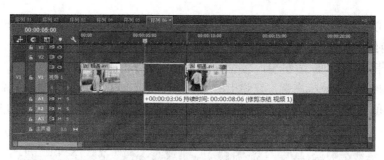

图 2-82 将第 1 段素材拉长

（7）将时间指针移动到轨道左端，按键盘上的空格键，在【节目】监视器中观看改变速度后的效果。

（8）选择【工具】面板的 ![工具]，将鼠标指针放置到第 2 段素材的右边界，按住鼠标左键向左拖曳一段距离，如图 2-83 所示。这相当于缩短了第 2 段素材的时间，加快了它的播放速度。

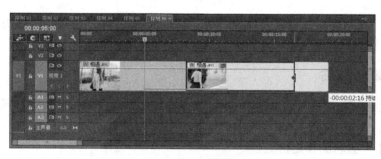

图 2-83 将第 2 段素材缩短

（9）将时间指针移动到轨道左端，按空格键在【节目】监视器中观看播放效果。

【例 2-22】 改变素材方向。

通过在【速度/持续时间】对话框中进行设置，不但能同样能实现快放、慢放，还可以实现素材的倒放效果，操作步骤如下。

（1）接例 2-21。选择【工具】面板的 ![工具]，分别选中【时间轴】面板的两段素材，按键盘上的 Delete 键，将其删除。将【项目】面板的素材"草坪 2.avi"拖曳到【时间轴】面板的【视频 1】轨道。

（2）在【时间轴】面板的素材上单击鼠标右键，在弹出的快捷菜单中选择【速度/持续时间】命令，弹出【剪辑速度/持续时间】对话框，如图 2-84 所示。

图 2-84 【剪辑速度/持续时间】对话框

● 【速度】：当前速度与原速度的百分比值，该值大于"100%"时速度加快；该值小于"100%"时速度减慢。速度的改变会改变素材在【时间轴】面板的长度。

● 【持续时间】：当前素材的持续时间，增大该数值，可使速度减慢，反之速度加快。

● 【倒放速度】：勾选该复选框，改变素材的播放方向，使素材倒放。

● 【保持音频音调】：如果素材有音频部分，勾选该复选框，音频部分的速度保持不变。

● 【波形编辑，移动尾部编辑】：代表速度与持续时间呈链接状态，单击 ![图标] 图标，图标

呈 状态，表明解除链接。

（3）在【持续时间】选项中输入"500"，使素材的总长度变短，播放速度加快，单击 确定 按钮。将时间指针移动到轨道左端，按 空格 键在【节目】监视器中预览效果。

（4）在素材上单击鼠标右键，在弹出的菜单中再次选择【速度/持续时间】命令，弹出【剪辑速度/持续时间】对话框，勾选【倒放速度】复选框，单击 确定 按钮，如图 2-85 所示。

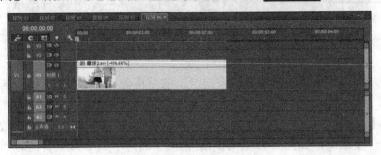

图 2-85　设置【倒放速度】后的素材

在素材上，可以看到当前的速度显示为"-496.66%"，此时素材会以加快的速度倒放。按 空格 键在【节目】监视器中预览效果。

2.8.7　帧定格命令

素材的静帧处理，也叫做帧定格，即将某一帧以素材的时间长度持续显示，就好像显示一张静止图像，这是节目制作中经常用到的艺术处理手法。

【例 2-23】　素材的帧定格处理。

（1）接例 2-22。选择【工具】面板的 工具，选中【时间轴】面板的素材，按键盘上的 Delete 键，将其删除。

（2）选择菜单栏中的【文件】/【导入】命令，导入素材资源文件"第 2 章\素材\行走 3.avi"。

（3）在【项目】面板中选择"行走 3.avi"，用鼠标拖曳至【时间轴】面板的【视频 1】轨道，和轨道左端对齐，如图 2-86 所示。

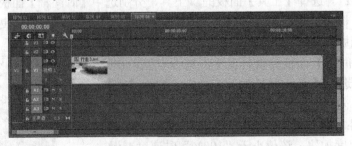

图 2-86　【时间轴】面板中的素材

（4）在【节目】监视器中，将时间指针移至最左端，单击 按钮，观看视频。根据视频情节在"00:00:05:14"帧处将视频画面定格 2 秒，然后继续播放。

（5）将时间指针移至"00:00:05:14"处，选择 工具，在时间指针处单击将素材截断。

（6）将时间指针移至"00:00:07:14"处，选择 工具，在时间指针处单击，再次将素材截断，如图 2-87 所示，【时间轴】面板的一段素材被切割为 3 段，中间的一段素材持续时间为 2 秒。

（7）选择【工具】面板的 ![指针]工具，选择中间的一段素材，选择菜单栏中的【编辑】/【复制】命令，确认时间指针处于"00:00:07:14"处，再选择菜单栏中的【编辑】/【插入帧定格分段】命令，如图 2-88 所示，素材变成了 4 段。

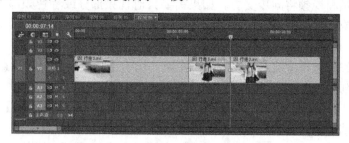

图 2-87　将切割素材为 3 段

图 2-88　复制第 2 段素材后的【时间轴】面板

（8）将时间指针移动到轨道左端，按 空格 键在【节目】监视器中预览效果。此时第 3 段视频已经为帧定格画面。

（9）选择【工具】面板的 ![指针]工具，选中【时间轴】面板的第 3 段视频素材，单击鼠标右键，将其波纹删除。

（10）选择【时间轴】面板上的第 2 段素材，在右键菜单中选择【帧定格选项】命令，弹出【帧定格选项】对话框，如图 2-89 所示。

图 2-89　【帧定格选项】对话框

● 【定格位置】：勾选此复选框，使选中的素材定格为一帧画面，从后面的下拉列表中选择"时间""入点""出点""播放指示器"，可以确定素材定格在哪一帧。

● 【定格滤镜】：如果对该段素材添加了动态特效，或者为特效设置了关键帧的变化，勾选此复选框后，特效的动态效果将不起作用。

（11）勾选【定格位置】复选框，并从后边的下拉列表中选择"入点"，单击 确定 按钮。

（12）将时间指针移动到【时间轴】面板的左端，单击【节目】监视器中的 ▶ 按钮，开始预览。可以看到第 2 段素材在入点处定格，成为静止画面。

2.8.8 断开视音频链接

如果一段素材包含视频和音频两个部分，则导入【时间轴】面板后，默认情况下视频和音频部分处于链接状态。如果对视频部分进行移动、剪切、变速等操作，则因为两者存在链接关系，所以音频和视频将同步变更。如果需要只对视频部分或者音频部分进行编辑操作，或者要删除视频或音频部分，则需要解除视频和音频之间的链接关系。具体操作步骤如下。

【例2-24】 解除视频和音频之间的链接关系。

（1）接例2-23。选择【工具】面板的▶工具，选中【时间轴】面板的素材，按键盘上的 Delete 键，将其删除。

（2）在【项目】面板中选择"野生动物.avi"，用鼠标拖曳至【时间轴】面板的【视频1】轨道，和轨道左端对齐，该素材包含视频和音频两个部分。

（3）选择【工具】面板的▶工具，选中该素材，在【视频1】轨道上向右拖曳，会发现【视频1】轨道和【音频1】轨道的素材同时移动。如果对该素材执行剪切、变速等操作，【视频1】轨道和【音频1】轨道也将同步进行，如图2-90所示。

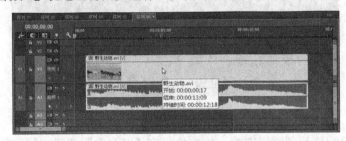

图2-90 素材的视频和音频同步移动

（4）选中该素材，选择菜单栏中的【剪辑】/【取消链接】命令，或者在素材上单击鼠标右键，在弹出的快捷菜单中选择【取消链接】命令。

（5）选择【工具】面板中的▶工具，在没有素材的空白处单击鼠标左键，取消对任意素材的选择。再次单击【视频1】轨道上的视频将其选中，按住鼠标左键并拖曳，会发现音频素材不会一起移动，如图2-91所示。

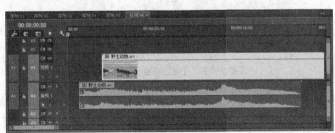

图2-91 移动视频素材

（6）选中【视频1】轨道上的视频素材，在右键菜单中选择【清除】命令，将视频轨道的内容删除。将【音频1】轨道上的音频素材向左拖曳至时间轴左端。

（7）在【项目】面板选择"樱花.jpg"，拖曳到【时间轴】面板【视频1】轨道上，和轨道左端对齐。

（8）选择【工具】面板的▶工具，将鼠标指针移动到【视频1】轨道上素材的右边界，按住鼠标左键向右拖曳，使其长度和【音频1】轨道内容相同，如图2-92所示。

（9）按键盘上的 Shift 键，分别单击【视频 1】和【音频 1】轨道上的内容，同时将它们选中。选择菜单栏中的【编辑】/【链接】命令，将视频和音频部分组合起来。如果移动【时间轴】面板的视频或音频部分，二者将同时移动，如图 2-93 所示。

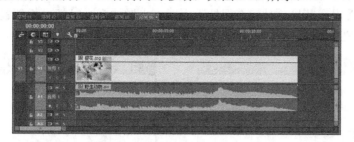

图 2-92　调整图像素材和音频长度相同

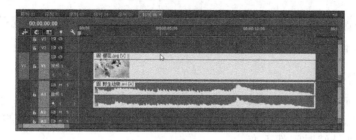

图 2-93　移动重新链接后的视音频素材

本节主要介绍了在【源】监视器和【时间轴】面板进行编辑的基本操作。讲解了素材剪辑和节目编辑的基本方法和手段。对于如何使用插入编辑和覆盖编辑，并了解其区别是本节的一个重点。提升和提取编辑、删除波纹、解除视音频链接等也是实际工作中经常用到的编辑方法。掌握一定的编辑技巧，对实际的编辑操作有着非常重要的指导作用。

2.9　高级编辑

Premiere 的编辑功能十分强大，提供了波纹编辑、滚动编辑、外滑编辑、内滑编辑等多种特殊编辑工具，大部分的工作是在【时间轴】面板上完成的。

2.9.1　使用特殊编辑工具

在 Premiere Pro CC 中，还可以使用特殊的 ↔（波纹编辑）工具、 ⇹（滚动编辑）工具、 ↤（外滑编辑）工具和 ⇸（内滑编辑）工具处理相邻素材之间的关系。其中外滑编辑和内滑编辑不能直接运用在声音素材上，但当用于视频素材时，连接的声音素材会作相应改变。

1. 波纹编辑

选择 ↔ 工具后，将鼠标光标放到编辑点也就是两个素材的组接点时，会出现 ◁ 或 ▷ 显示，前者用于调整后一个素材的入点，后者用于调整前一个素材的出点。调整后一个素材的入点时，素材入点在【时间轴】面板中的位置不会发生变化，仅是出点位置会发生变化。调整前一个素材的出点时，其出点位置会发生变化，但后面素材的入、出点不变，仅在【时间轴】面板中产生位置变化，如图 2-94 所示。这样，整体的节目时间就会发生变化。

2. 滚动编辑

选择 ⊹ 工具后，将鼠标光标放到编辑点也就是两个素材的组接点时，光标会出现 ⊞ 显示。将鼠标光标放在编辑点处，按住左键拖动鼠标，可同时调整相邻素材的入点和出点。从图 2-95 中可以看出，节目总时间会保持不变，入点增加多少时间，相邻素材的出点就会减少相同时间，反之亦然。

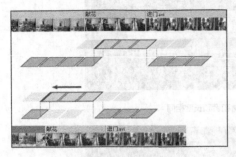 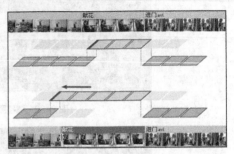

图 2-94　波纹编辑　　　　　　　　　　　　图 2-95　滚动编辑

3. 外滑编辑

选择 ↔ 工具后，将鼠标光标放到编辑点也就是两个素材的组接点时，光标会出现 ↦ 显示。它保持节目总时间不变，可以从图 2-96 中看出。它只调整所选素材的入点和出点，但这个素材的位置和持续时间都不变。

4. 内滑编辑

选择 ⊟ 工具后，将鼠标光标放到编辑点也就是两个素材的组接点时，光标会出现 ⊞ 显示。它保持节目总时间不变，可以从图 2-97 中看出。它调整所选素材的位置，其前面素材的出点和后面素材的入点产生变化，素材的入出点没有变化。

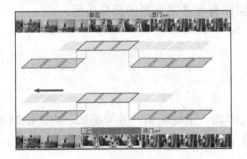 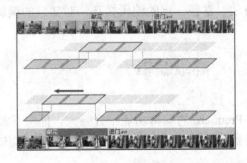

图 2-96　外滑编辑　　　　　　　　　　　　图 2-97　内滑编辑

这几种编辑工具许多人很少使用，主要是由于对它们的优越性认识不够。比如编辑完一个配有解说词的专题片后，如果某个素材（镜头）对应的解说词减少了，就可以选择 ⊹ 工具以 ◁ 方式直接进行调整。否则就要先调整这个素材的入点或出点，然后再删除空白，使后续素材前移组接。再比如，素材间的组接一般要遵循"动接动，静接静"的原则，要有一定的节奏，因此当成片完成后还要从整体上观看修改，调整编辑点的位置。此时为了保证成片时间不变，就可以使用 ⊹ 工具、↔ 工具和 ⊟ 工具以更加直接的方式进行调整。

2.9.2　将素材快速放入【时间轴】面板

前面已经介绍了将素材放入【时间轴】面板的方法，但在某些情况下，这些方法显得比较繁琐。比如制作电子相册，一般有多达几十幅的照片，每幅照片在【时间轴】面板中的持续时间相等，如果将它们一幅幅拖入，则显然都是些重复性劳动。为此，Premiere 提供了一种更加有效的解决办法，下面通过制作电子相册进行介绍。

【例 2-25】　制作电子相册。

（1）接例 2-24。选择【文件】/【导入】命令，打开【导入】窗口，选择素材资源中的"第 2 章\风光"文件夹，单击 [导入文件夹] 按钮将文件夹输入到【项目】窗口中。

（2）单击【项目】面板下方的 ▣ 按钮，在弹出的菜单中选择【序列】命令，弹出【新建序列】对话框，新建"序列 07"，单击 [确定] 按钮退出对话框。

（3）在【项目】窗口中进入"风光"文件夹，单击下方的 ▣ 按钮，以缩略图的形式显示素材，如图 2-98 所示。

（4）选择"Azul.jpg"，按住鼠标左键将其拖放到后两个素材之间，调整素材在文件夹中的顺序。

（5）选择菜单栏【编辑】/【首选项】/【常规】命令，在打开的【首选项】对话框中，勾选其中的【默认缩放为帧大小】选项，以保证素材加入时符合节目设置的尺寸。单击 [确定] 按钮退出对话框。

（6）在文件夹中将素材全部选择，单击文件夹下方的 ▦ 按钮，打开【序列自动化】对话框，将【剪辑重叠】参数设置为"25"，勾选【应用默认视频过渡】选项，其余参数设置如图 2-99 所示。单击 [确定] 按钮退出对话框。

图 2-98　显示素材

图 2-99　【序列自动化】对话框

该对话框中各选项的含义如下。

- 【顺序】：指定片段在【时间轴】面板中的前后顺序。其中【选择顺序】是指按选择素材的先后顺序排列，【排序】是指按【项目】面板中的顺序排列。
- 【放置】：指定在【时间轴】面板中加入片段的位置。其中【按顺序】选项是在已有素材后接着放置；【在未编号标记】选项是在非数字标记处放置。
- 【方法】：选择放入素材时的编辑方式。包含【插入编辑】和【覆盖编辑】。
- 【剪辑重叠】：表示两个素材之间的重叠时间，可用帧或者秒为单位计算。
- 【应用默认视频过渡】：勾选该项，两个素材之间使用默认视频转换。
- 【应用默认音频过渡】：勾选该项，两个素材之间使用默认音频过渡。
- 【忽略选项】：对于既包含音频又包含视频的素材，可以选择忽略其中之一。

（7）所选素材按排列的顺序自动添加到【时间轴】面板中，如图 2-100 所示。

图 2-100　自动添加素材

（8）在节目视窗中播放节目，可以看到图像之间还使用了叠化效果，这是因为勾选了【应用默认视频过渡】选项，系统采用了默认的【交叉溶解】转换。

（9）选择【文件】/【存储】命令，将这个项目保存。

在缩略图显示状态下，【自动匹配序列】命令最为常用，因为这种状态下可以直接用鼠标拖动的方法来调整素材的顺序。在列表显示状态下，也可以选择素材后再使用【自动匹配序列】命令，但调整素材顺序要受到限制。另外，音频和视频素材应该分别使用【自动匹配序列】命令，否则轨道上会出现许多间隔，使视频和音频间隔显示。

2.10　启用多机位模式切换

在现场直播节目的录制过程中，为了多角度表现主体和更好地展示空间关系，往往需要在现场进行多机位拍摄，后期制作中也需要不断切换机位进行录制，实现多机位切换效果。

2.10.1　多机位模式设置

利用 Premiere 的多机位模式可以模拟现场直播节目制作中的多机位切换效果，下面通过实例来说明。

【例 2-26】　模拟现场直播节目制作中的多机位切换效果。

（1）接例 2-25。单击【项目】面板下方的 ■ 按钮，在弹出的菜单中选择【序列】命令，弹出【新建序列】对话框，新建"序列 08"，单击 ■ 确定 ■ 按钮退出对话框。

（2）进入"序列 08"【时间轴】面板。选择菜单栏中的【文件】/【导入】命令，将素材资源中的"第 2 章\素材"文件夹下的"GRW114.avi""GRW115.avi"和"GRW116.avi"文件导入到【项目】面板中。

（3）分别在在【V1】、【V2】、【V3】轨道名称右侧空白处双击鼠标左键将该轨道展开显示。

（4）在【项目】面板中选中"GRW114.avi"，将其拖曳到【时间轴】面板的【视频 1】轨道，和轨道左端对齐。用相同的方法，将"GRW115.avi"和"GRW116.avi"分别拖曳到【视频 2】轨道和【视频 3】轨道，和轨道左端对齐。

（5）选择工具栏中的 ■ 工具，按住鼠标左键向右拖曳直至分别将【视频 1】和【视频 3】轨道上的视频与【视频 2】轨道视频右边界对齐，如图 2-101 所示。

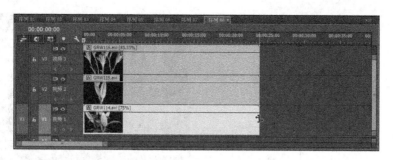

图 2-101　将 3 段素材分别放在 3 个轨道上

（6）分别选择三个轨道上的 3 段素材，单击【效果控制】面板的【运动】特效，将三个轨道上的 3 段素材的【缩放比例】值都设置为 "123"。

（7）选择菜单栏中的【文件】/【新建】/【序列】命令，在弹出的【新建序列】对话框中，将新建的序列命名为 "多机位切换"，单击　确定　按钮退出对话框。【项目】面板中出现新的序列，如图 2-102 所示。

（8）进入 "多机位切换" 的【时间轴】面板。在【项目】面板中选择 "序列 08"，将其拖曳到【视频 1】轨道上，和轨道左端对齐，如图 2-103 所示，将 "序列 08" 嵌套进 "多机位切换" 序列中。

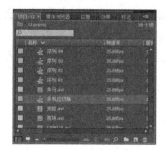
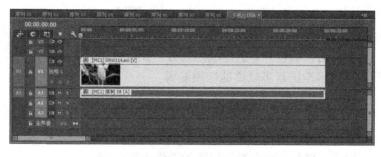

图 2-102　新建序列后的【项目】面板　　　　图 2-103　将 "序列 07" 嵌套进 "多机位切换" 序列

（9）选中【视频 1】轨道上的 "序列 08"，选择菜单栏中的【剪辑】/【多机位】/【启用】命令，启用多机位模式。也可以单击鼠标右键，在展开的下拉菜单中选择【多机位】/【启用】命令，启用多机位模式。

（10）再次选择菜单栏中的【剪辑】/【多机位】命令，在展开的下级菜单中 "相机 1" "相机 2" "相机 3" 处于启用状态，如图 2-104 所示，这是因为在 "多机位切换" 中放置了 3 个轨道的视频。

要点提示

　　此时，如果选择 "相机 1"，那么【节目】监视器视图会显示 "序列 08" 中【视频 1】轨道的视频。如果选择 "相机 2" "相机 3"，【节目】监视器视图分别会显示【视频 2】【视频 3】轨道的视频。

（11）单击【节目】监视器右下方的 按钮，在打开的下拉菜单中选择打开【多机位】命令，打开【多机位切换】监视器，如图 2-105 所示。

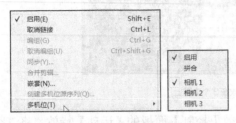

图 2-104　3 个相机选项被激活　　　　　图 2-105　【多机位】监视器

在【多机位】监视器中，左边被分为 4 个视图，其中显示的 3 个画面分别是"序列 08"中 3 个轨道上的视频，单击其中的一个轨道图像，该轨道视频被选中，四周显示黄色边框，右边的全屏预览视图显示该轨道的图像。在进行节目录制时，被选中轨道的内容会被录制。不断切换不同轨道，可以实现多机位切换效果。

（12）单击【多机位】监视器下方的 ▶ 按钮，或者移动时间指针，可以同时看到多轨道信号的动态变化。在浏览的同时，观察各个轨道的视频图像，确定一个粗略的录制方案。

由此可以看出，多摄像机模式对于嵌套时间轴的多轨道操作提供了非常方便的参考，方便用户快速地进行多轨道的切换编辑。

2.10.2　录制多机位模式的切换效果

现在介绍对多机位切换的操作进行录制的方法。

【例 2-27】　对多机位切换的操作进行录制。

（1）接例 2-26，进一步实现多机位切换效果的录制。录制前，先确定大体录制方案如下。

- 0～6 秒：录制【轨道 3】素材。
- 6～10 秒：录制【轨道 1】素材。
- 10～15 秒：录制【轨道 2】素材。
- 15～20 秒：录制【轨道 1】素材。
- 20～24 秒：录制【轨道 3】素材。

录制后节目的播放顺序如图 2-106 所示。

（1）　　　　　　（2）　　　　　　（3）

图 2-106　预定录制方案

（4） （5）

图 2-106 预定录制方案（续）

（2）在【多机位】监视器中将时间指针移动到左端。选中左边的第 3 轨图像，即选中"序列 08"中【轨道 3】的视频内容，单击下方的录制开关 按钮，单击 按钮开始录制，如图 2-107 所示。

图 2-107 录制多机位的切换

（3）当时间指针移动到第 6 秒，单击左边的第 1 轨图像，开始录制【轨道 1】的内容；当时间指针移动到第 10 秒，单击左边的第 2 轨图像，开始录制【轨道 2】的内容；当时间指针移动到第 15 秒，单击左边的第 1 轨图像，开始录制【轨道 1】的内容；当时间指针移动到第 20 秒，单击左边的第 3 轨图像，开始录制【轨道 3】的内容。

（4）录制结束后，单击【多机位】监视器中的 按钮，在右边的全屏预览视图预览录制效果。

（5）此时【时间轴】面板中的视频"序列 08"被截开，成为 5 个片段，如图 2-108 所示。

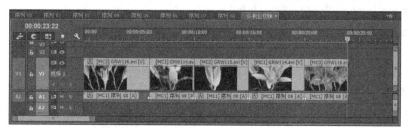

图 2-108 录制完成后的【时间轴】面板

对于节目的多机位切换录制，需要制作者有较高的影视艺术素养和娴熟的编辑操作技能，初学者要多加练习才能掌握。如果在进行以上的切换录制中，没有完成预定方案的要求，则可以把"多机位切换"序列中的视频全部删掉，再次将"序列 08"拖曳进来，重新录制。需要注意的是，此时要再次选择菜单栏中的【剪辑】/【多机位】/【启用】命令，才能实现多机位切换。

2.10.3 替换内容

在【多机位】监视器中进行多机位切换录制时，如果出现了切换错误，或者因为其他原因需要暂停录制，只要单击 ■ 按钮，录制开关就会自动弹起，录制中止。要继续录制时，将时间指针移动到正确位置，再次单击 ● 按钮，选择需要的轨道图像，单击 ▶ 按钮，就可以重新开始录制。

节目录制完成之后，如果需要替换其中的部分内容，也可采用相同的方法。例如，要将前边录制完毕的节目中，15～20 秒的位置替换为第 2 轨道的内容，操作步骤如下。

【例 2-28】 替换内容。

（1）接例 2-27。单击【节目】监视器右下方的 🔍 按钮，在打开的下拉菜单中选择打开【多机位】命令，打开【多机位切换】监视器，将时间指针移动至第 15 秒，选中左边的第 2 轨道图像，单击窗口下方的录制开关按钮 ● ，单击 ▶ 按钮，进行录制。当时间指针移动至第 20 秒时，单击 ■ 按钮，录制终止。

（2）录制结束后，单击【多机位】监视器中的 ▶ 按钮，预览录制效果。

小结

本章介绍了 Premiere Pro CC 的基础知识和基本概念。内容包括：Premiere Pro CC 创建项目、捕捉视音频素材、素材导入、素材管理、使用 Adobe Bridge 管理素材、建立和管理节目序列、监视器的使用、影片视音频编辑的处理技巧、在【时间轴】面板进行编辑、高级编辑和多机位切换等内容。读者应当了解和逐步熟悉这些相关知识，为后面的学习打下扎实的基础。这些内容非常丰富，是以后进行节目编辑的基础。

习题

一、简答题

1．Premiere Pro CC 主要有哪些功能？
2．Premiere Pro CC 的工作界面分为哪几个部分？
3．如何自定义工作界面？
4．如何设置系统自动保存的时间间隔和最大项目个数？

二、操作题

1．定义自己的工作界面。
2．创建一个 PAL 制的项目文件。
3．将多个素材放到【时间轴】面板上，并在素材之间创建叠化效果。

Chapter

3

第 3 章
视频过渡的应用

　　镜头是构成数字媒体作品的基本要素，不同镜头之间的组接方式有两种：直接过渡和利用视频过渡。利用视频过渡可以使作品的视觉效果更流畅，更能吸引观众的注意力。Premiere Pro CC 提供了近 80 种过渡效果，这些效果易于使用，并且可以定制。本章主要介绍视频过渡的基本原则、基本操作，【效果控件】面板的使用及不同视频过渡的效果。

【教学目标】
- 了解视频过渡的应用原则。
- 掌握视频过渡的添加、替换及删除方法。
- 掌握在【效果控件】面板中改变过渡参数的方法。
- 熟悉视频过渡的自定义设置方法
- 掌握细调视频过渡的方法。
- 熟悉不同视频过渡的效果。

3.1 视频过渡的应用原则

一部影片，为了内容的条理更加突出，层次的发展更加清晰，需要对内容段落进行分隔，需要将不同场面的镜头进行连贯，这种分隔和连贯的处理技巧，就是影片段落与场面的过渡技巧。

3.1.1 段落与场面过渡的基本要求

对于观众而言，段落与场面过渡的基本要求是心理的隔断性和视觉的连续性。

所谓心理隔断性，就是段落的过渡要使观众有较明确的完结感，知道一部分内容的终止，新的内容将展开。影片因其较少事件、序列的贯穿，段落层次感常常需要借助于特技效果。

所谓视觉连续性，就是利用造型因素和过渡的手法，使观众在明确段落区分的基础上，视觉上感到段落间的过渡自然顺畅；便于观众在不同场面空间的联系上形成统一的视觉——心理体验，掌握完整的内容。

通常情况下，在镜头之间和镜头组之间表现场面的过渡，要尽量突出视觉的连续性而缩小心理的隔断性；而在叙事段落间和有较明显内容差别以及不同场面之间的过渡，则应具有明确的心理隔断性效果。

3.1.2 过渡的方法

段落和场面的过渡方法，从连接方式上可分为两大类：一是利用特技技巧的过渡；二是直接过渡。

特技过渡是指利用电视特技信号发生器产生的特技效果，进行段落或场面过渡的方法。常用的技巧过渡有淡变、叠化、划变等。

1. 淡变过渡

这主要是指淡出、淡入（亦称渐隐、渐显）。淡变过渡，主要是在相连两画面之间，通过前一画面逐渐隐去，后一个画面再逐渐显出的特技方法实现的。它通常用来表示一个比较大的、完整的段落的结束，另一大段落的开始。淡出、淡入有着明确的分段效果，还能表现较长时间的过渡和较大意义的变化。运用这一技巧分段，一般要使淡出与淡入配合使用，有时也可同"切"结合使用。

2. 叠化过渡

即前后两个画面过渡中有几秒钟的重合，能给人造成视觉上更为密切而柔和的连续感，常用来表现大段落内层次的过渡和时间上的明显过渡。运用叠化过渡技巧进行分段时，前后两个画面的构图应力求相似，尤其是主体位置应尽量一致，以求过渡的光滑柔顺。运用叠化过渡技巧表现时间的变迁时，"化"表示时间过程的省略。因此，"化"的次数应视其所包含的时间过程而定，通常一个过程仅需一次叠化处理。如表示某一段落的"插叙"，从"化出"开始，以"化入"结束。

3. 划变过渡

划变的种类、花样是特技过渡中最丰富多样的。通常的方式都是在前一画面逐渐"剥离"的同时，被剥去的空间显现出另一个画面。划变过渡，给人以不同地点、场合的空间变化感受，主要用来表现同一段落（层次）内容中属于同时异地或者平行发展的事件。

划变在视觉上给人的感觉是节奏轻快紧凑，上下两个画面更替的痕迹显明。因此多用在需快速过渡的场合。划变种类繁多，在叙述某一问题的各个侧面时，要尽量统一样式，防止单纯"玩特技"的变化，影响观众的注意力。

上述有技巧的过渡方法，可以使段落的分隔显得明显突出，从而使影片的叙述性节奏更加清晰，因而有利于观众按内容的不同层次循序渐进地掌握专业知识和技能。

3.2　【视频过渡】分类夹

【效果】面板中存放了许多预设、效果与过渡，【视频过渡】只是作为其中的一个分类，存放在【视频过渡】分类夹中，同样采用分类夹的方式将各种过渡效果分门归类放置，如图 3-1 所示，这样的分类方式有助于过渡效果的查找和管理。Premiere 提供了 10 种类型的几十种视频过渡效果。在两段素材之间应用视频过渡的方法很简单，只需要通过鼠标拖曳即可，Premiere 也提供了相应的参数面板以供调整。另外，【效果】面板一般与【项目】面板组合在一起显示，单击相应的标签就可以在这两个窗口之间过渡。如果知道分类夹或某个效果的名称，可以在面板上方中的

图 3-1　【视频过渡】分类夹

【查找】栏直接输入其名称，快速自动进行查找。也可以单击面板下方的██按钮建立新分类夹，将自己常用的各种效果拖放到其中，拖放的效果依然在原来的分类夹中存在。单击██按钮，可以删除自建分类夹，但不能删除软件自带的分类夹。

3.3　视频过渡效果的应用

在【时间轴】面板中的视轨上，将一个素材的开头接到另一素材的尾部就能实现过渡，通过前面的学习你肯定已有体会。那么如何进行素材间的过渡？素材间的过渡，两个素材间必须有重叠的部分，否则就不会同时显示，这些重叠的部分就是前一个素材出点以后的部分和后一个素材入点以前的部分。下面我们通过一个实例，看看如何运用过渡。

3.3.1　添加视频过渡

为素材加入过渡，方法如下。

【例 3-1】　为素材加入过渡效果。

（1）启动 Premiere，新建一个"t3.prproj"项目。将素材资源中的"第 3 章\素材"文件夹复制到本地硬盘上，下面操作中将用到此文件夹中的文件。

（2）定位到本地硬盘中的"第 3 章\素材"文件夹，导入视频文件"等待 1.avi"和"手机 2.avi"，并拖动到【时间轴】面板的创建视频序列。

（3）在【V1】轨道名称右侧空白处双击鼠标左键，展开【V1】的【视频 1】轨道。

（4）【视频 1】轨道上，将【时间轴】面板的视图扩展到合适大小，如图 3-2 所示。两段素材的左上角、右上角都出现了灰色的小三角，说明素材处于原始的没有被剪切的状态。

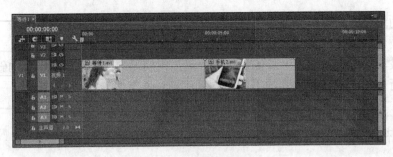

图 3-2 将素材放到视频轨道上

（5）过渡到【效果】选项卡，打开【效果】面板。依次单击【视频过渡】/【溶解】文件夹左侧的卷展控制图标 ▶，展开【溶解】文件夹下的所有过渡。【交叉溶解】过渡周围有一个黄色框，如图 3-3 所示，表明它是默认的过渡。

（6）按住鼠标左键将【交叉溶解】过渡拖放到视频 1 轨的两个素材之间，弹出【过渡】对话框，提示两个素材没有足够的用于过渡的帧，因此将重复前一个素材的出点帧和后一个素材的入点帧，如图 3-4 所示。这是因为素材的出点、入点已经到头，没有可扩展区域。

图 3-3 展开叠化文件夹

图 3-4 【过渡】对话框

（7）单击 确定 按钮，系统会自动在素材出点和入点处加入一段静止画面来完成过渡，过渡矩形框上显示斜条纹，如图 3-5 所示。

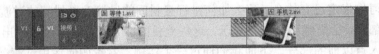

图 3-5 添加【交叉溶解】过渡

（8）在【时间轴】面板的时间标尺上按住鼠标左键拖动鼠标，在节目视窗中预演过渡效果。

（9）选择【溶解】分类夹中的【叠加溶解】过渡，按住鼠标左键将其拖放到【时间轴】面板的【交叉溶解】过渡上，松开鼠标左键后【交叉溶解】过渡被替换成【叠加溶解】过渡。

（10）在【时间轴】面板的时间标尺上按住鼠标左键拖动鼠标，在节目视窗中预演过渡效果，与【交叉溶解】过渡效果截然不同。

（11）在【时间轴】面板同时选择"等待 1.avi"和"手机 2.avi"，按 Ctrl+C 组合键复制。按住鼠标左键将时间指针拖到节目的末端，按 Ctrl+V 组合键粘贴。

（12）为了让过渡能够更平滑流畅，需要对素材进行剪切，让一些没有用处的头尾帧在两个素材之间重叠。在工具栏中选择【波纹编辑】 ◄|► 工具，将第一段素材的结束点向左拖动，使其缩短约 2 秒。

（13）同样使用【波纹编辑】工具，将第 2 段素材的起始点向右拖动，使其缩短约 2 秒。

（14）现在两段素材的出点、入点有了足够的尾帧、头帧。此时两个素材的长度都产生了变化，过渡标示中的斜线消失，如图 3-6 所示。

图 3-6　调整后的【叠化溶解】过渡显示

（15）将当前时间指针放在【溶解】过渡的前方，按空格键播放，看到在前一段素材画面逐渐消失的同时，后一段素材画面逐渐出现。

（16）为素材添加过渡后，可以改变过渡的长度。最简单的方法是在工具栏中选择 工具，在序列中选中 过渡，把鼠标放在过渡的左右边界，分别出现素材入点图标 和素材出点图标 ，分别拖动过渡的边缘即可改变过渡的长度，如图 3-7 所示。

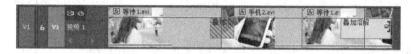

图 3-7　改变过渡长度

（17）选中过渡，单击鼠标右键，在弹出的菜单中选择【设置过渡持续时间】命令，打开【设置过渡持续时间】对话框，在【设置过渡持续时间】对话框中设置【持续时间】参数可以改变过渡的长度，如图 3-8 所示。

（18）也可以在【时间轴】面板中双击过渡矩形框，打开【效果控件】面板。在【效果控件】面板中设置【持续时间】参数也可以改变过渡的长度，如图 3-9 所示。

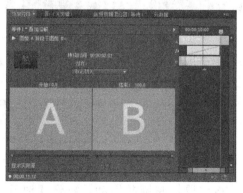

图 3-8　【设置过渡持续时间】对话框　　　　　　　图 3-9　【效果控件】面板

（19）选中过渡，单击鼠标右键，在弹出的菜单中选择【清除】命令，将【叠加溶解】过渡删除，还可以按 Delete 键或 BackSpace 键，将其删除，如图 3-10 所示。

图 3-10　删除【叠加溶解】过渡

要点提示

　　一般情况下，过渡在同一轨道的两段相邻素材之间使用，称之为双边过渡。除此之外，也可以单独为一段素材的头尾添加过渡，即单边过渡，素材将与下方轨道的视频进行过渡。但此时，下方的轨道视频只是作为背景使用，并不被过渡控制。

　　过渡效果被应用时，往往采用的是默认设置时间长度。也可以对视音频过渡持续时间进行重新设置，步骤如下。

　　（20）单击【效果】面板右上角的 按钮，在弹出的菜单中选择【设置默认过渡持续时间】命令，或选择菜单栏中【编辑】/【首选项】/【常规】命令，打开【首选项】参数对话框，显示默认的视频、音频过渡时间。

　　（21）可以根据实际需要输入新的数值，修改视频过渡默认持续时间。将默认过渡时间设置为"50"帧。下次应用过渡时，过渡时间就将持续"50"帧，如图 3-11 所示。

　　在工作中经常会使用某一种过渡，在这种情况下，可以将常用的过渡设置为默认过渡。步骤如下。

　　（22）选择【渐隐为白色】过渡，单击【效果】面板右上角的 按钮，在弹出的菜单中选择【将所选过渡设置为默认过渡】命令，该过渡左侧图标的边缘显示为黄色，如图 3-12 所示。

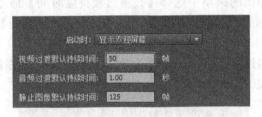

图 3-11　【设置默认过渡持续时间】设置

图 3-12　设置【渐隐为白色】为默认过渡

　　（23）单击选定要添加视频过渡的【视频 1】轨道。将时间指针放到需要添加过渡效果素材的左右边界，按住 Ctrl+D 组合键，默认过渡自动被加入到素材上，如图 3-13 所示。

图 3-13　通过组合键添加过渡

　　（24）按住鼠标左键并拖动，框选【时间轴】面板上的素材"等待 1.avi"和"手机 2.avi"，按键盘上的 Delete 键将其删除。

　　（25）配合 Shift 键，在【项目】面板中再次选择"等待 1.avi"和"手机 2.avi"，单击【项目】面板下方的【自动匹配序列】 按钮，打开【序列自动化】对话框，如图 3-14 所示。进行各项设置后单击 确定 按钮，则导入到【时间轴】面板中的素材之间自动设置的过渡效果就是当前默认的过渡效果。

图 3-14　【序列自动化】对话框

3.3.2 【效果控件】面板中参数设置

对素材应用视频过渡后，过渡的属性及参数都将显示在【效果控件】面板中。双击视频轨道上的过渡矩形框，打开【效果控件】面板，如图 3-15 所示。

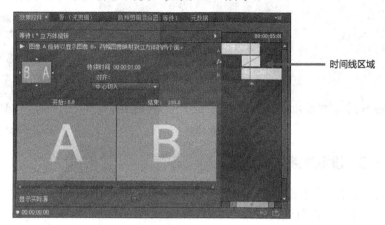

时间线区域

图 3-15 【效果控件】面板

在【效果控件】参数设置窗口中，主要设置的含义如下。

- ▶按钮：单击此按钮，可以在缩略图视窗中预览过渡效果。
- 【预览方向选择】：预演过渡效果，单击视窗边缘的三角形按钮可以改变过渡效果的基准方向。比如在图 3-15 中，如果单击不同方位的三角形按钮，可以改变翻页相应的过渡方向。
- 【持续时间】：显示过渡效果的持续时间，在数值上拖动或者双击鼠标左键也可以进行数值调整。
- 【对齐】：可在该项的下拉列表中选择对齐方式，包括【中心切入】【起点切入】【终点切入】和【自定义切入】4 项。【自定义切入】在默认情况下不可用，在【时间轴】面板或者时间线区域直接拖曳过渡，将其放到一个新的位置时，校准自动设定为"自定义切入"。
- 【开始】和【结束】滑块：设置过渡始末位置的进程百分比，可以单独移动过渡的开始和结束状态。按住 Shift 键拖动滑块，可以使开始、结束位置以相同数值变化。
- 【显示实际源】：勾选此项，可以在【开始】和【结束】预览窗口中显示素材过渡开始和结束帧画面。
- 【边框宽度】：调整过渡效果的边界宽度，默认值"0.0"为无边界。
- 【边框颜色】：定边界的颜色。单击 ■ 图标会打开【颜色拾取】对话框，进行颜色设置，也可以使用 🖋 工具在屏幕上选取颜色。
- 【反向】：勾选该项，使过渡运动的方向相反。
- 【消除锯齿品质】：对过渡中两个素材相交的边缘实施边缘抗锯齿效果，有关、低、中、高 4 种等级选择。

另外，还有一些过渡的中心位置是可以调整的，比如【交叉缩放】过渡，此时会在【开始】和【结束】视窗中出现一个圆点，按住左键拖动鼠标就可以确定过渡的中心位置，如图 3-16 所示。

在【交叉缩放】过渡参数设置窗口的右侧，以时间线的形式显示了两个素材相互重合的程度以及过渡的持续时间。单击窗口上方的 ▶ 按钮，可以展开或者关闭这个区域。在这个区域可以完成与【时间轴】面板中相一致的操作，比如直接拖动过渡的边缘调整持续时间等，在【时间轴】

面板中会同时产生相应的变化。将鼠标光标放到过渡上时，会出现 显示，如图 3-17 所示，此时按住左键拖动鼠标会调整过渡的位置，同时，【对齐】方式也跟着相应的变化显示。

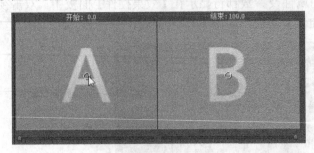

图 3-16　调整过渡中心

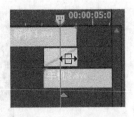

图 3-17　调整过渡的位置

3.3.3　设置过渡效果参数

下面通过一个实例讲解过渡效果参数设置。

【例 3-2】　设置过渡效果参数。

（1）接例 3-1。打开【效果】面板。依次单击【视频过渡】/【擦除】文件夹左侧的卷展控制▶图标，展开【擦除】文件夹下的所有过渡。按住鼠标左键将【双侧平推门】过渡拖放到视频 1 轨的两个素材之间。

（2）用鼠标双击【双侧平推门】过渡，打开相应的【效果控件】面板。

（3）单击【预演和方向选择】视窗边缘的上下箭头按钮，将过渡效果的基准方向由从西向东开门变为从北向南开门，如图 3-18 所示。

（4）将【边框宽度】设为"5.0"，【边框颜色】设为纯蓝色，【消除锯齿品质】设为"高"，如图 3-19 所示。

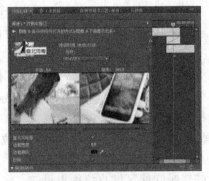

图 3-18　改变过渡效果的基准方向

 要点提示

读者如果对【消除锯齿品质】的设置进行不同等级间的比较，可以看出效果很明显。

（5）在【时间轴】面板的时间标尺上拖动鼠标，在节目视窗中预演过渡效果如图 3-20 所示。这种双侧平推门的过渡效果与前面的效果明显不同。

图 3-19　设置参数

图 3-20　过渡效果

3.4　视频过渡分类讲解

Premiere Pro CS6 中过渡按照不同的类型，分别放置在不同的分类夹中。用鼠标左键单击分类夹名称左侧的▶按钮，就可以展开分类夹。分类夹展开后按钮呈▼显示，再次单击就会折叠分类夹。本节将按照不同的分类对过渡进行介绍。

3.4.1　【3D 运动】分类夹

【3D 运动】类过渡是在前后两个画面间生成二维到三维的变化，包含 2 种过渡，如图 3-21所示。

图 3-21　【3D 运动】分类夹

1. 立方体旋转

该过渡使前后两段画面相当于正方体两个相邻的面，以旋转的方式实现画面的过渡，如图 3-22 所示。

2. 翻转

该过渡使后一段画面从屏幕的中间以透视角度翻转进来，直至完全显示，如图 3-23 所示。

图 3-22　立方体旋转

图 3-23　翻转

3.4.2　【划像】分类夹

【划像】类过渡通过画面中不同形状的孔形面积的变化，实现前后两段画面直接交替过渡，包含 7 种不同的过渡，如图 3-24 所示。

1. 交叉划像

使用该过渡，前一段画面从中心被"十字"形分割成 4 部分，各个部分分别向 4 个角不断运动，直到后一段画面完全显示，如图 3-25 所示。

图 3-24　【划像】分类夹

图 3-25　交叉划像

2. 圆划像

使用该过渡，后一段画面以圆形的形状从屏幕中央出现，逐渐变大直至完全显示，如图 3-26 所示。

3. 盒形划像

使用该过渡，后一段画面以矩形的形状从屏幕中央出现，逐渐变大直至完全显示，如图 3-27 所示。

4. 菱形划像

使用该过渡，后一段画面以菱形形状从屏幕中央出现，逐渐变大直至完全显示，如图 3-28 所示。

图 3-26　圆划像　　　　　　图 3-27　盒形划像　　　　　　图 3-28　菱形划像

3.4.3　【擦除】分类夹

【擦除】类过渡主要通过各种形状和方式的擦除，实现画面的过渡。该类视频过渡是 Premiere 中包含种类最多的一类，其中包括 17 种不同的过渡，如图 3-29 所示。

1. 划出

使用该过渡，后一段画面从屏幕的一侧进入，逐渐将前一段画面覆盖，如图 3-30 所示。

图 3-29　【擦除】类过渡　　　　　　图 3-30　划出

2. 双侧平推门

使用该过渡，后一段画面以开门的方式从屏幕中线打开，将前一段画面覆盖，效果如图 3-31 所示。

3. 带状擦除

使用该过渡，后一段画面从屏幕的两侧进入，以交错横条的方式逐渐将前一段画面覆盖。在【效果】面板中单击 自定义 按钮，打开【带状擦除设置】对话框，可以设置条带的数量，如图 3-32 所示。使用默认参数，效果如图 3-33 所示。

图 3-31　双侧平推门　　　　图 3-32　【带状擦除设置】对话框　　　　图 3-33　带状擦除

4. 径向擦除

使用该过渡，后一段画面从屏幕的一角进入，以扫描的方式逐渐将前一段画面覆盖，如图 3-34 所示。

5. 插入

使用该过渡，后一段画面从屏幕的一角以矩形的方式进入，逐渐将前一段画面覆盖，如图 3-35 所示。

6. 时钟式擦除

使用该过渡，后一段画面以时钟的方式，按顺时针方向逐渐将前一段画面覆盖，如图 3-36 所示。

图 3-34　径向擦除　　　　　　　图 3-35　插入　　　　　　　图 3-36　时钟式擦除

7. 棋盘

使用该过渡，后一段画面以棋盘格的方式逐行出现，逐渐将前一段画面覆盖。在【效果】面板中单击 自定义... 按钮，打开【棋盘设置】对话框，如图 3-37 所示。使用默认参数，效果如图 3-38 所示。

图 3-37　【棋盘设置】对话框　　　　　　　　　图 3-38　棋盘

- 【水平切片】：设置过渡时水平方向棋盘方块的数量。
- 【垂直切片】：设置过渡时垂直方向棋盘方块的数量。

8. 棋盘擦除

使用该过渡，后一段画面分成多个方格，以方格擦除的方式逐渐将前一段画面覆盖。在【效果】面板中单击 自定义... 按钮，打开【棋盘擦除设置】对话框，如图 3-39 所示。使用默认参数，效果如图 3-40 所示。

图 3-39　【棋盘擦除设置】对话框　　　　图 3-40　棋盘擦除

- 【水平切片】：设置水平切片的数量。
- 【垂直切片】：设置垂直切片的数量。

9. 锲形擦除

使用该过渡，后一段画面从屏幕的中心，像打开的锲形的扇子一样逐渐将前一段画面覆盖，如图 3-41 所示。

10. 水波块

使用该过渡，后一段画面以水波形状扫过前一段画面，将前一段画面覆盖。在【效果】面板中单击 自定义… 按钮，打开【水波块设置】对话框，如图 3-42 所示。使用默认参数，效果如图 3-43 所示。

图 3-41　锲形擦除　　　　图 3-42　【水波块设置】对话框　　　　图 3-43　水波块

- 【水平】：设置水平划片的数量。
- 【垂直】：设置垂直划片的数量。

11. 油漆飞溅

使用该过渡，后一段画面以泼溅的方式，逐渐将前一段画面覆盖，如图 3-44 所示。

12. 渐变擦除

【渐变擦除】类似于一种动态蒙版，可以依据所选择的图像做渐层过渡。选择这一过渡，会打开如图 3-45 所示的【渐变擦除设置】对话框。可以选择一幅灰度图，据此进行渐层过渡，其中 选择图像 按钮可以选择图像，【柔和度】选项可以调整边缘的虚化程度。后一段画面按照灰度等级由黑到白逐渐显示，逐渐将前一段画面取代，使用默认参数，效果如图 3-46 所示。

图 3-44　油漆飞溅　　　　图 3-45　【渐变擦除设置】对话框　　　　图 3-46　渐变擦除

13. 百叶窗

使用该过渡，后一段画面以百叶窗的方式逐渐将前一段画面覆盖。在【效果】面板中单击 自定义... 按钮，打开【百叶窗设置】对话框，可以设置叶片数量，如图 3-47 所示。使用默认参数，效果如图 3-48 所示。

图 3-47　【百叶窗设置】对话框　　　　　图 3-48　百叶窗

14. 螺旋框

使用该过渡，后一段画面以条状旋转的方式逐渐将前一段画面覆盖。在【效果】面板中单击 自定义... 按钮，打开【螺旋框设置】对话框，如图 3-49 所示。使用默认参数，效果如图 3-50 所示。

图 3-49　【螺旋框设置】对话框　　　　　图 3-50　螺旋框

- 【水平】：设置螺旋框过渡时水平方向的数量。
- 【垂直】：设置螺旋框过渡时垂直方向的数量。

15. 随机块

使用该过渡，后一段画面以随机小方块的形式出现，逐渐将前一段画面覆盖。在【效果】面板中单击 自定义... 按钮，打开【随机块设置】对话框，可以设置小方块的数量，如图 3-51 所示。使用默认参数，效果如图 3-52 所示。

图 3-51　【随机块设置】对话框　　　　　图 3-52　随机块

16. 随机擦除

使用该过渡，后一段画面以随机小方块的形式出现，从屏幕的一侧开始划像，逐渐将前一段画面覆盖，如图 3-53 所示。

17. 风车

使用该过渡，后一段画面以旋转风车的形式逐渐将前一段画面覆盖。在【效果】面板中单击 自定义... 按钮，打开【风车设置】对话框，可以设置叶片数量，如图 3-54 所示。使用默认参数，效果如图 3-55 所示。

图 3-53　随机擦除　　　　图 3-54　【风车设置】对话框　　　　图 3-55　风车

3.4.4　【溶解】分类夹

【溶解】类过渡主要通过画面的溶解消失，实现画面的过渡，包含 6 种不同的过渡，如图 3-56 所示。

1. 交叉溶解

使用该过渡，产生前一段画面逐渐消失的同时后一段画面逐渐出现、直至完全显示的效果。图 3-57 左侧为前一段画面，中间为交叉溶解过渡效果，右侧为后一段画面。

图 3-56　【溶解】类过渡

图 3-57　交叉溶解

2. 叠加溶解

使用该过渡，前一段画面以加亮的方式，叠加成后一段画面，如图 3-58 所示，左侧为前一段画面，中间为叠加溶解过渡效果，右侧为后一段画面。

图 3-58　叠加溶解

3. 渐隐为白色

使用该过渡，前一段画面先淡出变为白色场景，然后由白色场景淡入变为后一段画面，如图 3-59 所示。

4. 渐隐为黑色

该过渡与【渐隐为白色】过渡相似，不同的是前一段画面先淡出变为黑色场景，然后由黑色场景淡入变为后一段画面，如图 3-60 所示。

图 3-59　渐隐为白色

图 3-60　渐隐为黑色

5. 胶片溶解

使用该过渡，前后两段画面以一种胶片质量的细腻变化进行溶解叠加，如图 3-61 所示，左侧为前一段画面，中间为胶片溶解过渡效果，右侧为后一段画面。

图 3-61　胶片溶解

6. 非叠加溶解

使用该过渡，后一段画面中亮度较高的部分首先叠加到前一段画面中，然后按照由明到暗的顺序逐渐显示后一段画面，如图 3-62 所示，左侧为前一段画面，中间为非叠加溶解过渡效果，右侧为后一段画面。

图 3-62　非叠加溶解

3.4.5　【滑动】分类夹

【滑动】类过渡主要通过条状或块滑动的方式，实现画面的过渡，包括 5 种过渡效果，如图 3-63 所示。

1. 中心拆分

使用该过渡，前一段画面从中心分割成 4 部分，同时向 4 个角移动，逐渐显示后一段画面，如图 3-64 所示。

图 3-63 【滑动】类过渡

图 3-64 中心拆分

2. 带状滑动

使用该过渡，后一段画面以交错条的形式从屏幕的两侧进入画面，逐渐将前一段画面覆盖。在【效果】面板中单击 自定义… 按钮，打开【带状滑动设置】对话框，可以设置过渡条的数量，如图 3-65 所示。使用默认参数，效果如图 3-66 所示。

图 3-65 【带状滑动设置】对话框

图 3-66 带状滑动

3. 拆分

使用该过渡，前一段画面从屏幕中心分开向两侧运动，逐渐显示后一段画面，如图 3-67 所示。

4. 推

使用该过渡，后一段画面将前一段画面逐渐推出画面，直至完全显示后一段画面，如图 3-68 所示。

5. 滑动

使用该过渡，后一段画面滑进画面，逐渐将前一段画面覆盖，如图 3-69 所示。

图 3-67 拆分　　　　　　　图 3-68 推　　　　　　　图 3-69 滑动

3.4.6 【缩放】分类夹

【缩放】类过渡主要是通过对前后画面进行放缩来进行过渡，包括 1 种【交叉缩放】效果，如图 3-70 所示。

图 3-70 缩放分类夹

使用交叉缩放过渡，前一段画面逐渐放大虚化，然后后一段画面由大变小为实际尺寸，形成一种画面推拉效果，如图 3-71 所示。

图 3-71　交叉缩放

3.4.7　【伸展】分类夹

【伸展】类过渡主要通过画面的伸缩来过渡场景，其中包括 4 种不同的过渡效果，如图 3-72 所示。

1. 交叉伸展

使用该过渡，后一段画面通过伸展，挤压前一段画面，直至完全显示，如图 3-73 所示。

图 3-72　【伸展】分类夹

图 3-73　交叉伸展

2. 伸展

使用该过渡，后一段画面呈压缩状态，通过水平伸展覆盖前一段画面，如图 3-74 所示。

3. 伸展覆盖

使用该过渡，后一段画面从屏幕中线呈伸缩状态，通过垂直伸展覆盖前一段画面，如图 3-75 所示。

4. 伸展进入

使用该过渡，前一段画面淡出，后一段画面由拉伸到正常状态流入画面，如图 3-76 所示。

图 3-74　伸展

图 3-75　伸展覆盖

图 3-76　伸展进入

3.4.8　【页面剥落】分类夹

【页面剥落】类过渡是模拟书翻页的效果，将前一段画面作为翻去的一页，从而显露后一段画面，包含 2 种不同的过渡，如图 3-77 所示。

图 3-77 【页面剥落】分类夹

1. 翻页

使用该过渡，前一段画面从左到右进行卷页，以显示后一段画面，如图 3-78 所示。

2. 页面剥落

该过渡与【翻页】过渡相似，从画面的一角卷起进行翻折，不同的是前一段画面进行翻页时，是以透明的方式进行的，如图 3-79 所示。

图 3-78 翻页

图 3-79 页面剥落

3.5 过渡技巧应用实例

在 Premiere 众多的过渡中，【渐变擦除】过渡是比较特殊的一种，巧妙地运用它，会幻化出无穷的效果。首先，我们做一个巧用【渐变擦除】过渡的实例。

【例 3-3】 巧用【渐变擦除】过渡。

（1）在 "t3.prproj" 项目文件中，按住鼠标左键并拖动，框选【时间轴】面板上的素材 "等待 1.avi" 和 "手机 2.avi"，按键盘上的 Delete 键将其删除。

（2）定位到本地硬盘中的 "第 3 章\素材" 文件夹，导入素材 "夕阳.jpg" 和 "天鹅.jpg" 图像文件，并拖动到【时间轴】面板的【视频 1】轨道上，将【时间轴】面板的视图扩展到合适大小。

（3）在【效果】面板中，选择【视频过渡】\【擦除】分类夹中的【渐变擦除】过渡。

（4）按住鼠标左键将【渐变擦除】过渡拖放到视频 1 轨的两个素材之间。此时，先打开【渐变擦除设置】对话框，单击 选择图像 按钮，定位到本地硬盘中的 "第 3 章\素材" 文件夹，选择 "心形.bmp" 图像文件，并将【柔和度】数值设为 "25"，如图 3-80 所示。

图 3-80 【渐变擦除】参数设置

（5）单击 确定 按钮退出，此时【渐变擦除】过渡被应用，双击轨道上的【渐变擦除】过渡，在打开的【效果控件】面板中，勾选【反向】选项，改变过渡效果运动的方向，如图 3-81 所示。

（6）在节目视窗中预演播放，观看【渐变擦除】过渡效果，如图 3-82 所示。

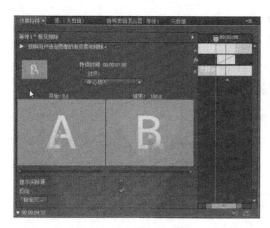

图 3-81 【效果控件】面板

图 3-82 【渐变擦除】过渡效果

Premiere 中有很多种过渡效果，合理地将其组织运用，会创造许多奇妙的效果。

小结

本章主要介绍了视频过渡的基本原则，视频过渡的基本操作方法，视频过渡在【效果控件】面板中的参数设置，最后分门别类对各种视频过渡进行了详细的介绍。通过这一章的学习，读者应该掌握视频过渡的使用方法，能够根据画面表达的内容选择合适的过渡效果。在节目制作中运用过渡还需要注意以下两个方面：第一是要发挥自己的想象，利用过渡创造出不寻常的画面效果。第二是不要滥用过渡，"无技巧组接"是影视编辑中应遵循的原则。除制作片头和某些特殊需要外，素材组接不提倡使用过渡，一般仅用在大的过渡和段落过渡中。

习题

一、简答题

1. 如何改变默认过渡特效的长度？
2. 如果应用了【溶解】特效，如何让它的【效果控件】面板显示？
3. 运用【效果控件】面板中的【反向】选项有什么使用效果？
4. 改变过渡特效的时间长度有哪几种方法？

二、操作题

1. 利用【溶解】类特效，实现四季交替效果。
2. 利用各种过渡特效，制作一个电子相册，主题不限。

4 Chapter

第 4 章
视频特效的应用

　　Premiere 的视频特效是视频后期处理的重要工具，其作用和 Photoshop 中的滤镜一样。Premiere 提供了丰富的视频特效，通过对素材添加视频特效，能够产生各种神奇效果，如改变图像的颜色、曝光度，使图像产生模糊、变形等丰富多彩的视觉效果。添加视频特效之后，可以在【效果控件】面板中调整特效的各项参数，大多数参数都可以设置关键帧，为特效制作动画效果，一段素材可以添加多个视频特效。大多数特效都带有一组参数，可以通过精确的关键帧设置使特效产生动画效果。各种合成技术也是视频特效非常重要的部分。

【学习目标】
- 掌握视频特效的添加、删除方法。
- 掌握设置关键帧和特效参数的方法。
- 了解不同的关键帧插值方法。
- 了解各种视频特效的功能。
- 熟悉如何调整和增强颜色。
- 掌握如何通过色彩、色度、蒙版等抠像。

4.1　视频特效简介

　　Premiere 提供了 140 多种视频特效，可以为素材添加视觉效果或纠正拍摄的技术问题。这些视频特效分门别类放置在【效果】面板的【视频效果】的 17 个文件夹中，如图 4-1 所示。单击每个文件夹左侧的 ▶ 图标，可以将其展开，显示该类别中的视频效果，如图 4-2 所示。

图 4-1　【视频效果】面板中的特效分类

图 4-2　展开的分类特效

　　为素材添加视频特效的方法十分简单。只要选中【效果】面板中的视频特效，将其拖曳到【时间轴】面板的一段素材上即可。在一段素材上可以应用多种特效，以创建丰富多彩的视觉效果。

　　为素材添加视频特效以后，选中该素材，打开【效果控件】面板，可以调整特效的各项参数。大多数参数可以设置关键帧，制作特效动画。图 4-3 左侧是【效果控件】面板的参数区，用于调整各项参数，创建、删除关键帧；右侧是该素材特效的时间轴区域，用于显示、移动、调节关键帧。

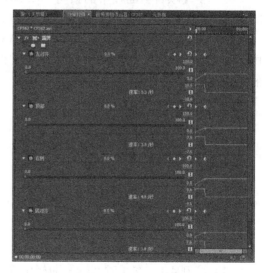

图 4-3　【效果控件】面板

4.2　应用和设置视频特效

　　选择【时间轴】面板中的一段素材，将特效直接拖曳到素材上，即可为该素材添加视频特效。也可以选中该素材后，将特效拖曳到该素材的【效果控件】面板中。

　　视频特效都放在【效果】对话框的【视频效果】分类夹下。

从之前的讲述中可以知道，为素材应用特效主要采用以下两种方法。

- 从【效果】面板中选择特效，将其拖放到【时间轴】面板中的素材上。
- 从【效果】面板中选择特效，将其拖放到【效果控件】面板中，此时面板上方显示哪个素材的名称，哪个素材就应用了特效。

删除特效主要采用以下两种方法。

- 从【效果】面板中选择特效，按 Delete 键将其删除。
- 从【效果】面板中选择特效，单击对话框右侧的 ▤ 按钮，从打开的快捷菜单中选择【移除效果】命令。如果选择【移除所选定效果】命令，将删除所有的特效。

当素材被应用了多个特效时，可以调整各个特效之间的位置关系。在特效名称处单击鼠标并按住鼠标左键将其拖动到另一个特效名称的下方，此时另一个特效名称的下方会出现一条黑色横线，松开鼠标左键后，所选特效就被放到了新位置。特效应用顺序很重要，不同的顺序往往会产生大相径庭的效果。

4.2.1 快速查找视频特效

本例为一段素材添加闪电的视频特效，首先通过查找特效的方法，将该特效找到。

【例 4-1】 查找视频特效。

（1）启动 Premiere，新建项目文件"t4"。

（2）选择【文件】/【导入】命令，导入素材资源文件"第4 章\素材\CF367.avi"。

（3）将【项目】面板中的素材"CF367.avi"拖曳到【时间轴】面板中的【视频 1】轨道上，和轨道左端对齐。

（4）打开【效果】面板，在【包含】输入框中输入文字"闪电"，此时将展开特效列表中的【生成】文件夹，显示要查找的【闪电】特效，如图 4-4 所示。

图 4-4 查找到的特效

记住特效名称，使用查找特效的方法，可以快速将需要的视频特效定位查出。使用查找特效后，要在【效果】面板中通过展开文件夹的方式寻找其他特效，需要先将【包含】输入框中的文字清除。

4.2.2 添加视频特效

【例 4-2】 为素材添加视频特效。

（1）接例 4-1。在【时间轴】面板中选中素材，选中【效果】面板中的【闪电】特效，按住鼠标左键直接将该特效拖曳到素材上，如图 4-5 所示。

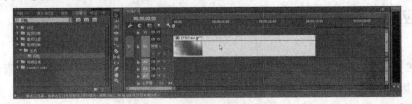

图 4-5 为素材添加【闪电】特效

（2）为素材添加视频特效后，自动打开【效果控件】面板，【闪电】特效各项控制参数将显示在面板中，如图 4-6 所示。

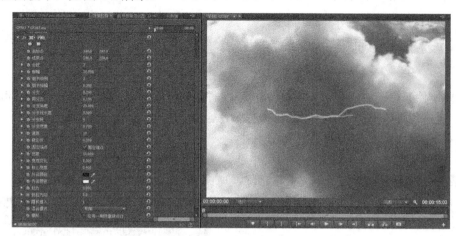

图 4-6　展开【闪电】特效参数

（3）在【效果】面板中，删除【包含】输入框中的文字。展开【视频效果】/【变换】/【水平翻转】特效，按住鼠标左键直接将其拖曳到【效果控件】面板上。这是另外一种查找和添加特效的方法。

（4）将多个特效应用到同一段素材上，所有被添加的特效将按顺序显示在【效果控件】面板中，如图 4-7 所示。

图 4-7　多个特效以加入顺序显示

　要点提示

　　Premiere 在渲染特效时，总是以特效在【效果控件】面板中的排列顺序依次渲染，在本例中，会先渲染【闪电】特效，再渲染【水平翻转】特效，结果是素材的图像和镜头光晕都发生了水平翻转。如果先添加【水平翻转】特效，再添加【闪电】特效，那么只有素材的图像产生翻转。添加特效的顺序不同，最后渲染的效果也不同，添加多个视频特效时，一定要注意添加的顺序。如果要改变渲染顺序，可以在【效果控件】面板中选中该特效向上或者向下拖曳。

　　对添加了【闪电】特效之后的效果进行预览。按键盘上的 Home 键，使【时间轴】面板中的时间指针和轨道左端对齐，按空格键，或者单击【节目】监视器视图下方的 ▶ 按钮，在【节目】监视器视图中预览添加特效后的效果。单击【闪电】特效左侧的 fx 按钮，使其变为 ■图标，关闭效果显示，【闪电】特效消失。再次单击 ■图标，激活 fx 按钮，特效恢复显示。利用 fx

按钮是观察特效作用效果的一种好方法，可以通过预览对比特效添加前后的不同。当对一段素材添加了一个或多个特效时，可以将其中的一个或几个特效关闭，只显示另外的特效。

4.3 设置关键帧和特效参数

【效果控件】面板中的各项参数，不但可以调整数值和选项，大多数的参数还可以设置关键帧，创建动画效果。下面介绍具体操作方法。

【例 4-3】 设置关键帧和特效参数。

（1）接例 4-2。在【效果控件】面板中选择【水平翻转】特效，单击鼠标右键，在弹出的快捷菜单中选择【清除】命令，将其删除，如图 4-8 所示。

（2）单击【节目】监视器视图下方的 按钮，将时间指针移动到素材的起始位置处。

（3）分别单击【闪电】特效【起始点】与【结束点】左侧的动画记录器，使呈状态显示，在右侧的时间轴区域各设置一个关键帧，其参数设置不变。

（4）在【时间轴】面板中将时间指针移至"00:00:05:14"处，将【起始点】的参数坐标设置为"73""432"，将【结束点】参数坐标设置为"540""514"，分别在右侧的时间轴区域各增加第 2 个新的关键帧，如图 4-9 所示。

图 4-8 清除【水平翻转】特效

（5）将【时间轴】面板中的时间指针移至"00:00:09:14"处，将【起始点】的参数坐标设置为"–7""605"，将【结束点】参数坐标设置为"505""681"，分别在右侧的时间轴区域各增加第 3 个新的关键帧，如图 4-10 所示。

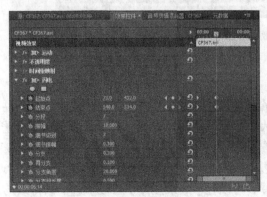

图 4-9 设置关键帧参数

图 4-10 设置关键帧参数

（6）单击【节目】监视器视图下方的 按钮，将时间指针移动到素材的起始位置处。按键盘上的空格键，预览效果。在【节目】监视器视图中可以看到闪电效果，随着云的运动闪电慢慢下移出画面，如图 4-11 所示。

图 4-11　设置的【闪电】特效效果

4.4　视频特效概览

Premiere 将视频特效按不同的性质分别放在 17 个分类夹中。许多特效都有一些相同的参数设置，为了避免重复，只在第一次遇到时进行讲解。下面将对各种特效的用法进行分类概述。

4.4.1　【变换】类特效

【变换】类特效主要通过对图像的位置、方向和距离等进行调节，产生某种变形处理，从而制作出画面视角变化效果。其中包含 4 种不同的特效，如图 4-12 所示。

1. 垂直翻转与水平翻转

【垂直翻转】特效把素材从上向下反转，相当于倒看素材。【水平翻转】特效在水平方向上反转素材，相当于从反面看素材。但这并不影响素材的播放方向，翻转后仍按正常顺序播放。图 4-13 左图是原始画面，中图是应用【垂直翻转】特效后的效果，右图是应用【水平翻转】特效后的效果。

图 4-12　【变换】类特效

图 4-13　原图与应用【垂直翻转】、【水平翻转】特效后的对比效果

2. 羽化边缘

通过调整【数量】参数，在素材画面的四周创建柔化的黑色边缘，对画面进行羽化。图 4-14 左图是原始画面，右图是应用【边缘羽化】特效后的效果。

3. 裁剪

它可以剔除素材边缘的像素，如图 4-15 所示，左图是原始画面，右图是应用【裁剪】特效后的效果。

图 4-14　原图与应用【边缘羽化】特效后的效果

图 4-15　原图与应用【裁剪】特效后的效果

4.4.2　【图像控制】类特效

【图像控制】包括 5 个特效，主要用于改变素材的色彩值，如图 4-16 所示。

1. 灰度系数校正

这一特效通过改变中间色的灰度级，加亮或减暗素材，它不影响暗部和高光区域。其效果如图 4-17 所示。左图是原始画面，中图与右图是调整不同【灰度系数校正】参数后的效果。

图 4-16　【图像控制】类特效

图 4-17　原图与调整不同【灰度系数校正】参数后的对比效果

2. 颜色平衡（RGB）

这一特效按 RGB 颜色模式调节素材的颜色，达到校色的目的，如图 4-18 所示。

图 4-18　调整【色彩平衡（RGB）】特效参数

3. 颜色替换

这一特效可以用一种新颜色取代所选择的颜色。其参数设置与效果如图 4-19 所示，在该对话框中可以对【相似性】参数进行调整。

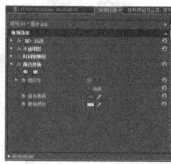

图 4-19　原图与调整【颜色替换】参数后的对比效果

这一特效包括如下选项。

● 【相似性】：拖动滑块可以设置与保留颜色相似的颜色范围。该数值为 0 时，没有任何颜色保留；为 100 时没有任何颜色滤除。

● 【目标颜色】：选择要被取代的颜色，可直接在【素材示例】视图中选择或打开【拾色器】对话框从中选择。

● 【替换颜色】：选定取代的颜色，可打开【拾色器】对话框从中选择。

● 【纯色】：产生不透明的取代颜色。

4. 颜色过滤

这一特效只保留一种颜色，而将其他的颜色滤除仅保留灰度。其参数设置与效果如图 4-20 所示，在该对话框中可以对【相似性】参数进行调整。

图 4-20　原图与调整【颜色过滤】参数后的对比效果

这一特效包括如下选项。

- 【颜色】：显示保留颜色，也可在颜色样本上单击鼠标左键打开【拾色器】对话框从中选择颜色。

- 【反转】：反转处理结果，仅仅把所选的颜色变成灰色。

5. 黑白

这一特效可以使彩色素材转变成灰度素材。图 4-21 左图是原始画面，右图是应用【黑白】特效后的效果。

图 4-21　原图与应用【黑白】特效后的效果

4.4.3　【实用程序】类特效

【实用程序】类特效只有 1 种【Cineon 转换器】特效，如图 4-22 所示。

【Cineon 转换器】特效对由胶片扫描而来的 10 位的 Cineon 画面进行颜色转换，以适应 8 位的非线性软件的色彩。Cineon 是用于数字电影制作的文件格式，支持 10 位的色彩位深，可以匹配胶片的色彩特性。图 4-23 左图是原始画面，右图是应用【Cineon 转换器】特效后的效果。

图 4-22　【实用程序】类特效　　　　　　图 4-23　原图与应用【Cineon 转换器】特效后的效果

4.4.4　【扭曲】类特效

【扭曲】类特效可以创建各种变形效果，主要用于素材的几何变形，其中包含 12 种不同的特效，如图 4-24 所示。

1. 位移

【位移】特效推移屏幕中的素材，推出屏幕的画面会从相反的一面进入屏幕，如图 4-25 所示。

图 4-24　【扭曲】类特效

图 4-25　原图与应用【位移】特效后的效果

2. 变形稳定器

可使用【变形稳定器】效果稳定运动。它可消除因摄像机移动造成的抖动，从而可将摇晃的手持素材转变为稳定、流畅的拍摄内容。Premiere 中的变形稳定器效果要求素材尺寸与序列设置相匹配。如果剪辑与序列设置不匹配，则可以嵌套剪辑，然后对嵌套应用变形稳定器效果。其参数设置与效果如图 4-26 所示。

3. 变换

【变换】特效使画面产生二维几何变换，与【效果控件】面板中的固定特效的功能相似，其参数设置与效果如图 4-27 所示。

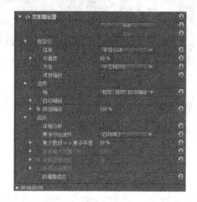

图 4-26　【变形稳定器】特效参数面板

图 4-27　【变换】特效参数面板

4. 放大、旋转

【放大】特效可以放大画面的局部或全部，好像一个放大镜放置在画面上。【旋转】特效沿画面中心旋转图像，越靠近中心旋转程度越大，创建类似于漩涡的效果。图 4-28 左图是原始画面，中图是应用【放大】特效后的效果，右图是应用【旋转】特效后的效果。

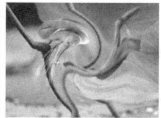

图 4-28　原图与应用【放大】、【旋转】特效后的效果

5. 果冻效应修复

它有助于消除滚动快门伪影，其参数设置与效果如图4-29所示。

6. 波形变形

【波形变形】特效创建水波流过画面的效果。应用这种特效后的效果如图4-30所示。

图4-29　【果冻效应修复】特效参数面板　　　　　图4-30　原图与应用【波形变形】特效后的效果

7. 球面化、紊乱置换

【球面化】特效在画面上产生球面化效果。【紊乱置换】特效使用噪波为画面创建变形效果，可以模拟流动的水或者飘动的旗帜等。图4-31左图是原始画面，中图是应用【球面化】特效后的效果，右图是应用【紊乱置换】特效后的效果。

图4-31　原图与应用【球面化】、【紊乱置换】特效后的效果

8. 边角定位

【边角定位】特效通过改变画面左上、右上、左下、右下4个角的坐标值对图像进行变形，产生图像拉伸、收缩、扭曲效果，也可以产生画面的透视效果。其参数面板如图4-32所示。

9. 镜像

【镜像】特效沿着一条线将图像分割为两部分画面，并根据这条线对画面进行镜像复制，就好像在素材的某个位置放了一面镜子。图4-33左图是原始画面，中图是应用【镜像】特效后的效果。

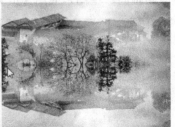

图4-32　【边角定位】特效参数面板　　　　　图4-33　原图与应用【镜像】特效后的对比效果

10. 镜头扭曲

这一特效模拟变形透镜效果，使素材产生三维空间的扭曲。单击【设置】➡️按钮，打开【镜头扭曲】对话框，其参数设置与效果如图 4-34 所示，设置对话框分为左边的水平设置和右边的垂直设置。

图 4-34　原图与【镜头扭曲】参数设置及效果

这一特效包括如下选项。

- 【曲率】：改变透镜的曲率。负值使素材凹下去，正值使素材凸出来。
- 【垂直偏移】和【水平偏移】：在垂直和水平方向改变透镜的焦点，产生素材弯曲和混合的效果。在设置的最大值和最小值处素材自己包裹自己。
- 【垂直棱镜效果】和【水平棱镜效果】：与选择【垂直偏移】和【水平偏移】选项的效果相似，但在设置的最大值和最小值处素材自己不能包裹自己。
- 【填充颜色】：可单击【颜色】下方的色块，打开【拾色器】对话框，从中选择颜色填充变形后留下的空白。将鼠标光标移到旁边的缩略图中，光标会自动变成吸管形状，单击鼠标左键就可以将吸管位置处的颜色作为填充色。
- 【填充 Alpha 通道】：勾选该项，可将 Alpha 通道也用所选颜色填充。

4.4.5 【时间】类特效

【时间】类特效主要是从时间轴上对素材进行处理，生成某种特殊效果，包括 2 个特效，主要用来控制素材的时间特性，并以素材的时间作为基准。如果素材已应用了其他特效，那么应用这类特效后，前面的所有特效都会失效，如图 4-35 所示。

1. 抽帧时间

该特效可以设定新的帧速率，产生抽帧效果。这一特效可使素材锁定到一个指定的帧率，以抽帧播放产生动画效果。如果设置帧率为 5，素材的帧率是 25，时间基准也是 25，那么在播放 1～5 帧时只使用第 1 帧，播放 6～10 帧时只使用第 6 帧，依此类推。

2. 残影

该特效可以将素材中不同时刻的帧进行合成，实现重影的效果。这一特效从素材的各个不同时间来组合帧，以实现各种效果，从简单的视觉反射效果到条纹和拖尾效果等。只有素材中存在运动的物体上，才能看出来这一特效。其参数设置与效果如图 4-36 所示。

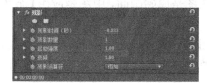

图 4-35　【时间】类特效　　　　　　　图 4-36　【残影】特效参数面板

这一特效包括如下选项。

- 【残影时间】：以秒为单位指定两个反射素材之间的时间，负值时间向后退，正值时间向前移，因此负值产生的是一种拖尾效果。
- 【残影数量】：设置反射效果组合哪几帧。比如数值设为 2，那么所产生的新图像就由 3 帧合成，它们是当前帧、当前时间加【回显时间】选项值确定的帧、当前时间加 2×【回显时间】选项值确定的帧。
- 【起始强度】：指定在反射素材序列中，开始帧的强度。例如数值设为 1，当前帧完全出现；数值设为 0.5，当前帧以原来一半的强度出现。
- 【衰减】：设置后续反射素材的强度比例。例如数值设为 0.5，则第 1 个反射素材的强度是开始帧强度的 50%，第 2 个反射素材的强度又是第 1 个反射素材强度的 50%。
- 【残影运算符】：设置采用什么方式将反射素材合成到一起。其下拉选项中，【相加】可以反射素材的像素值，在这种情况下如果开始帧的强度较高，就容易产生白色条纹；【最大值】是仅取所有反射素材中像素的最大值；【最小值】是仅取所有反射素材中像素的最小值；【滤色】类似【相加】选项，但不容易过载，是反射素材都可见的叠加显示；【从后至前组合】使用反射素材的 Alpha 通道，从后向前叠加；【从前至后组合】使用反射素材的 Alpha 通道，从前向后叠加。

4.4.6　【杂色与颗粒】类特效

【杂色与颗粒】类特效用于添加、去除或者控制画面中的噪点或杂色。其中包括 6 种不同的效果，如图 4-37 所示。

1．中间值

将每个像素替换为相邻像素的平均值，使画面变得较柔和。如果半径数值设置较低，可以去除画面噪点；如果半径数值设置较高，可以产生绘画效果。图 4-38 左图是原始画面，右图是应用【中值】特效后的效果。

图 4-37　【杂色与颗粒】类特效　　　　　图 4-38　原图与应用【中间值】特效后的效果

2．杂色、杂色 Alpha

【杂色】特效在画面上随机改变像素值，以产生噪波效果。【杂色 Alpha】特效可以为画面的 Alpha 通道添加噪波，对画面进行干扰，如果素材没有 Alpha 通道，将对整个素材添加噪波。图 4-39 左图是原始画面，中图是应用【杂色】特效后的效果，右图是应用【杂色 Alpha】特效后的效果。

3．杂色 HLS、杂色 HLS 自动、灰尘与划痕

前两个特效都可以通过色相、亮度和饱和度创建干扰。不同之处在于【杂色 HLS】特效可以在画面中产生静态噪波，而【杂色 HLS 自动】特效创建动态噪波。【灰尘与划痕】特效

通过消除与周围像素不同的点的方式减少噪点。图 4-40 左图是原始画面，中图是应用【杂色 HLS】特效后的效果，右图是应用【灰尘与划痕】特效后的效果。

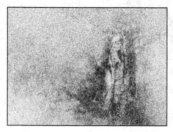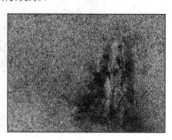

图 4-39　原图与应用【杂色】、【杂色 Alpha】特效后的效果

图 4-40　原图与应用【杂色 HLS】、【灰尘与划痕】特效后的效果

4.4.7　【模糊与锐化】类特效

【模糊与锐化】类特效可以使画面模糊或者清晰化。它对图像的相邻像素进行计算，产生某种效果。其中包含 8 种不同的特效，如图 4-41 所示。

1. 快速模糊、相机模糊、方向模糊

【快速模糊】特效的处理速度更快，可以将模糊方向设置为"垂直""水平""水平与垂直" 3 种。

【相机模糊】这一特效可以产生因图像离开摄像机焦点而出现的模糊效果。

图 4-41　【模糊与锐化】类特效

【方向模糊】这一特效可以对素材产生方向虚化，使素材产生运动的效果，也可以设置方向与模糊长度。对图像应用这 3 种特效后的效果如图 4-42 所示。

图 4-42　【快速模糊】、【相机模糊】、【方向模糊】特效效果

2. 复合模糊

【复合模糊】特效根据模糊控制层的亮度信息，对画面进行模糊处理。默认设置下，画面中亮度越大的区域，模糊效果越明显，反之效果越不明显。图 4-43 左图为原始画面，右

图为应用【复合模糊】特效后的效果。

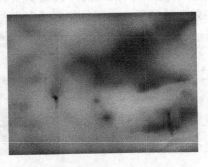

图 4-43　原图与应用【复合模糊】特效后的效果

3.　通道模糊、高斯模糊

　　【通道模糊】特效分别对画面中的红色模糊度、绿色模糊度、蓝色模糊度和 Alpha 模糊度进行模糊处理。可以将模糊方向设置为"水平""垂直"或者"水平与垂直"。【高斯模糊】特效可以对画面进行模糊和柔化，并去除噪点，也可以设置模糊度与模糊方向。图 4-44 左图是原始画面，中图是应用【通道模糊】后的效果，右图是应用【高斯模糊】后的效果。

图 4-44　原图与应用【通道模糊】、【高斯模糊】特效后的效果

4.　锐化、非锐化遮罩

　　【锐化】特效会查找图像边缘并提高对比度，以产生锐化效果。【非锐化遮罩】特效在定义边缘颜色的范围之间增加对比度，锐化效果更明显。图 4-45 左图是原始画面，中图是应用【锐化】特效后的效果，右图是应用【非锐化遮罩】特效之后的效果。

图 4-45　原图与应用【锐化】、【非锐化遮罩】特效后的对比效果

4.4.8　【生成】类特效

　　【生成】类特效可以在画面上创建具有特色的图形或者渐变颜色等，与画面进行合成。其中包括 12 种不同的效果，如图 4-46 所示。

1．书写

【书写】特效在画面中产生一个圆形的笔触点，设置笔触点的大小、硬度、透明度等，并不断调整笔触的位置记录关键帧，可以在画面中模拟书写效果。应用书写特效的动画效果如图 4-47 所示。

2．吸管填充

【吸管填充】特效采集画面中某一点的颜色，用采样点的颜色填充整个画面。

图 4-46　【生成】类特效

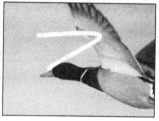

图 4-47　【书写】特效

3．四色渐变、圆形

【四色渐变】特效在画面上产生四色渐变的效果。每种颜色通过独立的控制点，设置位置及颜色，并且可以记录动画。使用该效果，可以模拟霓虹灯、流光溢彩等奇幻效果。【圆】特效可以创建一个实心圆或圆环，通过设置混合模式与原画面叠加，图 4-48 左图是原始画面，中图是应用【四色渐变】特效后的效果，右图是应用【圆】特效后的效果。

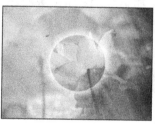

图 4-48　原图与应用【四色渐变】、【圆形】特效后的画面

4．棋盘、椭圆

【棋盘】特效在画面上创建棋盘格的图案，它有一半的图案是透明的，参数设置和【栅格】特效相似。【椭圆】特效可以在画面上创建椭圆，用作遮罩，也可以直接与画面合成。图 4-49 左图是原始画面，中图是应用【棋盘】特效后的效果，右图是应用【椭圆】特效后的效果。

图 4-49　原图与应用【棋盘】、【椭圆】特效后的画面

5. 油漆桶、渐变

【油漆桶】特效将填充点附近颜色相近的图像填充指定的颜色，效果与 Photoshop 中的油漆桶填充类似。【渐变】特效产生一个线性或者放射状颜色渐变，可以控制与原画面混合的程度。图 4-50 左图是原始画面，中图是应用【油漆桶】特效后的效果，右图是应用【渐变】特效后的效果。

图 4-50　原图与应用【油漆桶】、【渐变】特效后的画面

6. 网格、单元格图案

【栅格】特效在画面上创建一组自定义的栅格。可以设置栅格边缘的大小和羽化程度，也可作为蒙版应用于原素材上，该特效能在画面上产生设计元素。【单元格图案】特效可以创建各种类型的蜂巢图案，可以产生各种静态或者运动的背景纹理和图案，这些图案可作为其他视频特效、转场特效的遮罩图。图 4-51 左图是原始画面，中图是应用【网格】特效后的效果，右图是应用【单元格图案】特效后的效果。

图 4-51　原图与应用【网格】、【单元格图案】特效后的画面

7. 镜头光晕、闪电

【镜头光晕】可以模拟摄像机的镜头光晕效果，可以设置光晕的中心、亮度、镜头类型及和原画面的混合程度。【闪电】在画面上产生一种随机的闪电，不需要设置关键帧就可以自动产生动画，如图 4-52 所示，左图是原始画面，中图是应用【镜头光晕】特效后的效果，右图是应用【闪电】特效后的效果。

图 4-52　原图与应用【镜头光晕】、【闪电】特效后的画面

4.4.9　【视频】类特效

【视频】类特效中只有【剪辑名称】和【时间码】2 个特效，【剪辑名称】特效可以在画面上添加素材的名称，以精确显示当前素材，如图 4-53 所示。

【时间码】特效可以在画面上添加一个时间码显示，以精确显示当前时间，如图 4-54 所示。

图 4-53　【剪辑名称】特效　　　　　　　　　图 4-54　【时间码】特效

4.4.10　【调整】类特效

【调整】类特效主要是对素材画面的色彩、亮度进行调整。其中包含 9 种不同的特效，如图 4-55 所示。

1. ProcAmp

这一特效与硬件设备的视频调节放大器类似，从【亮度】、【对比度】、【色相】和【饱和度】这 4 个方面对素材进行调节，如图 4-56 所示。

图 4-55　【调整】类特效　　　　　　　图 4-56　【ProcAmp】特效参数面板

这一特效包括的选项有些很好理解，下面仅将容易引起理解混乱的选项介绍如下。

* 【色相】：色相以一个圆形的色轮图表示，因此不同的角度代表了不同的颜色。这里的数值设置有两个。第一个数值代表几个周期，当使用了关键帧设置，表示从一个关键帧变化到另一个关键帧要经过几个 360° 的周期变化，如果没有关键帧设置，则此数值没有意义；第二个数值为具体的色度值。

* 【拆分屏幕】：勾选该项，则将节目视窗分割显示，一部分将保持原貌以便对比调整。分割显示不会对最终结果造成影响，只是为了方便调整。

2. 光照效果

在画面上最多可以添加 5 盏灯光创建灯光特效。该效果可以控制灯光的很多属性，比如光照类型、光照颜色、主要半径、次要半径、角度、强度、聚焦、环境光照颜色与强度等，还可以控制表面光泽和材质以及曝光等，其参数面板如图 4-57 所示。应用了【光照效果】特效后的图像效果如图 4-58 所示。

图 4-57　【光照效果】特效参数面板

图 4-58　【光照效果】特效

3. 卷积内核

该特效使用"卷积积分"数学运算方法，改变画面中每个像素的亮度值，如图 4-59 所
示。其选项中包含了一组 3×3 的矩阵，通过调整矩
阵值及【偏移】和【缩放】参数，来修改矩阵中像素
的亮度增效水平，可以作出模糊、锐化边缘、查找边
缘、浮雕等很多效果。

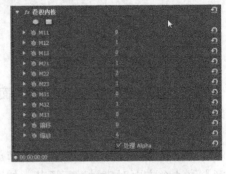

4. 提取

这一特效能从视频素材中提取颜色，从而创造带
有纹理的灰度显示，也能够较好地创造蒙版。图 4-60
左图是该特效的参数面板，右图是【提取设置】对
话框。

图 4-59　【卷积内核】特效参数面板

图 4-60　原图与【提取】参数设置及效果

这一特效包括如下选项。

- 【输入黑色阶】：可以决定提取黑色阶范围。
- 【输入白色阶】：可以决定提取白色阶范围。
- 【柔和度】：可以调整灰度级。数值越大，灰度级越高。
- 【反转】：可将上述结果反转。

5. 自动对比度、自动色阶、自动颜色

这 3 种特效都可以对画面整体进行快速调节。【自动对比度】特效自动调整素材中颜色
的总体对比度和混合，不会减少颜色或增加颜色。【自动色阶】特效自动调整素材中的黑和
白，由于单独调整每个颜色通道，因此可能会移去颜色或引入颜色。【自动颜色】这一特效
通过重新确定素材的黑、中间色和白，以调整素材的对比度和颜色。

对一段素材分别应用这 3 种特效时，效果略有不同，但都可以使原来的图像效果得到改
善，必要时可对一段素材同时添加这 3 种特效，图 4-61 所示是 3 个自动特效的参数面板。

图 4-61 【自动对比度】、【自动色阶】和【自动颜色】特效的参数面板

【自动颜色】特效包括如下选项。

• 【瞬时平滑】：确定调整某一帧时，需要综合分析的范围，单位是秒。比如设置为"1"，那么当前帧前面 1 秒以内的帧，都将被分析以确定当前帧颜色的校正数值，这样调整可使素材的颜色很柔和地产生变化。如果此值为"0"，那就是对每一帧单独进行分析。

• 【场景检测】：勾选该项，将考虑场景变化因素，可得到更加准确的调整。

• 【减少黑色像素】和【减少白色像素】：默认值为"0.10%"，就是与素材最白和最黑像素相差 0.10%数值内的像素，都变成白和黑像素。

• 【对齐中性中间调】：勾选该项，将自动查找素材中平均接近中间色的颜色，使这部分颜色成为中间色，也就是 RGB 数值均为 128 的灰色。

• 【与原始图像混合】：将调整后的素材与原始素材混合。"0"对应调整后的素材，"100"对应原始素材。

6. 色阶

这一特效可以对素材的颜色级别范围进行调整，如图 4-62 所示。

7. 阴影/高光

这一特效可以提高素材暗部的亮度或者减少高光的亮度，并不是整体调整素材的亮度，其默认设置可以有效解决逆光拍摄所出现的问题。其参数面板如图 4-63 所示。

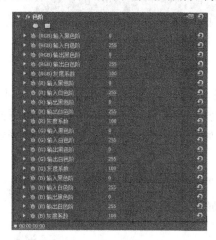

图 4-62 【色阶】特效参数面板

图 4-63 【色阶】特效参数面板

这一特效主要包括如下选项。

• 【自动数量】：勾选该项，将自动分析校正暗调和高光，有效解决逆光拍摄所出现的问题。

• 【阴影数量】和【高光数量】：如果前一项不勾选，就可以分别设置提高暗部亮度和减少高光亮度的数值。

• 【更多选项】：将其展开可以看到 8 个参数设置。其中【阴影色调宽度】和【高光色

调宽度】确定多大亮度范围内的暗调和高光被调整；【阴影半径】和【高光半径】确定一个
半径，在这个范围内的像素被调整；【颜色校正】确定调整过程中颜色被影响的程度；【中间
调对比度】确定对中间色对比度的影响程度。

4.4.11 【过时】类特效

为了给效果和过渡提供一致的跨平台支持，Premiere Pro CC 支持在 Windows 和 Mac 平
台上实现同样的效果和过渡。Premiere Pro CC 2014 弃用了某些效果，并移植了其他一些效
果以便它们能够跨平台使用。

在 Premiere Pro CC 2014 中，已经弃用的效果不会在【效果】面板中显示，且无法应用。
但如果打开在早期的 Premiere Pro 中创建的带有已弃用效果的项目，仍可以看见这些已弃用
的效果。选择时间轴中带有已弃用效果的剪辑时，【效果控件】面板会显示带有全功能控件
的效果，以便对效果进行调整。

已弃用的视频效果如图 4-64 所示。

1．RGB 差值键

【RGB 差值键】特效是【色度键】特效的"简化版"，可以选择一种色彩或色彩范围来
进行透明，还可以为键控对象设置投影，参数设置如图 6-65 所示。

图 4-64　【过时】特效参数面板　　　　图 4-65　【RGB 差异键】参数设置

2．垂直定格、水平定格

【垂直定格】特效把素材连续向上滚动，其效果与调整电视机的垂直同步相类似。【水平
定格】特效可在水平方向上进行向左或者向右倾斜处理素材，相当于调整电视机的水平同步。
图 4-66 左图为原始画面，中图是应用【垂直定格】特效后的效果，右图是应用【水平定格】
特效后的效果。

图 4-66　原图与应用【垂直定格】、【水平定格】特效后的对比效果

3．弯曲

【弯曲】特效在画面中创建水平和垂直方向的波纹，产生扭曲效果。使用该特效可以产

生不同波形和运动速率的波纹。单击【设置】 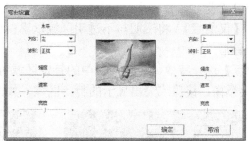按钮，打开【弯曲设置】对话框，其参数
设置与效果如图 4-67 所示，设置对话框分为左边的水平设置和右边的垂直设置。

图 4-67　【弯曲设置】参数设置及效果

这一特效包括如下选项。

- 【方向】：可设置 4 种运动方向。对于水平设置有左、右、入、出之分，对于垂直设置有上、下、入、出之分。入的含义是波形向素材中心运动，而出的含义正好相反。
- 【波形】：可设置正弦、圆形、三角或方形 4 种运动波形。
- 【强度】、【速率】和【宽度】：分别设置波形强度、速率和宽度。

4．摄像机视图

该特效可以模拟摄像机从不同的角度拍摄画面，产生画面的透视效果。单击【设置】 按钮，打开【摄像机视图设置】对话框，如图 4-68 所示，在该对话框中可以对摄像机视图参数进行调整。

图 4-68　原图与应用【摄像机视图】特效后的对比效果

5．消除锯齿

【消除锯齿】这一特效没有参数设置，它能够平滑高反差色彩区域的边缘，创造出中间色调，达到颜色过渡自然柔和的目的。

6．色度键

使用【色度键】，可以选择素材中的某一种颜色进行透明处理。它的参数设置如图 4-69 所示。各参数、选项的含义如下。

- 【颜色】：选择要抠掉的颜色。单击 按钮打开【颜色拾取】对话框，从中选择将要透明的颜色；单击 工具后按住左键拖动鼠标，可以在屏幕上选择将要透明的颜色，一般是在节目监视器视窗中选择素材的某种颜色。
- 【相似性】：以所选颜色为基础调节颜色的选择范围、增减透明区域。
- 【混合】：将叠加的区域与下层素材混合，值越大，混合的程度越高。
- 【阈值】：设置透明区域阴影的数量。数值越高，阴影量越大。
- 【屏蔽度】：加暗或加亮阴影。向右拖动可以加暗阴影，但不要超过【阈值】滑条的

值，如果超过，会反转像素的灰度和透明度。

- 【平滑】：用于设置透明与不透明区域之间的光滑度，其下拉列表内有【无】、【低】和【高】3 个选项。
- 【仅蒙版】：将透明与不透明区域以黑白遮罩的形式显示，类似于显示 Alpha 通道。

7. 蒙版

【蒙版】这一特效，可将素材中的特定区域对准要应用效果或颜色校正的位置。可定义图像中要模糊、覆盖或突出显示的特定区域，如图 10-70 所示。

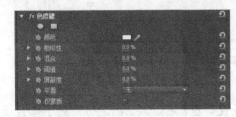

图 4-69 【色度键】参数设置面板　　　　图 4-70 【蒙版】参数设置面板

8. 蓝屏键

【蓝屏键】特效用在以纯蓝色为背景的画面上。创建透明时，素材上的纯蓝色变得透明。如图 4-71 所示，左侧为原始画面，右侧为抠像后的画面。

图 4-71 【蓝屏键】特效

参数设置面板如图 4-72 所示，面板中的选项及功能介绍如下。

- 【阈值】：默认设置是"100"，向左拖动可在较大的颜色范围内产生透明。
- 【屏蔽度】：默认设置是"0"，向右拖动可以增加不透明区域。此值如果超过【阈值】滑条的值，可使透明与不透明区域反转。
- 【平滑】和【仅蒙版】：与【色度键】特效的参数功能相同。

9. 重影

该特效可以将素材中不同时刻的帧进行合成，实现重影的效果。这一特效从素材的各个不同时间来组合帧，以实现各种效果，从简单的视觉反射效果到条纹和拖尾效果等。只有素材中存在运动的物体，这一特效才能显示出来。其参数设置与效果如图 4-73 所示。

图 4-72 【蓝屏键】参数设置面板　　　　图 4-73 【重影】特效参数面板

这一特效包括如下选项。

- 【回显时间】：以秒为单位指定两个反射素材之间的时间，负值时间向后退，正值时间向前移，因此负值产生的是一种拖尾效果。
- 【重影数量】：设置反射效果组合哪几帧。比如数值设为 2，那么所产生的新图像就由 3 帧合成，它们是当前帧、当前时间加【回显时间】选项值确定的帧、当前时间加 2×【回显时间】选项值确定的帧。
- 【起始强度】：指定在反射素材序列中，开始帧的强度。例如数值设为 1，开始帧也就是当前帧完全出现。例如数值设为 0.5，当前帧以原来一半的强度出现。
- 【衰减】：设置后续反射素材的强度比例。例如数值设为 0.5，则第 1 个反射素材的强度是开始帧强度的 50%，第 2 个反射素材的强度又是第 1 个反射素材强度的 50%。
- 【重影运算符】：设置采用什么方式将反射素材合成到一起。其下拉选项中，【添加】可以反射素材的像素值相加，在这种情况下如果开始帧的强度较高，就容易产生白色条纹；【最大】是仅取所有反射素材中像素的最大值；【最小】是仅取所有反射素材中像素的最小值；【滤色】类似【添加】选项，但不容易过载，是反射素材都可见的叠加显示；【从后至前组合】使用反射素材的 Alpha 通道，从后向前叠加；【从前至后组合】使用反射素材的 Alpha 通道，从前向后叠加。

4.4.12　【过渡】类特效

【过渡】类特效至少需要两个轨道放置有叠加部分的素材片段，可以通过设置关键帧的方式完成过渡效果。其中包含 5 种不同的特效，如图 4-74 所示。

1. 块溶解、百叶窗

【块溶解】特效使画面以随机块的形式逐渐消失。块的高度和宽度可以自定义。【百叶窗】特效使画面以百叶窗开合的形式逐渐消失。对两个轨道的图像应用【块溶解】、【百叶窗】特效后的效果如图 4-75 所示。

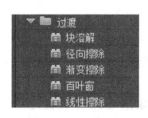

图 4-74　【过渡】类特效　　　　图 4-75　应用【块溶解】、【百叶窗】特效后的效果

2. 径向擦除、渐变擦除、线性擦除

【径向擦除】特效以一个指定的点为中心对素材进行旋转擦除。【渐变擦除】特效依据两个层的亮度值进行擦除。【线性擦除】特效在指定的方向上为画面添加简单的线性擦除。对图像应用【径向擦除】、【渐变擦除】、【线性擦除】特效后的效果如图 4-76 所示。

图 4-76　应用【径向擦除】、【渐变擦除】、【线性擦除】特效后的效果

4.4.13　【透视】类特效

【透视】类特效用于调整素材在虚拟三维空间中的位置，或为素材添加深度，产生一个可调整的倾斜轴。其中包含 5 种不同的特效，如图 4-77 所示。

1．基本 3D

这一特效应用在一个虚拟三维的空间中调整素材。可以沿水平和垂直坐标轴旋转素材，调整素材的远近距离；还可以设置高光，以制作旋转素材表面产生的光反射。光源一般在素材左上方的后侧，因此素材向后倾斜或向左倾斜就可以得到高光效果，这对于增强三维空间的真实感很有帮助。对图像应用【基本 3D】特效后的效果如图 4-78 所示。

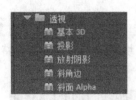  

图 4-77　【透视】类特效　　　　　　图 4-78　　【基本 3D】特效参数设置与效果

这一特效包括如下选项。

● 【旋转】：用于控制水平方向的旋转，数值设置有两个。第一个数值代表几个周期；第二个数值是旋转角度，当数值超过正、负 90°时，可以从后面观察素材，也就是原始素材的水平镜像。

● 【倾斜】：用于控制垂直方向的旋转。第一个数值代表几个周期；第二个数值是旋转角度，当数值超过正、负 90°时，就是原始素材的垂直镜像。

● 【与图像的距离】：调整素材和观察者的距离，数值越大，距离越远，素材越小。

● 【镜面高光】：勾选【显示镜面高光】复选框可以显示一束高光。

● 【预览】：勾选【绘制预览线框】复选框，预演中仅显示素材三维图形的线框轮廓。由于在三维空间中调整素材特别耗时，因此采用线框轮廓渲染能够加快显示速度。

2．放射阴影、投影

这两个特效都可以通过图像的 Alpha 通道边缘产生投影，不同的是【放射阴影】特效以画面上方的点光源形成投影效果，而【投影】特效由平行光光源形成投影，投影还可以出现在图像的边缘。如图 4-79 和图 4-80 所示，分别是应用【放射阴影】、【投影】特效的参数设置与效果。

图 4-79　【放射阴影】特效的参数设置与效果

图 4-80　【投影】特效的参数设置与效果

由于产生阴影要依赖 Alpha 通道，因此在使用其他软件制作素材时，应特别注意 Alpha 通道的制作。以【投影】为例，这一特效包括如下选项。

- 【阴影颜色】：设置阴影颜色。可以选择吸管工具在图像上直接选择，也可以通过单击【颜色选择】对话框进行设置。
- 【不透明度】：设置阴影的透明度。0% 是完全透明，100% 是完全不透明。
- 【方向】：设置阴影的投射方向。第一个数值代表几个周期，第二个数值是投射方向。
- 【距离】：设置阴影与投射对象的距离。需要注意的是，数值如果很大，阴影有可能投射到素材的边界外，因此看不到阴影。
- 【柔和度】：设置阴影的虚化程度，以增加阴影的真实感。

3. 斜角边

【斜角边】特效可以在素材的边缘产生凿刻状和明亮化外观，也就是倒角效果。素材的边缘是由它的 Alpha 通道决定的，对没有 Alpha 通道的素材，就在素材的四周产生倒角效果。与【斜面 Alpha】特效不同，这一特效总是产生矩形倒角效果，因此如果 Alpha 通道的形状不是矩形，所产生的效果就不理想。其参数设置与效果如图 4-81 所示。

图 4-81　【斜角边】特效的参数设置与效果

其各项参数设置与【斜面 Alpha】特效的相同，只是【边缘厚度】的取值范围是 0～0.50。

4.斜面 Alpha

这一特效可以在 Alpha 通道的边缘产生凿刻状和明亮化外观，也就是倒角效果，使二维的元素呈现出三维的外观。它特别适合处理带 Alpha 通道的素材。其参数设置与效果如图 4-82 所示。

图 4-82 【斜面 Alpha】特效的参数设置与效果

这一特效包括如下选项。

• 【边缘厚度】：确定倒角的厚度，有效数值范围为 0～200。

• 【光照角度】：数值设置有两个。第一个数值代表几个周期；第二个数值是灯光角度，确定哪些倒角边是亮的，哪些倒角边是暗的。

• 【光照颜色】：确定灯光颜色，也就是倒角边的基本颜色。可以用鼠标单击 工具然后拖动到素材上选择，也可以打开【拾色器】对话框进行设置。

• 【光照强度】：确定灯光强度。该选项的数值越大，越能强化倒角边与素材其他部分的区别。

如果没有 Alpha 通道的素材采用这一特效，则素材的四周会产生倒角效果，但和上面讲的【斜角边】特效相比，其效果较弱。

4.4.14 【通道】类特效

【通道】类特效通过对画面各个通道的处理，如红、绿、蓝通道、色调、饱和度、亮度通道等，将它们与原素材以不同方式混合，实现各种效果。其中包括 7 种不同的特效，如图 4-83 所示。

1.反转

【反转】特效可以把素材指定通道的颜色改变成相应的补色。其参数设置与效果如图 4-84 所示。

图 4-83 【通道】类特效

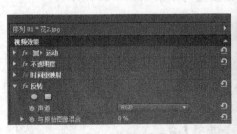

图 4-84 【反转】特效参数设置与效果

该特效包括的【通道】选项，用于指定哪一个或几个通道反转。对 RGB 颜色模式而言，【RGB】选项是指 R、G、B 三个通道同时反转，【红色】选项仅反转 R 通道的颜色，其他类推。HLS 颜色模式包括色相、明度和饱和度。YIQ 是 NTSC 制视频的颜色模式，Y 是明亮度，I 是相内彩色度，Q 是求积彩色度。Alpha 是指 Alpha 通道，它不包含色彩信息，只包含透明度信息。

2. 纯色合成

该特效提供了一种快捷的方式，使画面和一种单色混合从而改变画面的颜色。利用该特效可以调节画面和颜色的透明度，并设置它们的混合方式，其参数面板与效果如图 4-85 所示。

图 4-85 【纯色合成】特效参数设置与效果

3. 复合运算、混合、计算

【复合运算】特效根据不同的数学算法，来制作两个轨道画面的合成效果。使用复合算法特效将两个素材进行混合，其效果如图 4-86 所示。

图 4-86 【复合运算】特效参数设置与效果

【混合】特效可以将素材与指定视轨上的另一个素材以一定的方式相混合。其参数设置与效果如图 4-87 所示，效果与【复合算法】特效类似。

图 4-87 【混合】特效参数设置与效果

这一特效包括如下选项。

- 【与图层混合】：指定与哪一个视轨上的素材相混合。
- 【模式】：其下拉列表中有 5 种状态可以选择。【交叉淡化】选项是指两个素材之间叠化；【仅颜色】选项是按另一个素材每个像素的颜色来修改这个素材；【仅色调】选项与【仅颜色】选项相似，但仅对原始素材中的彩色像素起作用，对只有灰度值的像素不起作用；【仅变暗】选项将素材的每个像素与指定素材的对应像素相比较，如果前者比后者亮，就变暗；【仅变亮】选项与【仅变暗】选项相反，如果前者比后者暗，就变亮。
- 【与原始图像混合】：可以将调整后的素材与原始素材混合。0 对应调整后的素材，100 对应原始素材。
- 【如果图层大小不同】：如果两个素材的大小不一样，可以在其下拉选项中选择【居中】保持两者中心对齐，选择【伸缩以适合】则伸展对齐。

【计算】特效将一个画面的通道与另一个画面的通道混合在一起。其参数设置与效果如图 4-88 所示，其效果与【复合运算】特效、【混合】特效类似。

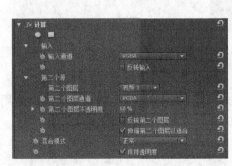

图 4-88 【计算】特效参数设置与效果

4. 算术

该特效可对画面中的红、绿、蓝通道与原图像进行不同的简单数学运算，其参数设置与效果如图 4-89 所示。

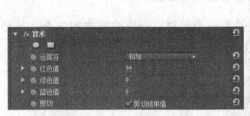

图 4-89 【算术】特效参数设置与效果

5. 设置遮罩

该特效可将其他层上画面的通道设置为本层的遮罩，通常用来创建运动遮罩效果，其参数设置与效果如图 4-90 所示。

图 4-90 【设置遮罩】特效参数设置与效果

4.4.15 【键控】类特效

键控又称为抠像，是使图像的某一部分透明，将所选颜色或亮度从画面中去除，去掉颜色的图像部分透明，显示出背景画面，没有去掉颜色的部分仍旧保留原有的图像，以达到画面合成的目的。通过这种方式，单独拍摄的画面经抠像后可以与各种景物叠加在一起。例如真人与三维角色、场景的结合以及一些科幻、魔幻电影特技的超炫画面等等，这些合成特技，需要事先在蓝屏或绿屏前拍摄素材。通过抠像特效不仅使艺术创作的丰富程度大大增强，而且也为难以拍摄的镜头提供了替代解决方案，同时降低了拍摄成本。

展开【效果】面板的【视频效果】/【键控】特效组，分类夹下共有 12 种特效用于实现素材合成编辑，每种键的功能与使用各不相同。对同一个素材选择不同的键，会产生不同的合成效果。各个键控的设置中有一些相同参数和选项，在下面的讲述中，对相同部分将不重复叙述。【键控】特效除【Alpha 调整】特效之外，其余特效基本可分为以下 3 类，如图 4-91 所示。

图 4-91 【键控】特效

- 遮罩类特效：包括【16 点无用信号遮罩】、【4 点无用信号遮罩】、【8 点无用信号遮罩】、【图像遮罩键】、【差值遮罩】、【移除遮罩】和【轨道遮罩键】。

- 亮度类特效：【亮度键】。

- 色彩、色度类特效：包括【非红色键】、【颜色键】和【超级键】。

1. Alpha 调整

【Alpha 调整】特效是针对素材的 Alpha 通道进行处理的一种特效，有些静态或者序列图片本身含有 Alpha 通道，利用 Alpha 通道可以控制素材的透明关系，对应通道白色部分素材完全不透明，黑色部分完全透明，黑与白之间的灰色部分呈半透明。利用【Alpha 调整】特效可以调整通道的透明度、反转、输出等。

下面先讲述 Alpha 通道的含义。

Alpha 通道是数字图像基色通道之外，决定图像每一个像素透明度的一个通道。Alpha 通道使用灰度值表示透明度的大小，一般情况下，纯白为不透明，纯黑为完全透明，介于白黑之间的灰色表示部分透明。和基色通道一样，Alpha 通道一般也是采用 8 比特量化，因而可以表示 256 级灰度变化，也就是说可以表现出 256 级的透明度变化范围。比如 RGB 通道值是 255 的白色圆，如果 Alpha 通道值是 128，在显示时就是 50%透明度的灰色圆。

Alpha 通道也是可见的，如图 4-92 所示，左边的是原始图像，中间是 Alpha 通道，右边是利用 Alpha 通道合成后的图像。Alpha 通道的作用主要有以下 3 个。

- 用于合成不同的图像，实现混合叠加。
- 用于选择图像的某一区域，方便修改、处理。
- 利用 Alpha 通道对基色通道的影响，制作丰富多彩的视觉效果。

Alpha 通道可与基色通道一起组成一个文件，在存储时一般可以进行选择。

图 4-92　带 Alpha 通道的图像

在 Premiere 中生成的字幕文件都带 Alpha 通道，当一个带 Alpha 通道的素材被放到除视频 1 轨以外的视轨上时，将自动使用 Alpha 通道与下面视轨中的素材产生叠加效果。而使用【Alpha 调整】键就可以对素材的 Alpha 通道进行处理。【Alpha 调整】键有如下 3 项设置。

- 【不透明度】：用于调节 Alpha 通道的不透明程度。
- 【忽略 Alpha】：勾选该项，将忽略素材中的 Alpha 通道，素材将整体覆盖下面视轨的素材，如图 4-93 所示。
- 【反转 Alpha】：勾选该项，将反转素材中的 Alpha 通道，就是使 Alpha 通道中黑白反转，原来显示的区域变成不显示，原来不显示的区域变成显示，如图 4-94 所示。
- 【仅蒙版】：勾选该项，将使素材仅显示它的蒙版，是一个灰度图，如图 4-95 所示。

图 4-93　【忽略 Alpha】效果　　　　图 4-94　【反转 Alpha】效果　　　　图 4-95　【仅蒙版】效果

一个素材是否带有 Alpha 通道，可以通过查看文件属性来获知。值得注意的是，并非所有的图像文件都能包括 Alpha 通道，像 *.jpg、*.gif 等文件，肯定没有包括 Alpha 通道。要存储带 Alpha 通道的图像，一般常用 *.tga、*.tif、*.png 文件格式。

在【Alpha 调整】键中虽然也可以设置关键帧，但除了其中的【不透明度】项外，其他 3 项设置关键帧的实际意义不大，因为这 3 项没有数值设置，所以在它们的右侧没有 ◀ ◇ ▶ 按钮可以利用。其他键中也有类似情况，凡是应用关键帧实际意义不大的项目，其右侧都没有 ◀ ◇ ▶ 按钮。

2．16 点无用信号遮罩、8 点无用信号遮罩、4 点无用信号遮罩

利用色度、色彩、亮度可以将不需要的画面抠掉，透出背景画面。但是有时候，由于实拍场景的条件限制，当主要对象完全抠出时，还剩余一些不需要的对象，这时可以使用遮罩扫除特效将这些对象抠掉。按照控制点数量的不同，Premiere 提供了【16 点无用信号遮罩】、【8 点无用信号遮罩】和【4 点无用信号遮罩】键控特效，分别对应 16、8、4 个控制点。控制点越多，创建的遮罩形状越复杂。可以针对不同的情况选择不同的无用信号遮罩特效，还可以通过叠加多个无信号遮罩创建更多的点。

下面以【16 点无用信号遮罩】键控特效进行参数设置，其效果如图 4-96 所示。

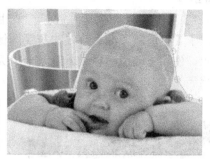

图 4-96　【16 点无用信号特效】特效参数设置及效果

3. 图像遮罩键

以载入静态图像的 Alpha 通道或者亮度信息决定透明区域。对应白色部分完全不透明，对应黑色部分完全透明，而黑白之间的过渡部分则为半透明。这是一种静态特效，使用方法有限，参数设置如图 4-97 所示。

- 【合成使用】：选择使用图像的何种属性合成。可以通过"Alpha 遮罩"或者"亮度遮罩"抠像。
- 【反向】：反转遮罩的黑白关系，从而反转透明区域。

4. 差值遮罩

首先将指定素材与素材按对应像素对比，然后使素材中与指定素材匹配的像素透明，不匹配的像素留下显示。利用该键可以有效除去运动物体后面的背景，然后将运动物体叠加到其他素材上。参数设置面板如图 4-98 所示。

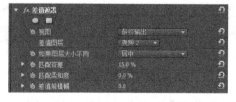

图 4-97　【图像遮罩键】参数面板　　　　　　图 4-98　【差值遮罩】参数面板

- 【视图】：指定观察对象。包含"最终输出""仅限源""仅限遮罩"三个选择。
- 【差值图层】：选择与当前素材进行比较的素材所在的轨道。
- 【如果图层大小不同】：指定如何放置素材。选择"居中"，将指定素材放在当前素材的中心处；选择"伸缩以适合"，将放大或者缩小指定素材图像来适配当前素材尺寸。
- 【匹配容差】：设置与抠掉颜色的相似度。数值越高，与指定颜色相近的颜色被透明的越多，反之被透明的颜色越少。
- 【匹配柔和度】：设置抠像后素材边缘的柔和程度。

- 【差值前模糊】：用模糊背景来消除颗粒。

5. 移除遮罩

抠像时，如果在图像边缘出现细小的光晕，可以使用移除遮罩删除它。设置【遮罩类型】为"黑色"，去掉黑色背景；设置【遮罩类型】为"白色"，去掉白色背景，参数设置如图 4-99 所示。

6. 轨道遮罩键

【轨道遮罩键】特效与【图像遮罩键】特效相似，都是利用灰度图像控制素材的透明区域。不同之处在于【轨道遮罩键】特效的灰度图像是放在一个独立的视频轨道上，而不是直接运用到素材上。使用【轨道遮罩键】特效一个突出的优点是可以对遮罩设置动画，参数设置如图 4-100 所示。

图 4-99 【移除遮罩】参数面板   图 4-100 【轨道遮罩键】参数面板

- 【遮罩】：设置欲作为遮罩的素材所在的轨道。
- 【合成方式】：选择使用素材的何种属性合成。选择"遮罩 Alpha"，使用遮罩图像的 Alpha 通道作为合成素材的遮罩；选择"亮度遮罩"，使用遮罩图像的亮度信息作为合成素材的遮罩。

7. 亮度键

根据素材的亮度值创建透明效果，亮度值较低的区域变为透明，而亮度值较高的区域得以保留。对于高反差的素材，使用该键能够产生较好的效果。参数设置如图 4-101 所示。

8. 非红色键

【非红色键】特效可以在素材的蓝色和绿色背景创建透明区域。当【蓝屏键】特效抠像不能取得满意的效果时，可以尝试该方式，参数设置如图 4-102 所示。

图 4-101 【亮度】参数设置面板   图 4-102 【非红色键】参数设置面板

【非红色键】特效参数面板中的选项及参数功能介绍如下。

- 【阈值】：向左拖曳滑杆，直至蓝色、绿色部分产生透明。
- 【屏蔽度】：向右拖曳，增加由【界限】参数产生的不透明区域的不透明度。
- 【去边】：从素材不透明区域的边缘移除剩余的蓝色或者绿色。选择"无"不启用该项功能，选择"绿色""蓝色"分别针对绿色或者蓝色背景素材。
- 【平滑】：用于设置透明与不透明区域之间的光滑度，其下拉列表内有【无】、【低】和【高】3 个选项。
- 【仅蒙版】：将透明与不透明区域以黑白遮罩的形式显示，类似于显示 Alpha 通道。

9. 颜色键

可以使与指定颜色接近的颜色区域变得透明，显示下层轨道的画面，参数设置如图 4-103 所示。

- 【主要颜色】：选择要抠掉的颜色。单击色块可以在打开的颜色拾取器中选择颜色，通过 工具可以在屏幕中选择任意颜色。
- 【颜色容差】：设置与抠掉颜色的相似度。数值越高，与指定颜色相近的颜色被透明的越多，反之被透明的颜色越少。

图 4-103 【颜色键】参数设置面板

- 【边缘细化】：设置不透明区域的边缘宽度。数值越大，不透明区域边缘越薄。
- 【羽化边缘】：设置不透明区域边缘的羽化程度。数值越高，边缘过渡越柔和。

10. 超级键

该特效通过制定某种颜色，在选项中调整差值等参数，来显示素材的透明度。如图 4-104 所示。左侧为原始画面，中间是背景画面，右侧为运用特效后的画面。

图 4-104 【超级键】特效使用效果

4.4.16 【颜色校正】类特效

尽管 Premiere 中其他相关视频特效也能起到校色的作用，但是【颜色校正】类特效的多数调色效果是为专业调色而设计的，主要完成过去高端软件才具有的颜色校正功能。这些特效对于色彩的控制更为细致、精准，能够完成要求较高的调色任务。这一特效比较复杂，能够对黑白平衡和颜色进行调整，限制色度和亮度信号的幅度。其中包括 18 种不同的效果，有些特效功能相似。其参数面板如图 4-105 所示，下面我们将按照调整方式来分类进行讲解。

图 4-105 【颜色校正】类特效

1. RGB 曲线、亮度曲线

这两个特效使用曲线的方式来调整图像的亮度和色彩，其参数面板如图 4-106 所示。曲线的水平坐标代表像素亮度的原始数值，垂直坐标代表调整后的输出数值。单击曲线可以增加控制点，可以移动曲线上的控制点来编辑曲线。曲线上弯增加图像亮度，曲线下弯则减少图像亮度。【RGB 曲线】特效包含【主通道】及【红色】、【绿色】、【蓝色】通道的曲线，可以对 3 个通道单独调整。而【亮度曲线】特效中只有一个【亮度波形】曲线。

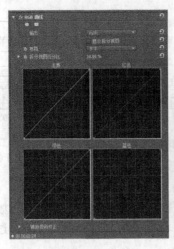
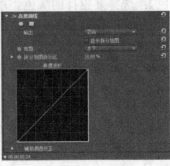

图 4-106 【RGB 曲线】、【亮度曲线】特效参数面板

曲线的调整方法类似于 Photoshop 中的曲线调节。这两个特效都可以通过【辅助颜色校正】选项来进行自定义调节。

2. RGB 颜色校正器、亮度与对比度、亮度校正器

这 3 种特效用于对图像的亮度、对比度进行调整，参数面板如图 4-107 所示。

图 4-107 【RGB 颜色校正器】、【亮度与对比度】、【亮度校正器】特效参数面板

- 【RGB 颜色校正器】特效功能更为强大，除了可以对图像的总体、高光区、阴影区、中间调来分别调整，还可以对红、绿、蓝 3 个通道分别进行调整。
- 【亮度与对比度】特效可以调整图像整体的亮度、对比度，并同时调节所有素材的亮部、暗部和中间色。
- 【亮度校正器】特效也可以调整图像的亮度和对比度，不同的是它可以选择图像的总体、高光区、阴影区、中间调区来分别调整。对每一部分进行调整时，可以进一步细分，使用【灰度系数】选项调整中间亮度，使用【基值】调整暗区，使用【增益】调整亮区。

【RGB 颜色校正器】和【亮度校正器】特效还可以利用【辅助颜色校正】功能自定义调节的区域。

3. 三向颜色校正器、快速颜色校正器

这两个特效可以使用色轮的方式来调节图像的色调和饱和度。如图 4-108 所示是【三向颜色校正器】特效、【快速颜色校正器】特效的参数面板和色轮的分析图。

- 【色相角度】：色轮的外环角度，旋转时改变图像整体颜色。顺时针方向移动外环会使整体颜色偏红，逆时针移动会使整体偏绿。
- 【平衡数量级】：控制颜色改变的强度。将圆向外移动会增加颜色改变的强度。

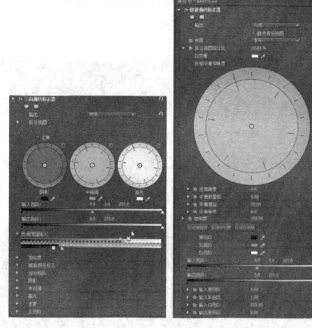

图 4-108 【三向颜色校正器】、【快速颜色校正器】特效参数面板

- 　【平衡增益】：设置平衡幅度和平衡角度调整的精细程度。将垂直手柄向外移动会使调整更加明显，反之向中心移动会使调整变得更精细。
- 　【平衡角度】：也可通过转动色轮内环调整，使视频颜色偏向目标颜色。

【三向颜色校正器】特效使用 3 个色轮分别用于调整图像的暗区、中间调和高光部分，还可以利用【辅助颜色校正】功能自定义调整区域。而【快速颜色校正器】特效中的色轮对图像整体进行调节。

4. 颜色平衡、颜色平衡（HLS）

【颜色平衡】特效则把图像分为阴影、中间调、高光 3 个部分，对每一部分进行红、绿、蓝色增减调节，调整更为细致。【颜色平衡（HLS）】特效可以对图像的色相、亮度和饱和度直接调整。这两个特效的参数面板如图 4-109 所示。

图 4-109 【颜色平衡】、【颜色平衡（HLS）】特效参数面板

5. 分色、色调、更改颜色和更改为颜色

这 4 种特效分别对图像中的局部色彩进行调整，或者改变图像原有的色彩关系，创建新的色彩效果。

【分色】特效只保留画面中被选中的颜色，其他部分的图像则变为黑白色调。【色调】特效将原图像中的色彩信息去掉，只保留黑白亮度关系，将图像中的黑色、白色像素分别映射到两种指定的颜色。其参数面板如图 4-110 所示。

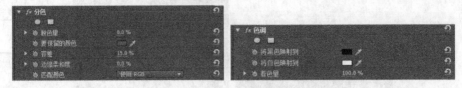

图 4-110　【分色】、【色调】特效参数面板

　　【更改颜色】特效指定图像中的一种颜色，对其进行色相、亮度、饱和度的改变。【更改为颜色】特效将图像中所指定的一种颜色替换成另一种颜色。这两种的特效的参数面板如图 4-111 所示。

图 4-111　【更改颜色】、【更改为颜色】特效参数面板

6. 均衡

　　【均衡】特效重新分布图像中像素的亮度值，以便更均匀地呈现所有范围的亮度级别，它使最亮值变为白色，最暗值变为黑色，同时加大相近颜色像素之间的对比度，与 Photoshop 中的【色彩均化】命令相似。如图 4-112 所示，是对图像使用该特效前后的效果，使用特效后图像的对比度增加，层次感增强。

图 4-112　【均衡】特效参数面板与效果

7. 通道混合器

　　这一特效可以使用当前颜色通道的混合值来修改另一个颜色通道，以产生其他色彩调整工具难以实现的效果。其参数设置与效果如图 4-113 所示。调整前后的效果如图 4-114 所示。

　　在参数设置中，以"红色-"开头表示最终效果的红色通道，以"绿色-"开头表示最终效果的绿色通道，以"蓝色-"开头表示最终效果的蓝色通道。下面我们仅分析以"红色-"开头的红色通道，其他与此类似。

图 4-113 【通道混合器】特效参数面板

图 4-114 原图与应用【通道混合器】特效后的效果

- **【红色-红色】**：设置原始红色通道的数值有百分之几用于最终效果的红色通道中。
- **【红色-绿色】**：设置原始绿色通道的数值有百分之几用于最终效果的红色通道中。
- **【红色-蓝色】**：设置原始蓝色通道的数值有百分之几用于最终效果的红色通道中。
- **【红色-恒量】**：设置一个常数，决定各原始通道的数值以相同的百分比加到最终效果的红色通道中。

最终效果的红色通道就是这 4 项设置计算结果的和。

- **【单色】**：主要用于产生灰度图。将其勾选后，仅上面介绍的 4 个选项有效，而且每个选项的调整数值都同时作用于最终效果的 3 个通道。

8．广播级颜色、视频限幅器

这两个特效用于控制影片作为电视信号的安全，可以将超出允许范围的图像信号控制在安全范围内。电视能够显示的颜色范围比计算机显示器的颜色范围要小，所以使用后期非线性编辑过的影片都要经过调整，确保作为电视信号的安全，才能有效传输和播出。这两个特效的参数面板如图 4-115 所示。

图 4-115 【广播级颜色】、【视频限幅器】特效参数面板

从图 4-115 中可以看出，【广播级颜色】特效参数较为简单，但是比较直接，能够确保将信号调整到安全范围内。而【视频限幅器】特效参数较为复杂，它可以保持与广播电视标准一致的同时，对视频的亮度和颜色信息进行更加精确的控制，以最大程度地保证原来的视频质量。

4.4.17 【风格化】类特效

使用【风格化】类特效可以模仿各种绘画的风格，其中包括 13 种不同的特效，如图 4-116 所示。

1．Alpha 发光

这一特效可以在 Alpha 通道确定的区域边缘，产生一种颜色逐渐衰减或向另一种颜色过渡的效果。其参数设置及效果如图 4-117 所示。

图 4-116 【风格化】类特效 　　　　　　　　图 4-117 【Alpha 发光】特效参数设置与效果

这一特效包括如下选项。

- 【发光】：设置发光从 Alpha 通道的边缘向外延伸的大小。
- 【亮度】：设置发光的强度，也就是发光的亮度。
- 【起始颜色】和【结束颜色】：设置发光的开始和结束颜色。
- 【淡出】：决定单一颜色是否逐渐衰减，或者【起始颜色】和【结束颜色】之间是否柔和过渡。

2. 复制

这一特效可把屏幕分成若干块，在每一块中显示整个素材，可以设置分块数目。图 4-118 左图是原始图像，右图是应用【复制】特效后的效果。

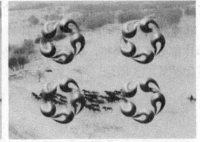

图 4-118 原图与应用【复制】特效后的对比效果

3. 彩色浮雕、浮雕

【彩色浮雕】特效通过勾画素材中物体的轮廓产生彩色浮雕效果，并可设置光源方向决定加亮浮雕的哪条边。其参数设置及效果如图 4-119 所示。

图 4-119 【彩色浮雕】特效参数设置与效果

这一特效包括如下选项。

- 【方向】：设置光源的投射方向。第一个数值代表几个周期，第二个数值是投射方向。
- 【起伏】：设置浮雕起伏的高度。
- 【对比度】：设置浮雕效果的锐利程度，较低的值仅使素材中明显的边产生浮雕效果。
- 【与原始图像混合】：设置产生浮雕效果后的素材与原始素材的混合程度。

【浮雕】特效产生的效果与【彩色浮雕】特效相似，除了没有色彩。它们的各项参数设置完全相同。

4. 曝光过度

这一特效产生一个正负像之间的混合，相当于照相底片显影过程中的曝光效果。可以改变阈值，调整正像和负像之间的混合度。图 4-120 左图是原始画面，右图是应用【曝光过度】特效后的效果。

图 4-120　原图与应用【曝光过度】特效后的效果

5. 纹理化

这一特效能够在一个素材上显示另一个素材的纹理。要产生这一效果，必须在两个轨道上同时有素材，并在时间上有重合部分，最终效果也仅在重合部分出现。其参数设置与效果如图 4-121 所示。

图 4-121　【纹理化】特效的参数设置与效果

这一特效包括如下选项。

- 【纹理图层】：选择哪个视轨用于产生纹理图案。如果选择【视频 1】选项，也就是当前视轨，将使应用此特效的素材产生纹理效果。
- 【光照方向】：第一个数值代表几个周期，第二个数值设置灯光方向。
- 【纹理对比度】：设置纹理效果的强度。
- 【纹理位置】：指定如何应用纹理图案。其中【平铺纹理】选项是重复纹理图案；【居中纹理】选项是把纹理图案的中心定位在应用此特效的素材中心，纹理图案的大小不变；【伸缩纹理以适合】选项是调整变形纹理图案的大小，使其与应用此特效的素材大小一致。

在纹理图案与应用此特效的素材大小一致时，【纹理位置】选项不管如何设置，纹理图案的中心与应用此特效的素材中心都是重合的。

6. 查找边缘

这一特效确定素材中色彩变化较大的区域，并强化其边缘。这些边缘可以在白背景上用黑线勾画或在黑背景上用彩色线勾画，从而产生原始素材的素描或底片效果。其中【反相】选项为反转效果。例如在白色背景上用黑线勾画的效果，在勾选这一选项后，将产生在黑色背景上用白线勾画的效果。【与原始图像混合】选项与前面介绍的一样。图 4-122 左图为原始画面，右图为应用【查找边缘】特效后的效果。

图 4-122　原图与应用【查找边缘】特效后的效果

7. 画笔描边、抽帧、粗糙边缘

【画笔描边】特效为画面添加粗糙的笔刷绘画的效果，可以自由设置画笔的长度和大小。【抽帧】特效通过对电平等级进行调整减少画面的色彩层次，产生类似海报的效果。电平是图像中像素的亮度等级，通过设置电平值的等级数量，减少图像的亮度等级，从而减少画面的层次。【粗糙边缘】特效通过计算使画面 Alpha 通道的边缘产生粗糙效果，可以选择粗糙类型，如切割、尖刺、腐蚀、影印等。分别对图像应用【画笔描边】、【抽帧】、【粗糙边缘】特效后的效果如图 4-123 所示。

图 4-123　应用【画笔描边】、【抽帧】、【粗糙边缘】特效后的效果

8. 闪光灯

这一特效能够以周期性或者随机性的时间间隔执行某种数学运算，从而产生频闪效果。例如，每 5 秒的时间出现一次持续时间 1/10 秒的完全白色显示，或者在随机的时间间隔中，将素材颜色反转。其参数设置如图 4-124 所示。

这一特效包括如下选项。

- 【闪光色】：设置频闪时显示的颜色。
- 【与原始图像混合】：设置所产生的效果与原始素材的混合比例。

- 【闪光持续时间】：以秒为单位，设置频闪效果的持续时间。
- 【闪光周期】：以秒为单位，设置频闪效果出现的时间间隔，它从相邻的两个频闪效果的开始时间算起。因此，【闪光周期】选项的数值应该比【闪光持续时间】选项的大，这样才会出现频闪效果。
- 【随机闪光机率】：设置素材中每一帧产生频闪效果的概率。
- 【闪光】：确定频闪效果的不同类型。【仅对颜色操作】选项可在所有的颜色通道中完成频闪效果；【使图层透明】选项使素材产生透明，与下面层的素材叠加，此时【明暗闪动颜色】中设置的颜色不起作用。
- 【闪光运算符】：当【仅对颜色操作】选项被选择时，可以在这一项的下拉菜单中选择不同的运算符，也就是选择不同的显示形式。

9. 阈值

将画面转换成黑、白两种色彩。通过调整色阶值来决定黑色和白色区域的分界，当值为 0 时画面为白色，当值为 255 时画面为黑色。对图像应用【阈值】特效后的效果如图 4-125 所示。

图 4-124　【闪光灯】特效参数面板

图 4-125　应用【阈值】特效后的效果

10. 马赛克

这一特效应用方形颜色块填充素材，以产生马赛克效果，其参数设置与效果如图 4-126 所示。

图 4-126　【马赛克】特效的参数设置与效果

这一特效包括如下选项。

- 【水平块】和【垂直块】：调整水平和垂直方向上马赛克的数量。
- 【锐化颜色】：勾选该选项，将用每个方形中心的像素颜色表示整个方形的颜色，否则使用每个方形中所有像素颜色的平均值表示整个方形的颜色。

马赛克数量的有效范围很大，但数值的设置如果超过素材的分辨率，就没有任何意义。

小结

本章主要介绍了视频特效的基本应用，关键帧插值的使用，预设特效的创建，并对各种视频特效分别进行了简要的介绍。通过视频特效的使用，可以为影视作品添加各种丰富多彩的视觉艺术效果，必要时可为一段素材添加多个视频特效。通过本章的学习，读者应该掌握各种常见特效的使用方法，能够根据影片主题表达和视觉审美要求，灵活使用各种视频特效。

习题

一、简答题

1. 为剪辑添加视频特效可以用哪两种方法？
2. 请说出 3 种为特效参数添加关键帧的方法。
3.【图像蒙版键】特效与【轨道蒙版键】特效之间有什么不同？
4.【更改颜色】特效和【更改为颜色】特效有什么不同？

二、操作题

1. 利用【重复】特效，实现多画面电视墙效果。
2. 利用【快速颜色校正器】特效，为同一幅图像设置不同的色调。
3. 利用抠像特效，将人物放置在不同的拍摄环境中。
4. 利用【轨道蒙版键】特效，实现多行文字逐渐显示的效果。

5 Chapter

第 5 章
运动特效的应用

　　【运动】作为一种固定特效放置在【视频效果】面板中。所谓固定特效，就是素材只要放到【时间轴】面板后就自动带有的特效。【运动】是影视节目作品常见的特效表现技巧，使用【运动】特效可以使视频或者静止的图像素材产生位置变化、旋转变化和缩放变化的运动效果。在 Premiere Pro CC 视频轨道上的对象都具有运动属性，可以对其进行移动、改变尺寸大小、旋转等操作。如果添加关键帧并调整参数，还能生成动画。利用新增加的【时间重映射】特效，可以在同一段素材中创建不同的速度变化效果。本章主要介绍【运动】特效、【不透明度】特效、【关键帧插值】技术和【时间重映射】等特效。

【教学目标】
- 了解视频【运动】特效的基本设置。
- 掌握改变剪辑位置的方法。
- 掌握修改剪辑尺寸、添加旋转效果的方法。
- 掌握改变剪辑不透明度的方法。
- 熟悉使用【时间重映射】特效的方法。

5.1　运动特效的参数设置

【运动】、【不透明度】和【时间重映射】是任何视频素材共有的固定特效，位于 Premiere Pro CC 的【效果控件】面板中。如果素材带有音频，那么还会有一个【音量固定】特效。

选中【时间轴】面板中的素材，打开【效果控件】面板，可以对【运动】、【不透明度】、【时间重映射】等属性进行设置，如图 5-1 所示。

图 5-1　【效果控件】面板

- 【位置】：设置素材位置坐标。在节目视窗中按住左键拖动鼠标，素材跟随鼠标光标移动，因此可有效调整素材的位置。

- 【缩放】：以轴心点为基准，对素材进行缩放控制，改变素材的大小。

- 【缩放高度】和【缩放宽度】：如果取消勾选【等比缩放】复选框，可以分别改变素材的高度、宽度，设置素材在纵向上、横向上的比例变化。

- 【旋转】：第一个数值代表几个周期，表示从一个关键帧变化到另一个关键帧要经过几个 360° 的周期变化，如果没有关键帧，设置此数值没有意义；第二个数值是素材的旋转角度，正值表示顺时针方向，负值表示逆时针方向。

- 【锚点】：设置位置中心坐标。调整它的位置可以使素材产生相反的移动，从而使素材的几何中心与位置中心分离。素材的旋转变化，将以此为中心进行。轴心点的坐标与素材比例参数无关。

- 【防闪烁滤镜】：对处理的素材进行颜色提取，减少或避免视频显示图片的闪烁现象。

单击【运动】特效的名称，当定位点位于素材中心时，即轴心点位于中心，可以在【效果控件】面板中调节，也可以在【节目】监视器视窗中用鼠标直接调整。素材将沿自身中心进行旋转或缩放，如图 5-2 所示。

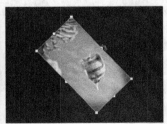

图 5-2　轴心点位于素材中心时直接旋转素材

当定位点位于素材外部时，即轴心点位于外部，素材将沿轴心点进行旋转或缩放，如图 5-3 所示。

- 【不透明度】：改变素材的不透明程度。

- 【混合模式】：单击右边的 正常 按钮，混合模式的各种选项都出现在打开的下拉菜单中，如图 5-4 所示。

图 5-3 调整轴心点位于素材左下角时旋转素材 　　　　　　图 5-4 【混合模式】选项

- 【速度】：通过设置关键帧，实现素材快动作、慢动作、倒放、静帧等效果。

5.2 使用运动特效

【运动】特效的使用方法很简单，就是通过设置关键帧确定运动路径、运动速度以及运动状况等，使素材按照关键帧产生位置变化和形状变化。在 Premiere Pro CC 中，所有关键帧间的插值方法都可以选择设置。

5.2.1 移动素材的位置

移动素材的位置是运动特效最基本的应用，操作步骤如下。

【例 5-1】 移动素材的位置。

（1）将素材资源中的"第 5 章"文件夹复制到本地硬盘上，以下内容中将用到此目录中的文件。

（2）启动 Premiere，新建一个项目"t5"。

（3）在【项目】面板中双击，弹出【导入】对话框。定位到本地硬盘，选择"第 5 章\素材\海鸥.jpg"文件，单击 打开(O) 按钮，导入素材。

（4）将"海鸥.jpg"拖曳到【视频 1】轨道上，按 田 键扩展视图，如图 5-5 所示。

图 5-5 将素材放到视频轨道上

（5）在【时间轴】面板中选中"海鸥.jpg"，打开【效果控件】面板。单击【运动】特效

左侧的 ▶ 图标，展开参数面板。设置【位置】值为"0，0"，使素材的轴心点位于屏幕的左上角。单击【位置】左侧的切换动画 ⏱，记录关键帧，如图 5-6 所示。

（6）移动时间指针到"00:00:01:20"处，将【位置】的值设置为"360，288"，使素材的轴心点位于屏幕的中心，系统自动记录关键帧，如图 5-7 所示。切换动画记录器呈打开状态 ⏱，表明切换动画记录器处于工作状态，此时对该参数的一切调整将自动记录为关键帧。如果单击关闭该 ⏱ 按钮，将删除该参数的所有关键帧。

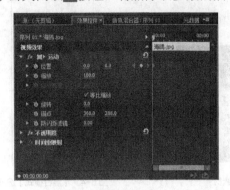
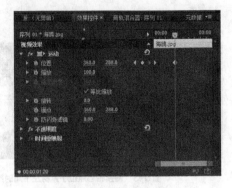

图 5-6　移动素材到屏幕的左上角　　　　　图 5-7　移动素材到屏幕的中心

（7）将时间指针移动到素材的起始位置，按键盘上的空格键开始播放，观看素材由屏幕左上角到中心运动的效果。

（8）单击【效果控件】面板中的【运动】特效，或者直接在【节目】监视器视窗中单击素材，可以将素材的边框激活，素材周围将出现一个带十字准线和手柄的边框，如图 5-8 所示，拖曳素材，也可以改变素材的位置。

（9）添加关键帧后，可见【效果控件】面板右侧的【时间轴】面板上已经出现了关键帧。在【效果控件】面板上可以继续对关键帧进行操作，可以添加、删除关键帧，也可以对关键帧进行移动等。

（10）移动时间指针到"00:00:03:20"处，单击【添加/移除关键帧】◇ 按钮，可以在当前位置记录一个关键帧，参数仍然使用上一个关键帧的数值，如图 5-9 所示。

图 5-8　素材周围出现边框

　要点提示

如果需要移动关键帧的位置，可以选择关键帧，按住鼠标左键直接拖曳。

（11）移动时间指针到"00:00:04:17"处，改变【位置】的值为"720，0"，使素材移动到屏幕的右上角，系统将自动设置关键帧，如图 5-10 所示。

（12）为参数设置关键帧后，在【效果控件】面板上会出现【关键帧】导航器，如图 5-11 所示，利用它可以为关键帧导航。单击【转到上一关键帧】◀ 按钮、【转到下一关键帧】▶ 按钮，可以快速准确地将时间指针向前、向后移动一个关键帧。某一方向箭头变成灰色，表示该方向上已经没有关键帧。当时间指针处于参数没有关键帧的位置时，单击导航器中间的【添加/移除关键帧】◇ 按钮，可以在当前位置创建一个关键帧。当时间指针处于参数有关键帧的位置时，单击【添加/移除关键帧】◆ 按钮，可以将当前位置处的关键帧删除。

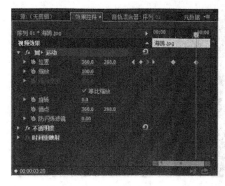
图 5-9　添加关键帧（1）

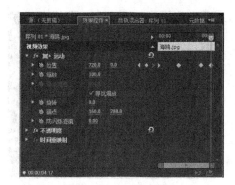
图 5-10　添加关键帧（2）

图 5-11　【关键帧】导航器

（13）单击【效果控件】面板的【运动】特效，或者直接在【节目】监视器中单击素材，可见已经创建了一条路径。图 5-12 所示的路径上点的稀疏程度代表素材运动速度的快慢，密集的点表示运动速率较慢，稀疏的点表示运动速率较快。

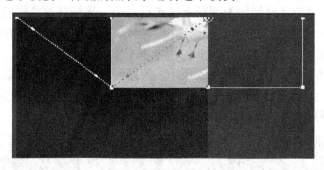

图 5-12　点分布的疏密代表运动速度

5.2.2　改变素材的尺寸

移动素材仅仅使用了运动特效的小部分功能，运动特效最常用的功能是对素材进行缩放和旋转。

【例 5-2】　对素材进行缩放和旋转。

（1）接例 5-1。单击【位置】参数的【关键帧】导航器◀按钮，移动时间指针到【位置】参数的第 2 个关键帧处，单击【缩放】左侧的切换动画记录器按钮，记录新的关键帧，其缩放参数不变。

（2）单击【位置】参数的【关键帧】导航器▶按钮，将时间指针移动到【位置】参数的第 3 个关键帧处，设置【缩放】值为"50"，单击【缩放】左侧的切换动画记录器按钮，记录新的关键帧，如图 5-13 所示。

（3）单击【位置】参数的【关键帧】导航器按钮▶，移动时间指针到【位置】参数的第 4 个关键帧处。单击【缩放】参数的【添加/移除关键帧】按钮，增加新的关键帧，设置【缩放】值为"0"，如图 5-14 所示。

（4）按键盘上的空格键播放，观看素材由屏幕中心向右上角运动，同时尺寸缩小的效果。

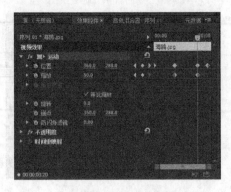
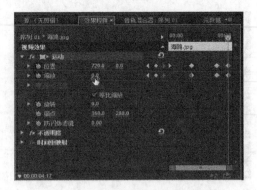

图 5-13　增加新的关键帧　　　　　　　图 5-14　设置【缩放】参数的第 3 个关键帧

5.2.3　设置运动路径

如果读者熟悉 Flash 和 3DS MAX 软件，一定会对运动路径有深刻的印象，因为那是实现动画的重要方法。实际上在许多动画软件中，都有运动路径的概念，含义也基本相同。在 Premiere 中，同样也可以为一个素材设置一个路径并使该素材沿此路径进行运动。

【例 5-3】　为素材设置路径。

（1）接例 5-2。清空【时间轴】面板上的素材片段，选择菜单栏中的【文件】/【导入】命令。在打开的【导入】对话框中，分别选择"第 5 章\素材"文件夹中的"海底世界.jpg""海豚.jpg""热带鱼.jpg" 3 个文件，单击 打开(O) 按钮，导入素材。

（2）在【时间轴】面板中，如图 5-15 所示，放置上述 3 个素材的视频部分，分别设置出点使"海底世界.jpg""海豚.jpg""热带鱼.jpg" 3 个素材文件的持续时间都变成 6 秒。其中"热带鱼.jpg"和"海底世界.jpg"的入点分别设置在时间轴的"00:00:01:24"和"00:00:03:23"位置处。

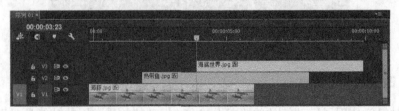

图 5-15　放置三个素材

（3）在【时间轴】面板中，取消【V2】和【V3】视轨显示。在【V1】轨上单击"海豚.jpg"素材片段，打开【效果控件】面板，展开【运动】特效并选择其名称，先将【缩放】设为"50"，再将【位置】的 x 坐标值设为"−180"，如图 5-16 所示。素材移出显示区域后，仅保留调整控制点而不再显示。

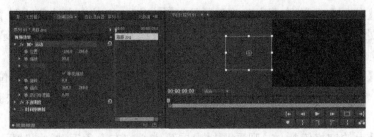

图 5-16　设置开始帧

（4）确定时间指针在节目开始处，单击【位置】左侧的 🕐 使其呈 🕐 显示，在编辑线处增加一个关键帧。将时间指针调整到素材结束处，再将【位置】的 X 坐标值设为"900"。拖动播放头就可以看到素材从另一侧移出显示区域，如图 5-17 所示。

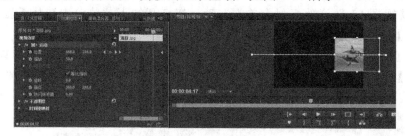

图 5-17　显示运动路径

（5）在【运动】特效名称处单击鼠标右键，从打开的快捷菜单中选择【复制】命令，将【运动】特效的参数设置拷贝。

（6）在【时间轴】面板中，显示【V2】轨，单击"热带鱼.jpg"素材片段，【效果控件】面板就变成了对"热带鱼.jpg"的相关设置。在窗口空白处单击鼠标右键，从打开的快捷菜单中选择【粘贴】命令，将【运动】特效的参数设置粘贴，如图 5-18 所示。

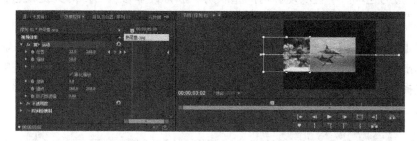

图 5-18　粘贴【运动】特效的参数设置

（7）在【时间轴】面板中，显示【V3】视轨，单击"海底世界.jpg"素材片段，【效果控件】面板就变成了对"海底世界.jpg"的相关设置。在窗口空白处单击鼠标右键，从打开的快捷菜单中选择【粘贴】命令，再次将【运动】特效的参数设置粘贴。

（8）在节目视窗中预演，就会看到类似拉动电影胶片的效果，图像一格一格地从左到右划过屏幕。图 5-19 所示为其中的一帧。

图 5-19　视频运动效果

（9）选择【文件】/【保存】命令，将项目文件原名保存。

制作这一效果，主要需要调整素材的持续时间和相对位置，以便各个素材之间实现无缝连接。在例 5-2 中素材尺寸缩小了 50%，因此第 1 个素材从开始到完全出现，占了总持续时间的 1/3。所以后两个素材入点的对应位置要依次后退约 2 秒左右。要改变运动速度，还可以增加关键帧，要想速度快就缩短两个键的时间间隔，加大两个键的坐标距离，反之亦然。

5.2.4　设置运动状态

运动状态主要是指素材旋转的角度，要想制作出完美的运动效果，相关运动设置是必须的。

【例5-4】　设置运动状态。

（1）接例5-3。在【时间轴】面板中，选择"海豚.jpg"素材片段。在【V1】轨道名称右侧空白处双击鼠标左键将该轨道展开显示，如图5-20所示。

（2）在【视频1】轨道的素材上单击右键，在打开的下拉菜单中选择【显示剪辑关键帧】/【运动】/【旋转】命令。

（3）或直接在【视频1】轨道素材的 图标上单击右键，在打开的下拉菜单中选择【运动】/【旋转】命令，同样使轨道上的素材缩略图显示相关的关键帧设置，如图5-21所示。

图5-20　展开视频轨道　　　　　　　图5-21　选择关键帧显示类型

要点提示

用于素材的运动、不透明度和时间重映射，都有许多参数可以对关键帧进行设置。为了避免混乱，素材缩略图上只能显示一种。

（4）在【效果控件】面板中，单击【位置】右侧的 按钮，使编辑线跳到素材开始处。

（5）单击【旋转】左侧的 按钮使其呈 显示，在编辑线处增加一个关键帧。

（6）选择 工具，在【时间轴】面板中，在"海豚.jpg"结束处的黑白色线上单击，在结束处增加一个关键帧，如图5-22所示。

图5-22　增加关键帧

（7）在【效果控件】面板中，将【锚点】位置坐标设置为"0"和"0"，以使素材绕左上角旋转。调整【锚点】位置坐标，使素材位置产生了变化，如图5-23所示。

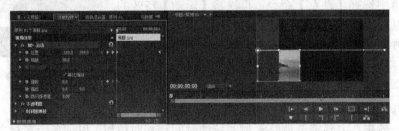

图5-23　调整【锚点】数值

（8）在【效果控件】面板中，将【位置】坐标设置为"-360"和"144"，以使素材恢复原位。

（9）在【时间轴】面板中，分别用鼠标右键单击两个关键帧，从打开的快捷菜单中选择【自动贝塞尔曲线】命令，如图5-24所示。

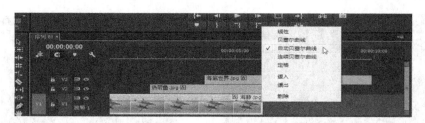

图 5-24　调整【锚点】数值

（10）在【效果控件】面板中，单击【旋转】右侧的▶按钮，使编辑线跳到素材结束处。将这个关键帧处的【旋转】数值设为"-90"，如图 5-25 所示。

（11）在【运动】特效名称处单击鼠标右键，从打开的快捷菜单中选择【复制】命令，将【复制】特效的参数设置拷贝。

（12）在【时间轴】面板中，分别单击"热带鱼.jpg"和"海底世界.jpg"，在【效果控件】面板中，将所拷贝的【运动】特效的参数设置粘贴。

（13）在节目视窗中从开始处预演，就可以看到在图像从左到右划过屏幕的同时又有了旋转变化，图 5-26 所示为其中的一帧。

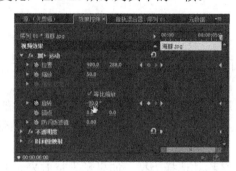

图 5-25　调整【旋转】数值

图 5-26　流动并旋转效果

（14）选择【文件】/【另存为】命令，将这个项目另存为"t5-1.prproj"文件。

这个实例，既在【时间轴】面板也在【效果控件】面板对旋转设置了关键帧，由此可以体会设置关键帧的两种方法。同时，可以看出调整【锚点】位置坐标对素材位置和旋转的影响。

5.3　改变不透明度

不透明度的改变能使素材出现渐隐渐现的效果，使画面的变化更为柔和、自然。

【例 5-5】　设置不透明度。

（1）接例 5-4。在【时间轴】面板中，选择"海豚.jpg"素材片段。

（2）移动时间指针到素材的起始位置，单击【不透明度】参数的切换动画记录器按钮，设置关键帧，设置【不透明度】值为"0"，如图 5-27 所示。

（3）在【时间轴】面板"00:00:01:14"位置处设置添加一个关键帧，设置【不透明度】参数值为"100"，如图 5-28 所示设置关键帧。

（4）在【运动】特效名称处单击鼠标右键，从打开的快捷菜单中选择【复制】命令，将【复制】特效的参数设置拷贝。

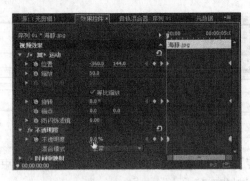
图5-27 设置【不透明度】参数的第1个关键帧

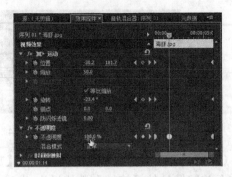
图5-28 设置【不透明度】参数的第2个关键帧

（5）在【时间轴】面板中，分别单击"热带鱼.jpg"和"海底世界.jpg"，在【效果控件】面板中，将所拷贝的【运动】特效的参数设置粘贴。

（6）按键盘上的空格键播放，预览整个动画效果，可以看到在图像从左到右划过屏幕旋转的同时又有了淡出变化。

5.4 创建特效预设

如果希望重复使用创建好的关键帧特效，可以将其存储为预设，操作步骤如下。

【例5-6】 创建特效预设。

（1）接例5-5。选择【效果控件】面板的【运动】特效，单击鼠标右键，在弹出的快捷菜单中选择【保存预设】命令，如图5-29所示；或者单击【效果控件】面板右上角的按钮，选择【存储预设】命令，如图5-30所示。

（2）在弹出的【保存预设】对话框里，输入名称并选择类型。如果预设特效来源的素材长度和将应用预设特效素材的长度不一致，点选【缩放】单选按钮，预设特效的关键帧按照长度比例应用到新的素材上；点选【定位到入点】单选按钮，预设特效的关键帧以新素材的起始点为基准应用到新的素材上；点选【定位到出点】按钮，预设特效的关键帧以新素材的结束点为基准应用到新的素材上，如图5-31所示。

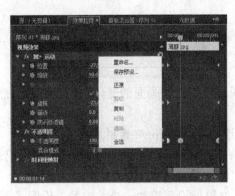
图5-29 选择【保存预设】命令

图5-30 选择【存储预设】命令

（3）设置类型后，单击 确定 按钮。特效即出现在【效果】面板的【预设】文件夹中，如图5-32所示。使用时将该特效拖曳到相应的素材即可。

图 5-31　【保存预设】对话框

图 5-32　【预设】文件夹

（4）如果希望在其他项目中使用该预设，可以将其导出。在【效果】面板中选中该特效，单击鼠标右键，在弹出的快捷菜单中选择【导出预设】命令，如图 5-33 所示。在弹出的【导出预设】对话框中选择保存的路径，输入名称，单击 保存(S) 按钮，如图 5-34 所示。使用时在新项目的【效果】面板中将其导入即可。

图 5-33　选择【导出预设】命令

图 5-34　选择保存的路径和输入预设名称

5.5　添加关键帧插值控制

在动画发展的早期阶段，熟练的动画师先设计卡通片中的关键画面，即关键帧，然后由一般的动画师设计中间帧。在 CG 时代，中间帧的生成由计算机来完成，插值代替了设计中间帧的动画师，插值技术在关键帧动画中得到广泛的应用。

通过插值技术，Premiere 在关键帧之间自动插入线性的、连续变化的进程控制值。在 Premiere Pro CC 中，用鼠标右键单击关键帧，在打开的下拉菜单中选择相应的命令，就可以决定并调整曲线形状。插值方式主要有以下几种，如图 5-35 所示。

- 【线性】：默认插值方法，关键帧之间变化的速率恒定。以线性方式插值平均计算关键帧之间的数值变化，这是默认设置，其曲线形状是直线。

- 【贝塞尔曲线】：可以拖曳手柄调整关键帧任意一侧曲线的形状，在进出关键帧时产生速率的变化。通过调整单个方向点分别控制当前关键帧两侧的曲线形状，使数值减速变化接近关键帧，然后加速变化离开

图 5-35　插值方法

关键帧。

- 【自动贝塞尔曲线】：自动创建平滑的过渡效果，总保持两条方向线的长度相等、方向相反，使得数值变化均匀过渡。如果调整手柄，将变为连续曲线。
- 【连续贝塞尔曲线】：创建通过关键帧的平滑速率变化。与曲线不同，关键点两侧的手柄总是同时变化。两条方向线总是保持反向，也就是成 180°，因此只有减速进入、加速离开和加速进入、减速离开这两种均匀过渡情况。
- 【定格】：改变属性值，没有渐变过渡。关键帧插值后的曲线保持显示为水平直线。保持当前关键帧的数值不变，直到下一个关键帧，产生数值的突变。
- 【缓入】：进入关键帧时，减缓数值变化。仅出现左侧的方向线，因此接近当前关键帧时数值减速变化。
- 【缓出】：离开关键帧时，逐渐增加数值变化。仅出现右侧的方向线，因此离开当前关键帧时数值加速变化。
- 【删除】：删除当前关键帧。

使用关键帧插值的方法如下。

【例 5-7】　应用关键帧插值。

（1）运用以前的知识，新建一个"序列 02"，在【项目】面板中双击，导入"第 5 章"素材文件夹中的"标志 1.jpg"，并将其拖曳到【时间轴】面板的【视频 1】轨道上。

（2）选中素材，在打开的【效果控件】面板中单击【运动】特效左侧的▶图标，展开参数面板。

（3）将时间指针移动到素材的起始帧，单击【旋转】参数左侧的切换动画◉按钮，记录一个关键帧，数值使用默认值"0"。

（4）将时间指针移动到素材的中间部分，设置【旋转】参数值为"720"，旋转参数将呈 2x0.0 ° 显示，系统自动记录新的关键帧，如图 5-36 所示。

（5）将时间指针移动到素材的末帧，设置【旋转】参数值为"0"，同样系统自动记录新的关键帧。

（6）单击【节目】监视器的播放按钮▶，可以看到风车先沿顺时针方向匀速旋转两周，通过第 2 个关键帧后又沿逆时针方向匀速旋转两周。

（7）单击【旋转】参数左侧的▶图标，展开数值图与速率图，默认的插值方式为线性方式，如图 5-37 所示。

（8）选择第 2 个关键帧，单击鼠标右键，在弹出的快捷菜单中选择【贝塞尔曲线】命令，如图 5-38 所示。

图 5-36　设置【旋转】参数

（9）再次进行播放，可以看到标志在接近第 2 个关键帧时旋转速率减慢，离开第 2 个关键帧时旋转速率逐渐加快，如图 5-39 所示。

（10）拖曳关键帧处任意一侧的手柄，手动调整旋转的速度，如图 5-40 所示。

通过例 5-7 可以看出，使用线性控制素材的旋转，主要通过设置关键帧并使关键帧的数值产生变化形成一个变化过程。这个变化过程可用一条曲线表示，如果关键帧之间的数值通过线性插值计算得到，则曲线就是直线，采用其他插值方法就对应了不同的曲线形状。其余几种关键帧插值方式，读者可以自己练习。

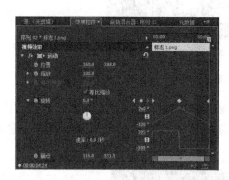

图 5-37　为素材的【旋转】参数添加关键帧

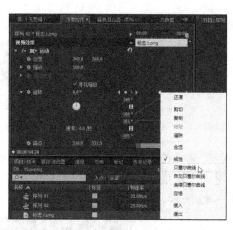

图 5-38　选择关键帧插值方式为贝塞尔曲线

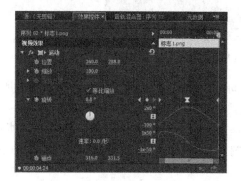

图 5-39　贝塞尔曲线效果

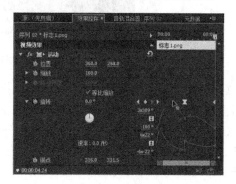

图 5-40　手动调整贝塞尔曲线的调整柄

5.6　使用时间重映射特效

　　Premiere 的【时间重映射】特效可以通过关键帧的设定实现一段素材中不同速度的变化，例如，一段航拍的视频，可以先加快航拍运动的速度，再减缓航拍的速度，还可以在运动过程中创建倒放、静帧的效果。使用【时间重映射】，不需要像使用【速度/持续时间】特效那样，同时改变整个素材的运动状态。

　　使用关键帧，可以在【时间轴】面板或者【效果控件】面板中直观地改变素材的速度。【时间重映射】的关键帧和【运动】特效关键帧很类似，但是有一点不同是：一个时间重映射关键帧可以被分开，以在两个不同的播放速度之间创建平滑过渡。当第 1 次为素材添加关键帧并调整运动速度时，创建的是突变的速度变化。当关键帧被拖曳分开，并且经过一段时间，这两个分开的关键帧之间会生成一个平滑的速度过渡。

5.6.1　改变素材速度

　　改变素材速度是后期编辑工作中经常要遇到的问题。通过 Premiere Pro CC 的【时间重映射】特效，可以方便地改变素材的速度，操作步骤方法如下。

　　【例 5-8】　改变素材的速度。

　　（1）新建一个"序列 03"，导入"第 5 章"素材文件夹中的素材文件"AT116.avi"，并拖曳到【时间轴】面板的【视频 1】轨道。将视图调整到合适大小，如图 5-41 所示。

图 5-41　将素材放置到【时间轴】面板

（2）选择【工具】面板的 ↖ 工具，将鼠标指针放置在【视频 1】轨道的上边缘，按住鼠标左键向上拖曳，调整【视频 1】轨道的高度，以方便在该轨道的素材上创建和调整关键帧，如图 5-42 所示。

图 5-42　调整【视频 1】轨道的高度

（3）打开素材上的效果下拉菜单，选择【时间重映射】/【速度】命令，如图 5-43 所示。素材上显示一条黑白色的线，以控制素材的速度，如图 5-44 所示。

（4）拖曳时间指针到"00:00:02:18"处，选择【视频 1】轨中的【添加-移除关键帧】 ◇ 按钮，创建一个关键帧。速度关键帧出现在素材顶端的【速度控制】轨道中，如图 5-45 所示。

图 5-43　在【时间轴】面板中选择【速度】命令

图 5-44　控制素材速度的黑白线

图 5-45　创建速度关键帧

（5）选择【工具】面板的 ↖ 工具，将鼠标指针放在黑白色的控制线上，按住鼠标左键向上或者向下拖曳黑白色控制线，可以增加或降低这部分素材的运动速度。这里向上拖曳鼠标，同时在【时间轴】面板中显示现在素材速度相当于原速度的百分比，当数值变为"200"时释放鼠标，如图 5-46 和图 5-47 所示。

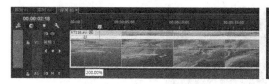

图 5-46　加倍素材运动速度

图 5-47　加倍素材运动速度后的黑白色控制线

（6）选中速度关键帧，左右拖曳的同时按住 Shift 键，可以改变关键帧左侧部分的速度。

　　改变素材速度，素材的持续时间随之发生变化。素材加速会使持续时间变短，素材减速会使持续时间变长。由图 5-47 中可以看到，由于加快素材运动速度，整个素材持续时间变短。

（7）按键盘上的空格键播放，发现素材在速度关键帧位置处发生了突变的速度变化。

（8）向右拖曳速度关键帧的右半部分，创建速度的过渡转换。在速度关键帧的左右两部分之间出现一个灰色的区域，表示速度转换的时间长度，而且之间的控制线变为一条斜线，表示速度的逐渐变化，如图 5-48 所示。一个蓝色的曲线控制柄出现在灰色区域的中心部分，如图 5-49 所示。

图 5-48　创建速度的过渡转换

图 5-49　蓝色的曲线控制柄

（9）将鼠标指针放置在控制柄上，按住鼠标左键并拖曳，可以改变速度变化率，如图 5-50 所示。

（10）按住 Alt 键，通过 工具选中速度关键帧的右半部分，拖曳的同时观察【节目】监视器视图，移动关键帧到一个新的合适位置。配合 Alt 键，拖曳速度关键帧的左半部分，可以向后移动关键帧。对于分开的关键帧，在白色控制轨道中，单击并拖曳关键帧左右部分之间的灰色区域，同样可以改变速度关键帧的位置，如图 5-51 所示。

图 5-50　改变速度变化率

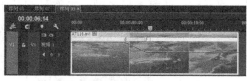

图 5-51　调整速度关键帧的位置

（11）打开【效果控件】面板，可以看到【时间重映射】的参数调整，如图 5-52 所示。但是该特效在【效果控件】面板中不能像其他特效那样直接对数值进行编辑。

（12）如果要删除速度关键帧，则选择关键帧中不想要的部分，按 Delete 键，将其删除并把速度关键帧还原为起始状态，如图 5-53 所示。

（13）选择速度关键帧，按 Delete 键，删除整个关键帧，如图 5-54 所示。

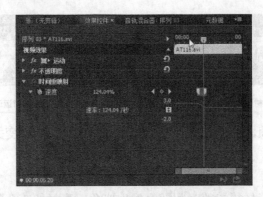

图5-52　调整【时间重映射】参数

图5-53　删除速度关键帧的一部分

图5-54　删除整个关键帧

5.6.2　设置倒放

倒放后再正放素材可以为序列增添生动或戏剧性的效果。利用【时间重映射】特效，可以在一段素材上调整播放速度，实现倒放后再正放的效果，操作步骤如下。

【例5-9】　利用【时间重映射】特效实现倒放效果。

（1）接例5-8。向下拖曳黑白色的控制线，当【时间轴】面板的速度显示百分比为"100"时释放鼠标，恢复素材至原始的播放速度，如图5-55所示。

（2）拖曳时间指针到"00:00:07:04"处，选择【视频1】轨中的【添加-移除关键帧】按钮，创建一个速度关键帧，如图5-56所示。

图5-55　恢复素材至原始的播放速度

（3）按住 Ctrl 键的同时，向右拖曳关键帧。同时【节目】监视器视图上显示两幅画面：倒放的开始位置帧与倒放的结束位置帧。待【节目】监视器视图上的时码显示为"00:00:00:00"时释放鼠标，此时素材将倒放至素材的开始帧。

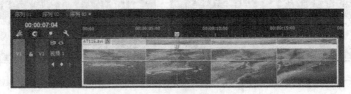

图5-56　创建速度关键帧

（4）释放鼠标后，【时间轴】面板会出现两个新的关键帧，标记出两个相当于拖曳长度的片段。在【速度控制】轨道上出现左箭头标记的片段为倒放片段，如图5-57所示。

图 5-57　创建倒放效果

可以为 3 个关键帧创建速度变化的过渡，并通过拖曳曲线控制柄，调节速度变化率。

（5）按键盘上的空格键播放，预览素材的倒放效果。

5.6.3　创建静帧

可以将素材中的某一帧"冻结"，好像导入静帧一样。创建静帧后，还可以创建速度变化的过渡。

【例 5-10】　创建静帧。

（1）接例 5-9。按 Ctrl+Z 组合键，撤销倒放操作。

（2）按住 Ctrl 键和 Alt 键的同时，向右拖曳关键帧，提示条显示为"00:00:10:02"时释放鼠标，此时素材帧的冻结时间为从"00:00:07:04"～"00:00:10:02"。释放鼠标后，在该位置处出现一个新的关键帧。两个关键帧之间为运动静止区，如图 5-58 所示。

图 5-58　创建静帧效果

（3）向左拖曳左侧冻结关键帧的左半部分或者向右拖曳右侧冻结关键帧的右半部分，可以为冻结关键帧创建过渡转换，如图 5-59 所示。

图 5-59　为冻结关键帧创建过渡转换

5.6.4　移除时间重映射特效

移除时间重映射特效，需要在【效果控件】面板中展开【时间重映射】参数面板，单击切换动画记录器按钮，将会打开一个【警告】对话框，如图 5-60所示，单击　确定　按钮退出对话框。这样将删除所有的关键帧，并关闭【时间轴】面板素材的【时间重映射】特效。

如果要重新设置【时间重映射】效果，则单击切换动画记录器按钮，将其设置为开启状态即可。

图 5-60　【警告】对话框

小结

本章主要介绍了 Premiere Pro CC 中视频素材共有的固定特效：【运动】、【不透明度】、【时间重映射】。改变素材的【运动】、【不透明度】特效是在后期制作中常用的编辑方法。使用【运动】特效主要涉及运动路径的设置、运动速度的变化、运动状态的调整。【时间重映射】特效可以实现同一素材不同部分速度的分段变化，还可以创建平滑的过渡效果，并且易于控制。本章的内容是视频特效的基础内容，掌握这部分内容比较容易，但要用好用活，还需要注意结合其他表现手法，不能孤立地使用运动，经常需要和后面章节的其他视频特效结合使用。

习题

一、简答题

1．运动路径上点的稀疏程度代表了什么？

2．如果希望剪辑正好处于屏幕的左边缘外，应该如何定位位置参数？

3．简要说明创建运动动画的方法。

二、操作题

1．剪辑从屏幕的左上角旋转着飞入画面内，又继续旋转着从画面的右下角飞出，同时剪辑的比例经过由最小到满屏显示、又到最小的过程。如何实现这样的效果？

2．如何通过时间重置实现镜头在摇过程中速度先加快、后正常的效果？

3．如何通过时间重置实现在推镜头过程中，速度先正常、然后突然加快、最后又逐渐恢复为正常的效果？

6 Chapter

第 6 章
字幕制作

字幕是数字媒体作品的重要元素。与单纯的画面叙述相比，字幕能够更简要、清晰地表达信息，起到解释画面、补充内容的作用。Premiere 的字幕制作包括文字、图形两部分，其文字制作功能强大，但图形制作功能较弱。字幕的编辑操作在字幕设计窗口中进行，在字幕设计窗口中，不仅能够调整字幕的各种基本参数，还能添加描边、阴影等修饰，使用预置样式可使文字调整的工作变得更加简单。使用路径文字，可以让文字沿设定的曲线排列。字幕的类型分为静态字幕和动态字幕两种。本章将重点讲解常见文字效果的制作方法，同时还讲解一些特殊字幕效果的制作技巧，以期开拓读者的思路。

【教学目标】
- 掌握创建静态字幕的方法。
- 掌握对字幕进行修饰的方法。
- 掌握创建滚动字幕和游动字幕的方法。
- 掌握创建路径字幕的方法。

6.1 【字幕设计】窗口

在 Premiere Pro CC 中，选择【文件】/【新建】/【字幕】命令，打开【新建字幕】对话框，如图 6-1 所示。

单击 确定 按钮，打开【字幕设计】窗口，如图 6-2 所示。

字幕设计窗口由【字幕动作】、【字幕属性】、【字幕工具】、【字幕样式】和【字幕设计器】5 部分组成。

工具栏创建字幕有以下 3 种方法。

- 选择菜单栏中的【文件】/【新建】/【字幕】命令。
- 单击【项目】面板下方的 按钮，在弹出的菜单中选择【字幕】命令。

图 6-1 【新建字幕】对话框

- 选择菜单栏中的【字幕】/【新建字幕】/【默认静态字幕】命令。

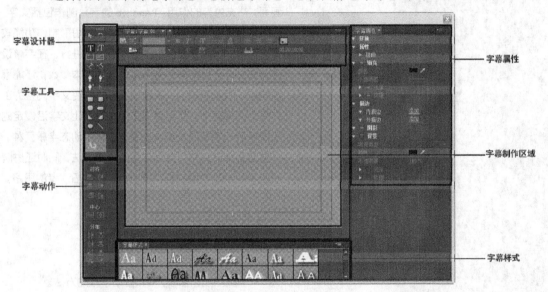

图 6-2 【字幕设计】窗口

以上 3 种方法都将弹出【新建字幕】对话框，在【名称】后面输入一个新名字或保留默认的名称"字幕 01"，单击 确定 按钮打开字幕设计窗口。

6.1.1 字幕栏属性

字幕栏属性主要用于设置字幕的运动类型、字体、加粗、斜体、下划线等，如图 6-3 所示。

图 6-3 【字幕栏属性】面板

- （基于当前字幕新建字幕）：单击该按钮，打开【新建字幕】对话框，如图 6-4 所示。在该对话框中可以为字幕文件重新命名。

- ■（滚动/游动选项）：单击该按钮，打开【滚动/游动选项】对话框，在该对话框中可以设置字幕的运动类型，如图 6-5 所示。

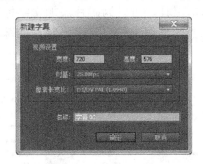

图 6-4　【新建字幕】对话框

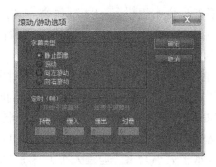

图 6-5　【滚动/游动选项】对话框

- ■（模板）：单击该按钮，打开【模板】对话框，如图 6-6 所示。在该对话框中可以直接套用 Premiere 内置的模板类型，也可以对模板中的图片、填充、文字等元素进行修改，然后使用。
- Adobe...（字体列表）：在此下拉列表中可以选择字体。
- Regular（字体样式）：在此下拉列表中可以设置字形。
- B（粗体）：单击该按钮，可以将当前选中的文字加粗。
- T（斜体）：单击该按钮，可以将当前选中的文字倾斜。
- U（下划线）：单击该按钮，可以将当前选中的文字设置下划线。
- T（大小）：设置字的大小。
- AV（字偶间距）：设置字的间距。
- A（行距）：设置字的行距。
- ■（左对齐）：单击该按钮，将所选对象进行左边对齐。
- ■（居中）：单击该按钮，将所选对象进行居中对齐。
- ■（右对齐）：单击该按钮，将所选对象进行右边对齐。
- ■（制表位）：设置标志线的位置。在文本中按 Tab 键，文本就会自动与这些标志线对齐，如图 6-7 所示。

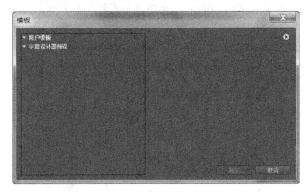

图 6-6　【模板】对话框

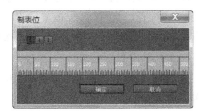

图 6-7　【制表位】对话框

- ■（显示背景视频）：显示当前时间指针所处的位置，可以在时间码的位置输入一个有效的时间值，调整当前显示画面。

6.1.2 字幕工具栏

字幕工具栏中提供了一些制作文字和图形的基本工具，可以为影片添加文字标题及文本、绘制几何图形、定义文本样式等，掌握这些工具的使用，是进行字幕制作的基础，如图 6-8 所示。各个工具的作用如下。

- ▶（选择工具）：可以选择某个对象，对其进行大小、位置、旋转的调整；按住 Shift 键的同时单击，可选择多个对象；按住左键拖动鼠标拉出一个方框，则框中的对象被全部选择；将鼠标光标放置在被选对象的控制点上，会显示出▦（水平大小）、▦（垂直大小）、▦（大小）或▦（旋转）等形状，此时可调整图形。

选择工具 —— 旋转工具
文字工具 —— 垂直文字工具
区域文字工具 —— 垂直区域文字工具
路径文字工具 —— 垂直路径文字工具
钢笔工具 —— 删除锚点工具
添加锚点工具 —— 转换锚点工具
矩形工具 —— 圆角矩形工具
切角矩形工具 —— 圆角矩形工具
楔形工具 —— 弧形工具
椭圆工具 —— 直线工具

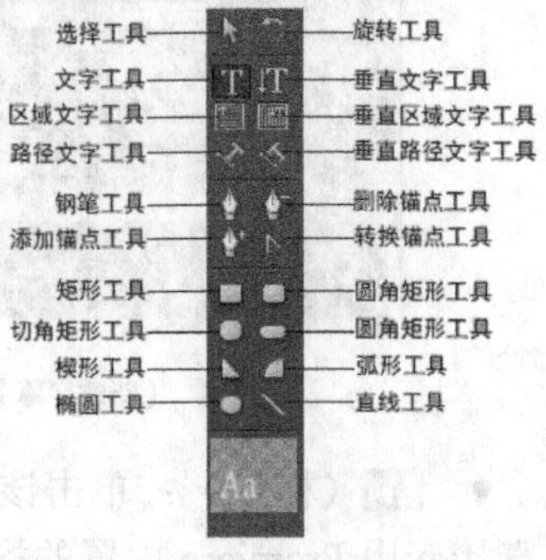

图 6-8 【字幕工具栏】面板

- ↺（旋转工具）：对当前所选对象进行旋转调整。按 V 键可以切换到 ▶ 工具。
- T（文字工具）和 IT（垂直文字工具）：输入横排和竖排文字，或者对所选择的横排和竖排文字进行修改。
- ▦（区域文字工具）：拉出一个横排文字框，确定文字显示的区域。
- ▦（垂直区域文字工具）：拉出一个竖排文字框，确定文字显示的区域。
- ↘（路径文字工具）和 ↙（垂直路径文字工具）：设置横排和竖排路径文字，先画曲线路径，然后沿曲线输入文字。
- ✑（钢笔工具）：绘制直线或曲线，调整锚点的位置和方向点的位置可以调整曲线形状。
- ✑（添加锚点工具）和 ✑（删除锚点工具）：在直线或曲线上增加锚点和删除锚点。
- ▶（转换锚点工具）：将平滑锚点转换为角锚点，或者将角锚点转换为平滑锚点，也可以调整方向点的位置。
- □（矩形工具）、□（圆角矩形工具）、◗（切角矩形工具）、▭（圆角矩形工具）、◣（楔形工具）、◢（弧形工具）、●（椭圆工具）和 ╲（直线工具）：用来直接绘制相应的图形。

不管当前使用的是上述哪个工具，按住 Ctrl 键都可以暂时切换到 ▶ 工具状态。

6.1.3 字幕动作栏

在字幕动作栏中，通过【对齐】、【居中】和【分布】工具可以快速地对齐、居中、分布文字和图形，让文字和图形排布整齐规范，如图 6-9 所示。各个工具的作用如下。

（1）【对齐】组按钮。

- ▦（水平靠左）：以选中的文字与图形左垂直线为基准对齐。
- ▦（垂直靠上）：以选中的文字与图形顶部水平线为基准对齐。
- ▦（水平居中）：以选中的文字与图形垂直中心线为基准对齐。

对齐

居中

分布

图 6-9 【字幕动作栏】面板

- （垂直居中）：以选中的文字与图形水平中心线为基准对齐。
- ■（水平靠右）：以选中的文字与图形右垂直线为基准对齐。
- ■（垂直靠下）：以选中的文字与图形底部水平线为基准对齐。

（2）【居中】组按钮。

- ■（垂直居中）：以选中的文字与图形屏幕垂直居中。
- ■（水平居中）：以选中的文字与图形屏幕水平居中。

（3）【分布】组按钮。

- ■（水平靠左）：以选中的文字与图形的左垂直线来分布文字或图形。
- ■（水平靠下）：以选中的文字与图形的顶部线来分布文字或图形。
- ■（水平居中）：以选中的文字与图形的垂直中心来分布文字或图形。
- ■（垂直居中）：以选中的文字与图形的水平中心线来分布文字或图形。
- ■（水平靠右）：以选中的文字与图形的右垂直线来分布文字或图形。
- ■（水平靠下）：以选中的文字与图形的底部线来分布文字或图形。
- ■（水平等距间隔）：以屏幕的垂直中心线来分布文字或图形。
- ■（垂直等距间隔）：以屏幕的水平中心线来分布文字或图形。

6.1.4　【字幕属性】面板

【字幕属性】面板在字幕设计窗口的右侧，包括变换、属性、填充、描边、阴影、背景 6 个部分，如图 6-10 所示。

【字幕属性】栏中的设置显示根据对象是文字还是图形有所区别，可以采用以下方法通过改变文字的参数，对文字进行修饰。

- 鼠标光标指向数值会变成一个■（手形双箭头）图标，按住左键拖动鼠标会改变数值。
- 如果在数值上单击鼠标左键，则可以直接输入设定值。

1.【变换】参数夹

【变换】栏主要用于对字幕整体进行调整，其中包括如下参数设置。

- 【透明度】：设置字幕的透明度。
- 【X 位置】和【Y 位置】：调整字幕的坐标位置。
- 【宽度】和【高度】：调整字幕的宽度和高度。
- 【旋转】：旋转字幕。

在【变换】栏参数中，可以修改文字的透明度、位置、宽度、高度和旋转属性。当【透明度】为"100%"时，文字完全显示；当【透明度】为"0%"时，文字完全透明，在屏幕上不显示；当透明度为 0%～100% 中间的数值时，文字为半透明状态。通过修改【X 位置】、【Y 位置】的参数值，可以改变文字在屏幕上的位置。通过改变【宽度】、【高度】的参数值，可以改变文字的长宽比例。通过设置【旋转】的参数，可以让文字以设定的角度旋转，如图 6-11 所示，文字效果如图 6-12 所示。

图 6-10　【字幕属性】面板

图 6-11　设置【旋转】参数　　　　图 6-12　旋转后的文字效果

 要点提示

　　读者可以选择喜欢的其他字体或是安装外部字体。具体方法为：将字体文件复制到C盘"Windows"目录下的"Fonts"文件夹中，设置字体时，在字体下拉菜单中就可以看到安装的字体。

2.【属性】参数夹

　　【属性】参数主要用来进行文字和图形的大小、形状等设置，包括如下选项。
- 【字体系列】：在其右侧的下拉列表中可以选择将要使用的字体。
- 【字体样式】：设置字的粗体、斜体、下划线。
- 【字体大小】：设置字的大小。
- 【宽高比】：设置字的宽高比。
- 【行距】：设置行距。
- 【字偶间距】：设置间距。
- 【字符间距】：设置光标位置处前后字符之间的距离，可在光标位置处形成两段有一定距离的字符。
- 【基线位移】：用于调节基线位移值。基线是紧贴文本底部的一条参考线。通过基线位移，可以设置文字与基线之间的距离，制作上标或者下标文字。
- 【倾斜】：设置字符倾斜的角度。
- 【小型大写字母】：用于将所选的小写字母变成大写字母。
- 【小型大写字母大小】：勾选该选项，可输入大写字母，设置小型大写字母的显示百分比。
- 【下划线】：勾选该选项，将增加下划线。
- 【扭曲】：可以分别设置字符在 X、Y 方向上的大小，使字符产生变形。

　　下面通过实例介绍更改小型大写字母的方法。

　　【例 6-1】　更改小型大写字母。

　　（1）关闭"字幕 01"，再新建一个字幕文件"字幕 02"。选择 T 工具，在字幕制作区域输入"Premiere"，用前边介绍的方法设置【字体】为"Arial"、【字体大小】为"80"，如图 6-13 所示。

　　（2）选择 工具，选中文字，勾选【小型大写字母】选项。文字效果如图 6-14 所示。

图 6-13 输入文字

图 6-14 勾选【小型大写字母】复选框

（3）选择【文字】工具 $\boxed{T}$，选中文字 "P"，设置【字体大小】为 "63"，【基线位移】向下微调为 "-1"，如图 6-15 所示。

（4）选择【选择】工具 $\boxed{\ }$，选中文字对象，调整【小型大写字母尺寸】选项，会发现只有 "P" 后面的大写字母发生大小变化。

【行距】、【字偶间距】和【字符间距】是文字的间距属性。【行距】用于调整多行文字的间距。【字偶间距】和【字符间距】用于调整同行文字的间距属性，【字偶间距】用于设置字符之间的距离；【字符间距】与【字偶间距】相似，不同的是调整选择的字符时，【字偶间距】向右平均分配字符间距，而【字符间距】的分配方

图 6-15 改变【基线位移】选项

向取决于文本的对齐方式。比如，左对齐的文本会以左侧为基准，向右扩展；中间对齐的文本会以中间为基准，向两边扩展；右对齐的文本会以右侧为基准，向左扩展。下面通过实例介绍。

【例 6-2】 设置文字的间距属性。

（1）关闭 "字幕 02"，再新建一个字幕文件 "字幕 03"。

（2）取消【背景】复选框勾选，选择【区域文字工具】 $\boxed{\ }$，在字幕制作区域按鼠标拖曳出矩形文本框后释放鼠标，输入文字 "Adobe Premiere Pro CC"，如图 6-16 所示，设置【字体】为 "Arial"、【字体大小】为 "60"。

（3）设置【行距】为 "25"。单击绘制区上方的 $\boxed{\ }$ 按钮，让段落文字居中对齐，设置【字偶间距】为 "20"，效果如图 6-17 所示。

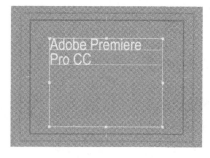

图 6-16 输入区域文字

图 6-17 设置【字偶间距】效果

（4）调整【字符间距】选项的参数值，观察与调整【字偶间距】选项的区别。调整【字

偶间距】时，向右分配字符间距，而调整【字符间距】时，则从中间向两边分配字符间距。

要点提示

在本小节中涉及的更改字体、字体大小、外观、对齐等属性也可以通过【字幕】菜单命令完成。

当我们进行图形制作或修改时，还会出现如下选项。

* 【图形类型】：在其右侧的下拉列表中可以选择所需要绘制的图形，该项主要对已绘制图形的形状进行变换。
* 【圆角大小】：设置图形内边的大小，可以调整圆角矩形和切边矩形的圆角及切边的大小。
* 【图形路径】：当在下拉列表中选择【图形】选项后，会出现这个选项。单击其右侧的图标可以选择图像文件或图形文件作为贴图，所选择的图像在该图标中显示。
* 【线宽】：可以设置所画曲线的宽度。
* 【开放贝塞尔曲线】：设置所画曲线端点的形状。其中，【正方形】选项是方形端点；【圆形】选项是圆形端点；【平头】选项也是方形端点，但两端各增加了曲线宽度一半的长度。
* 【连接类型】：当在下拉列表中选择【闭合贝塞尔曲线】图形后，会出现这个选项。它设置在线上增加锚点后，相邻线段如何拼接。【斜切】选项是斜角拼接；【圆形】选项是圆角拼接；【斜面】选项是斜面拼接。
* 【转角限制】：设置转角拼接的程度。

3.【填充】参数夹

勾选【填充】选项的参数主要用来进行文字和图形填充颜色的设置，包括如下选项。

* 【填充类型】：从其右侧的下拉列表中可以选择7种填充类型，【实底】是单色填充；【线性渐变】是线性渐变；【径向渐变】是辐射形渐变；【四色渐变】是4种颜色渐变；【斜面】是斜切，产生倒角效果；【消除】是将实体消除，仅留边框和阴影框；【重影】也是将实体消除，仅留边框，但阴影是实体。
* 【颜色】：单击□按钮，可以打开一个【拾色器】窗口，按三基色的数值设置颜色。使用🖊工具，可以吸取颜色。
* 【色彩到色彩】：颜色设置与【颜色】一样，用于决定渐变色色标颜色。
* 【色彩到不透明】：设置填充色彩的透明度。
* 【角度】：指定线性渐变的渐变角度。
* 【重复】：设置渐变色的重复数目。
* 【高光颜色】：设置斜面内部边的色彩。
* 【高光不透明度】：设置倒角内部边色彩的透明度。
* 【阴影颜色】：设置斜面和斜面外部边的色彩。
* 【阴影不透明度】：设置斜面外部边色彩的透明度。
* 【平衡】：设置斜面外部边与内部边颜色各占多少比例。
* 【大小】：设置斜面边的大小，也就是斜角程度。
* 【变亮】：勾选该选项，会对倒角边应用灯光。
* 【光照角度】：调整灯光角度。

- 　　【光照强度】：设置灯光强度。
- 　　【管状】：产生管状的倒角效果。
- 　　【光泽】：勾选该选项后，单击其左侧的▶按钮，其下拉列表中又包括以下 5 项参数设置，【颜色】设置光泽颜色；【不透明度】设置光泽透明度；【大小】设置光泽大小；【角度】设置光泽的角度；【偏移】设置光泽的位置。
- 　　【纹理】：勾选该选项后，单击其左侧的▶按钮，其下拉列表中又包括如下参数设置。

【纹理】：单击其右侧的▉图标，可以选择图形图像文件作为贴图，所选择的图像在这个图标中显示。

【随对象反转】：勾选该选项，使图像随对象一起水平或垂直反转。

【随对象旋转】：勾选该选项，使图像随对象一起旋转。

【缩放】：单击左侧的▶按钮将其展开，其下拉列表中又包括如下参数设置。

☞【对象 X】和【对象 Y】：包含了以下 4 个选项。【纹理】将以图像的原始大小贴图。【切面】将缩放图像以满足显示但不考虑图形内边。【面】将缩放图像以满足显示且考虑图形内边。【扩展字符】将缩放图像以满足显示且考虑图形内、外边。

☞【水平】和【垂直】：设置水平和垂直比例。

☞【平铺 X】和【平铺 Y】：勾选该选项，出现瓷砖样的重复贴图。

【对齐】：指定贴图与对象的哪个部分对齐。与【缩放】中设置基本一致。

【混合】：单击左侧的▶按钮将其展开，其下拉列表中又包括如下参数设置。

☞【混合】：数值为 100%，是贴图完全显示，-100%是填充色完全显示。

☞【填充键】：勾选该选项，对象的 Alpha 键值由对象填充色的透明度决定。

☞【纹理键】：勾选该选项，对象的 Alpha 键值由图像的透明度决定。

☞【Alpha 缩放】：可以重新设置图像的透明度。

☞【合成规则】：选择引入图像的哪个通道决定透明度。

☞【反转合成】：勾选该选项，可以反转 Alpha 键值。

4.【描边】参数夹

单击【描边】参数夹左侧的▶按钮将其展开，其中的参数主要用来进行文字和图形的轮廓设置。单击【内描边】选项右侧的▉添加▉按钮，可以增加一个内轮廓设置；单击【外描边】选项右侧的▉添加▉按钮，增加一个外轮廓设置；反复单击▉添加▉按钮，可以增加多重轮廓设置。其中大多参数设置和前面【填充】参数夹中的一样，有所不同的介绍如下。

- 　　【类型】：用于设置轮廓类型，其中又包括以下 3 个选项。【深度】调整拷贝对象的深度；【边缘】为对象加边，产生突起的效果；【凹进】为对象加边，产生低陷的效果。
- 　　【添加】：增加一个内、外轮廓设置。
- 　　【上移】：当有多个轮廓设置时，将所选的轮廓设置上移。
- 　　【下移】：当有多个轮廓设置时，将所选的轮廓设置下移。
- 　　【删除】：将所选的轮廓设置删除。

5.【阴影】参数夹

单击【阴影】参数夹左侧的▶按钮将其展开，其中的参数主要用来进行文字和图形的阴影设置。许多参数设置和前面【填充】参数夹中的一样，有所不同的如下。

- 　　【距离】：设置阴影与文字的距离。
- 　　【扩展】：设置阴影边缘的虚化程度。

6.【背景】参数夹

单击【背景】参数夹左侧的▶按钮将其展开，其中的参数主要用来进行文字和图形的背景设置。许多参数设置和前面【填充】参数夹中的一样。

【字幕设计】窗口由字幕制作区域和上方的属性栏组成，属性栏可以对字幕进行各种基本设置，如字体、粗体、斜体、下划线、对齐方式等，还可以设定字幕的类型；下方的字幕制作区域用来输入文字，并显示文字的最终效果。

对于文字与图形混排的，则可以通过单击 按钮进行选择，然后制作修改。选择单击 按钮，可以使字幕产生水平飞入、上滚等常见的动画效果。可以对字幕进行各种基本设置，如字体、粗体、斜体、下划线、大小、字距、行距等。左对齐、居中、右对齐和制表符设置主要是辅助工具，用来调整字幕的位置。单击 按钮可以使【时间轴】面板中的素材显示在字幕制作区域，直接看到字幕与素材的合成效果，以便精确设置字幕的位置、大小等。

制作文字和图形还可以使用预置样式，从【字幕样式】模板列表框中选择模板进行制作修改，能更方便地对文字、图像添加各种已经设定好的颜色、阴影、描边等文字风格。

【字幕设计】窗口比较大，为了方便操作，也可以用鼠标在四角处拖动，控制其大小变化。因为电视机使用的扫描技术，会切除视频图像的部分外边界。因此文字最好放置在文字安全区内，以保证能完全显示。在 Premiere Pro CC 中，可以同时打开多个【字幕设计】窗口，来进行不同的字幕制作。

6.2 字幕菜单命令

打开【字幕】窗口后，Premiere Pro CC 菜单栏中的【字幕】命令就会有效，单击它出现一个下拉菜单，如图 6-18 所示，其中的一些命令与【字幕设计】窗口中的一样，各个命令的含义如下。

- 【字体】：在其下拉列表中可以选择字体。选择其中的【字体】命令，会打开一个字体浏览器，从中可以看到字体的具体样式。
- 【大小】：在其下拉列表中可以选择字的大小或者直接进行设置。
- 【文字对齐】：字符对齐，可以选择靠左、居中、右侧。
- 【方向】：选择字符是水平还是垂直。
- 【自动换行】：自动换行。
- 【制表位】：设置标志线的位置。在文本中按 Tab 键，文本就会自动与这些标志线对齐。
- 【模板】：打开【模板】窗口，从中选择模板或者进行其他操作。
- 【滚动/游动选项】：对字幕滚屏运动的方式进行设置。
- 【图形】：可在字幕显示区域或文字中插入图形、将图像插入到文本中、恢复图形大小和恢复图形长宽比进行调整。
- 【变换】：可以直接输入数值，对位置、缩放、旋转、不透明度进行设置。

图6-18 菜单命令

- 【选择】：当显示区域的对象相互重叠时，可以选择上层的第一个对象、上层的下一个对象、下层的下一个对象和下层的最后一个对象。
- 【排列】：当对象相互重叠时，可将当前所选对象移到最前、前移、移到最后或者后移。
- 【位置】：可将对象的中心放置在显示区域的水平居中、垂直居中或者下方三分之一处。
- 【对齐对象】：当多个对象同时被选择后，可以在水平和垂直方向上进行对齐。
- 【分布对象】：当多个对象同时被选择后，可以在水平和垂直方向上调整它们的分布距离。
- 【视图】：确定字幕显示区域的显示情况，包括显示安全字幕边距、安全动作边距、文本基线、制表符标记和显示视频。

6.3　制作字幕

通过前面讲述的内容，读者应该对制作字幕的一些工具、设置、命令有所了解。在 Premiere 中，文字和图形的创建工作是在字幕设计窗口中完成的。

在输入文字之前，首先要确定字幕类型，Premiere 的字幕类型有 4 种：静止图像、滚动、向左游动和向右游动，其中滚动字幕和游动字幕是动态文字，滚动字幕是纵向运动的，而游动字幕是横向运动的。

在字幕设计窗口中，可以对字幕或图形添加阴影、描边、斜角边等效果，让字幕变得丰富与立体。这不仅能增加文字的易读性，在图像背景上更好地传递信息，还能提高字幕的视觉审美效果。

下面就来看看利用这些工具、设置和命令，如何制作精彩的静态字幕效果。

6.3.1　制作静态字幕

【例 6-3】　制作静态字幕。

（1）单击【字幕】面板上方的 ▤ 按钮，打开【滚动/游动选项】对话框，确认【字幕类型】选项为【静止图像】，在本例中要创建的是静态字幕，如图 6-19 所示。

（2）选择【文字】工具 **T**，在字幕制作区域单击鼠标，出现一个闪动的 "I" 形鼠标光标，在【字体】下拉列表中选择 "华文琥珀"，在 ▤ 100.0 选项中设置字号为 "100"。

（3）在绘制区输入文字 "碧海蓝天"，在【居中】栏分别单击 ▣（垂直居中）和 ▣（水平居中），如图 6-20 所示。

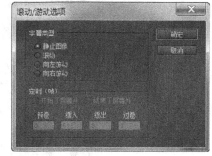

图 6-19　【滚动/游动选项】对话框

 要点提示

　　在输入文字时，鼠标单击的位置就是文字的开始位置。文字输入完毕后，使用字幕设计窗口中的 ▤ 工具选中文字，可以移动文字在绘制区内的位置。

（4）展开【填充】参数夹，在【填充】下拉列表中选择【四色渐变】选项，此时【颜色】选项对应了 4 个色标，如图 6-21 所示。

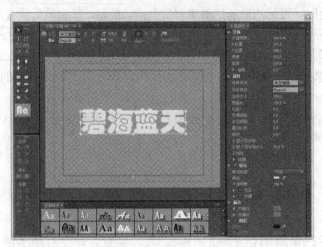

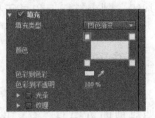

图 6-20　输入文字　　　　　　　　　　　　　　图 6-21　选择填充类型

（5）用鼠标在色标上双击，打开【拾色器】对话框进行色彩设置，从左上角顺时针开始，将 4 个色标的颜色分别设置为"黄""绿""红""蓝"。字的颜色随着色标的变化也产生了变化。

 要点提示

选择色标后，单击【色彩到色彩】颜色设置，也可以设置色标颜色。

（6）勾选【光泽】选项，将【大小】选项设置为"45.0"，【角度】选项设置为"45.0"，【偏移】选项设置为"45.0"，从而在每个字的表面产生一道高光效果，如图 6-22 所示。

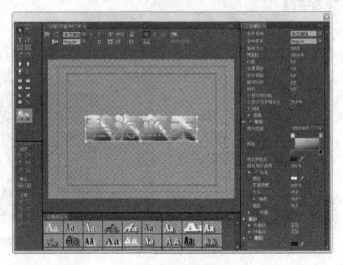

图 6-22　设置文字效果

（7）单击【描边】参数夹下【内描边】右侧的 添加 按钮，增加一个外轮廓设置。

（8）在【外描边】选项的设置中，在【类型】下拉列表中选择【深度】选项，将【大小】选项设置为"25.0"，其余使用默认设置，为字幕增加厚度，如图 6-23 所示。

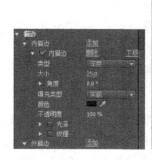

图 6-23 增加字幕的深度及效果

（9）按住左键拖动鼠标，使"碧海"两个字被选择，将【属性】参数夹中的【倾斜】选项设置为"-15.0°"；再按住左键拖动鼠标，选择"蓝天"两个字，将【倾斜】选项设置为"15.0°"，使这两个字向外侧倾斜，如图 6-24 所示。

图 6-24 增加字幕的倾斜效果

（10）选择 工具，按住鼠标左键拖动上边中央的控制点，减少文字的高度，如图 6-25 所示。调整过程中，【属性】参数夹中的【字体大小】和【宽高比】选项会同时变化。

图 6-25 调整字幕的高度

（11）选择【字幕】/【位置】/【水平居中】命令和【垂直居中】命令，使"碧海蓝天"4 个字水平、垂直居中。

至此，我们制作完成了文字。接下来再利用绘图工具为"碧海蓝天"4 个字加一个背景。

【例 6-4】 为文字添加背景。

（1）接例 6-3。在【字幕设计】窗口中取消对任何对象的选择，选择 工具，绘制出一个圆角矩形，完全覆盖"碧海蓝天"四个字，如图 6-26 所示。此时"碧海蓝天"两个字位于下层，因此不可见。

（2）在【属性】参数夹的【图形类型】下拉列表中选择【切角矩形】选项，使圆角变钝角，如图 6-27 所示。

图 6-26　绘制圆角矩形

图 6-27　圆角变钝角

（3）在【填充类型】下拉列表中选择【斜面】选项，将【高光颜色】选项设置为"绿色"，【高光部透明度】选项设置为"60%"，【阴影颜色】选项设置为"蓝色"，【大小】选项设置为"10.0"，勾选【变亮】选项，将【光照角度】选项设置为"45.0"，勾选【管状】选项。

然后取消勾选【光泽】选项，取消勾选【描边】下的【内描边】选项。此时，图形也相应地发生了变化，如图 6-28 所示。

（4）在【变换】栏中，用鼠标双击【不透明度】选项的数值设置，将其修改为"60.0"，设置对象的整体透明度，如图 6-29 所示，按 Enter 键确认。

（5）输入随书所附素材资源中的"碧海.jpg"文件，并将其放入【时间轴】的【V1】视频轨上。单击【字幕设计】面板上方的 按钮，确定显示背景视频。字幕显示区域会出现"碧海.jpg"画面。

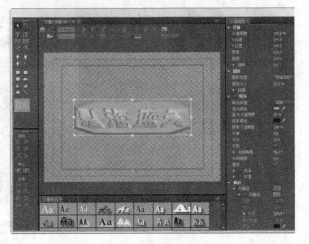

图 6-28　调整图形

由于【字幕设计】面板比较大，因此在向视轨放置素材时，可以先将【字幕设计】窗口最小化，然后再将其最大化。

（6）在显示控制区按住左键拖动鼠标，会更改显示的帧画面，如图 6-30 所示。这就是为了方便字幕制作，而设置的背景视频时间码功能。

图 6-29　设置透明度

图 6-30　调整所要显示的帧

（7）利用 工具选择图形，按 ↑ 键使其移动，直至图形中心与字幕的中心重合。

要点提示

按 Shift + ↑ 键，每次移动的距离会增大。

（8）选择【字幕】/【选择】/【上层的下一个对象】命令，使得"碧海蓝天"四个字被选择。再选择【字幕】/【排列】/【移至最前】命令，使得"碧海蓝天"四个字处于最上层，如图 6-31 所示，文字变得非常清晰。

（9）选择【字幕】/【选择】/【上层的下一个对象】命令，使图形被选择。再将【变换】栏中的【透明度】选项的数值恢复为"100.0"，将【填充】参数夹中的【高光不透明度】选项设置为"20%"，以突出文字效果，如图 6-32 所示。

图 6-31　调整字幕排列

图 6-32　调整图形

（10）确信【字幕设计】面板被选择，选择【文件】/【存储】命令，将这一字幕效果保存。

（11）关闭【字幕设计】面板，选择【文件】/【存储】命令，将项目文件存储。

要点提示

激活的窗口不同，使用同样的存储命令会存储不同的对象。

在字幕显示区域显示样本帧很有意义，由此可以直接看到字幕与素材的叠加显示情况，以便对字幕实时调整，一步到位，避免重复劳动。

Premiere 存储字幕的"*.prtl"文件并没有将字体嵌入存储。因此，如果要跨平台或在其他计算机上生成最终的节目，就必须保证所采用的字体在这些计算机中也存在，否则就会被其他字体替代。

6.3.2　制作路径文字

路径文字是使文字沿着一个规定路径排列，以产生生动、活泼的效果。Premiere 可以通过绘制贝赛尔曲线来创建路径文字，操作步骤如下。

【例 6-5】　通过绘制贝赛尔曲线来创建路径文字。

（1）接例 6-4。删除【时间轴】上的"字幕 04"素材片段。新建一个字幕文件"字幕 05"。选择【路径文字】工具 ，将鼠标指针移动到字幕制作区域，鼠标指针变成 ✎ₓ 图标，单击某处添加一个锚点，如图 6-33 左图所示。

图 6-33　添加第 1、2 个锚点

（2）在第 1 个锚点右下方，按住鼠标左键并水平拖曳一段距离再释放鼠标，添加第 2 个锚点，该锚点两侧出现两个控制手柄，如图 6-33 右图所示。这两个控制手柄的方向和长短决定了路径的方向和弯曲度。

（3）按照同样的方法添加第 3 个和第 4 个锚点，并拖动控制手柄调整为如图 6-34 所示的形状。

图 6-34　添加第 3、4 个锚点

路径曲线绘制完成后，还可以使用钢笔类工具增加锚点，或者调整锚点。

（4）单击【选择】工具 ，退出路径绘制状态。选择路径并调整其在绘制区的位置。再次选择【路径文字】工具 ，在绘制的路径起始处单击，输入"红瓦绿树 碧海蓝天"，设置【字体】为"黑体"，【字体大小】为"30"，【跟踪】为"9"，如图 6-35 所示。

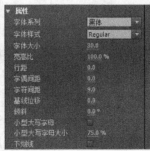

图 6-35　路径文字设置效果

文字的大小需要根据输入文字的情况进行多次调整，应与曲线的长度相适应。

（5）选择【选择】工具 ，拖动路径文字四周的变换框，调整路径的大小。根据路径大小，再调整字体大小，使文字和路径能够较好配合。

（6）将【填充】参数夹中的【颜色】选项设置为"红色"；勾选【阴影】，将其下的【颜色】选项设置为"黑色",【不透明度】选项设置为"100.0",【大小】选项设置为"50.0",【扩展】选项设置为"40.0",如图 6-36 所示。

图 6-36　修改文字颜色

（7）选择菜单栏中的【字幕】/【图形】/【插入图形】命令，弹出【导入】对话框，如图 6-37 所示，选择素材资源文件"第 6 章\素材\老虎标志.png"，单击 打开(O) 按钮导入标志。

（8）拖动标志四周的变换框，将其缩小。将标志和文字都移动到屏幕右下方，如图 6-38 所示。

图 6-37　【导入】对话框　　　　图 6-38　插入标志后的文字效果

这个实例讲述的是横排路径文字的基本制作方法，对于竖排路径文字也是同样制作，只不过需要选择 工具。

6.4　创建动态字幕

前边制作的文字都是静态效果，文字在屏幕上是静止的。在 Premeire 中还可以制作动态字幕。动态字幕分为滚动字幕和游动字幕（左游动、右游动）。滚动字幕是在屏幕上纵向移动的字幕，游动字幕是在屏幕上横向左右移动的字幕，这些效果经常能在电视中看到。需要注意的是 Premiere 中制作的动态文字，其移动速度要取决于字幕片段在【时间轴】面板中的时间长度。

6.4.1 滚动字幕

滚动字幕是在屏幕上纵向运动的动态字幕，通常在节目的片尾显示影片的创作人员信息。其制作步骤如下。

【例6-6】 创建滚动字幕。

（1）接例6-5。选择菜单栏中的【文件】/【新建】/【字幕】命令，打开【新建字幕】对话框，在【名称】选项后面输入"滚动字幕"，单击 确定 按钮打开字幕设计窗口。

（2）为更方便地观察描边效果，单击【字幕设计】面板上方的 按钮，取消显示背景视频。

（3）选择【段落文字】工具 ，在字幕制作区域拖曳鼠标拉出一个文本框，复制一段文字粘贴到文本框中，调整文字大小和字体，调整【行距】选项，改变各行文字间的距离。展开【填充】参数面板，将【色彩】设置为白色，如图6-39所示。

要点提示

段落文字的宽度由拖曳的文本框宽度决定，输入的文本到文本框边缘的时候会自动换行。

（4）单击【描边】选项左方的 按钮将其展开，单击【外描边】选项右边的 添加 ，为文字添加一个外部描边。

（5）在【外描边】选项组中设置【大小】为"10"，【色彩】为"黑色"，如图6-40所示。

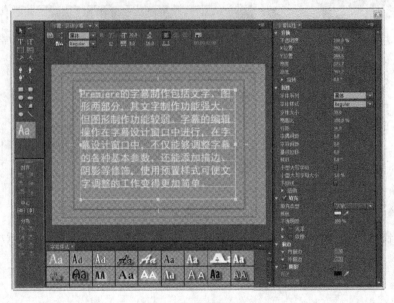

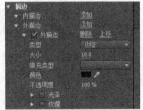

图6-39 设置段落文字　　　　　　　　　　　　图6-40 设置【外侧边】参数

要点提示

单击【外描边】选项右边的【删除】可以删除外描边，继续单击【外描边】选项右边的【添加】可以为文字增加多个外描边。

（6）勾选【阴影】复选框并将其展开，设置【色彩】设置为黑色，其参数设置如图6-41所示。调整后的文字效果如图6-42所示。

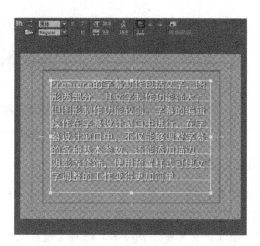

图 6-41 设置阴影参数　　　　　　　　　　图 6-42 调整文字效果

（7）单击【字幕】面板中的██按钮，打开【滚动/游动选项】对话框，设置【字幕类型】为"滚动"，如图 6-43 所示。

【滚动/游动选项】对话框中的参数介绍如下。

- 【开始于屏幕外】：该项可使纵向滚动或横向游动的文字从画面外开始。
- 【结束于屏幕外】：该项可使纵向滚动或横向游动的文字到画面外结束。
- 【预卷】：要设置文字在运动效果开始之前呈现静止状态，可在该项文本框中输入保持静态的帧数。
- 【缓入】：设置在到达正常播放速度之前逐渐加速的帧数。
- 【缓出】：设置逐渐减速的帧数，直至完全停止。
- 【过卷】：要设置文字在运动效果结束之后呈现静止状态，可在该项文本框中输入保持静态的帧数。

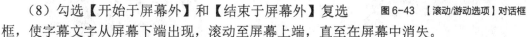

图 6-43 【滚动/游动选项】对话框

（8）勾选【开始于屏幕外】和【结束于屏幕外】复选框，使字幕文字从屏幕下端出现，滚动至屏幕上端，直至在屏幕中消失。

（9）关闭字幕设计窗口，将"滚动字幕"拖曳到【时间轴】面板【视频 1】轨道上与视频左端对齐，如图 6-44 所示。

图 6-44 将字幕放到时间轴上

（10）在【节目】监视器视图中播放，会感觉字幕滚动得太快了，默认的字幕文件持续时间是 5 秒，将鼠标指针放置到"滚动字幕"剪辑的末端，将其出点向右拖动 5 秒，如图 6-45 所示，使"滚动字幕"在时间轴上的持续时间变为 10 秒。

（11）将时间指针移动到轨道左端，按键盘上的 Enter 键渲染，再次预览效果，可见字幕滚动的速度变慢了。

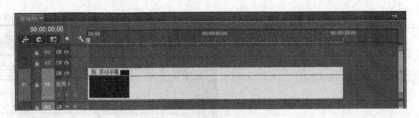

图6-45　延长字幕持续时间

6.4.2　游动字幕

游动字幕包括向左游动和向右游动两种，是在屏幕上横向移动的字幕。制作步骤如下。

【例6-7】　创建游动字幕。

（1）在项目文件中新建字幕，选择【垂直文字】工具，在字幕制作区域的右下角单击，输入"在路上"，设置【字体】为"幼圆"，【文字大小】为"40"，【字偶间距】为"15"，在【字幕样式】面板中选择一种样式双击，将其添加给文字，效果如图6-46所示。

（2）单击【字幕】面板上方的按钮，打开【滚动/游动选项】对话框，如图6-47所示，确定【字幕类型】为"向左游动"，勾选【开始于屏幕外】复选框，让字幕从屏幕之外的右方进入。将【缓出】值设置为"50"，【过卷】值设置为"100"，表示字幕减速的帧数是50帧，进入屏幕之后静止状态的时间是100帧。

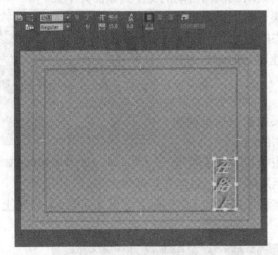

图6-46　文字效果

图6-47　【滚动/游动选项】对话框设置

（3）单击　确定　按钮关闭字幕设计窗口，将"字幕07"拖曳到【时间轴】面板的【轨道1】上，和轨道左端对齐。播放并观看其效果，如图6-48所示。

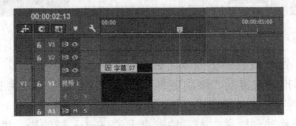

图6-48　游动字幕的播放

6.5 使用模板

针对制作中经常使用的效果，Premiere 提供了大量的模板供我们选择使用，而且用户还可以自己制作模板，方便以后的使用。模板分为两类：一类仅针对字幕样式，另一类针对图文混排。下面先看一个仅针对字幕样式模板的使用实例。

6.5.1 应用样式

通过前边的介绍可以看出，为文字设置基本参数，并添加阴影、描边等属性可以为文字添加各种艺术效果，让文字变得立体、美观。但是调节各种参数十分繁琐，而应用【字幕样式】面板可以让这项工作变得简单而轻松。选中绘制区的文字，双击【字幕样式】面板的一种样式即可。如果要换成另外一种样式，只需在其他样式上双击，便可完成替换。如图 6-49 所示为字幕文字应用不同样式的效果。

单击【字幕样式】面板右上角的■按钮，在弹出的菜单中选择【追加样式库】命令，可以追加 Premiere 中自带的其他样式。

如果要将自己制作的文字效果保存为样式，可以选中文字，单击【字幕样式】面板右上角的■按钮，在弹出的菜单中选择【新建样式】命令，弹出【新建样式】对话框，如图 6-50 所示。单击 确定 按钮，选中的文字效果就会保存在样式库中。

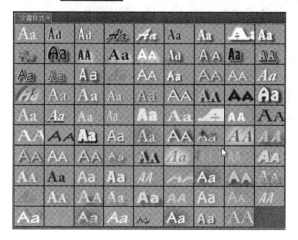

图 6-49 应用不同样式的文字

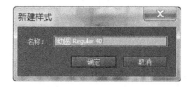

图 6-50 【新建样式】对话框

6.5.2 使用模板

通过 Premiere 内置的大量模板，能够更快捷地设计字幕。可以直接套用模板，也可以对模板中的图片、填充、文字等元素进行修改，然后使用。模板修改后，也可以保存为一个新的模板，方便其他项目调用。自制的字幕也可存储为模板，随需调用。使用模板将大大提高工作效率。

【模板】对话框中的模板按类放在不同的分类夹中，采用这些模板后，只需简单修改就可以使用。和模板有关的文件，都存放在 Premiere 安装目录下面的【Presets】文件夹中，因此也可以直接在此进行文件的删除、拷贝、粘贴、重命名等操作。其中【Styles】文件夹下的文件就是文字样式模板；【Templates】文件夹下的文件就是模板；【Textures】文件夹就是单击▉图标打开的默认文件夹。知道了这几个文件夹的作用，就可以直接对它们进行管理。比如，可以将一些好的贴图复制到【Textures】文件夹中。如果制作的字幕文件在其他计算机上使用，而这个字幕中又包含了特有的贴图，就需要将这个贴图文件也复制到所要使用的计算机上，这样才能够保证字幕在这台计算机上正确显示。

小结

Premiere Pro CC 的字幕窗口为创建字幕提供了高效、灵活的平台。通过字幕窗口，可以快速创建文字、图形对象并进行各项属性的设置，可以使用样式、模板、标志创建字幕，并且能够创建滚动字幕和游动字幕。字幕制作中有许多参数、选项需要设置调整，虽然比较复杂，但基本的或者说常用的参数、选项并不多，读者不必在一些细枝末节上花费过多精力。只要掌握本章所讲实例，在以后的实践中注意积累，就一定会全面掌握字幕制作的功能。通过本章的学习，读者应该掌握字幕的制作方法，并能应用到数字媒体后期编辑中。

习题

一、简答题

1．Premiere 中的字幕设计窗口由哪几部分组成？
2．文字的填充类型有哪些？
3．路径文字和区域文字的区别是什么？

二、操作题

1．应用【填充】、【描边】、【阴影】、【光泽】效果制作字幕标题。
2．为影视节目的结尾制作一段演职人员的滚动字幕。
3．创建一个游动字幕，让其从左边入画，右边出画。

Premiere +After Effects

第 7 章
音频的编辑和控制

音频是一部完整的影视作品中不可或缺的组成部分，声音和视频在影视节目中相辅相成，互为依存。在节目中正确处理与运用音频，既是增强节目真实感的需要，也是增强节目艺术感染力的需要。虽然和专业音频处理软件相比，Premiere Pro CC 在音频处理上略逊一筹，但处理一般影视节目的音频还是游刃有余的。可以调节音频的音量，并通过设置关键帧，使音量随时间的变化而变化。利用音频剪辑混合器，可以混合、调整项目中所有音频轨道上的声音，还可以对各个轨道音频应用效果、声像、平衡或者音量改变等调节。多声轨编辑合成，丰富的音频处理效果，专业的【音频剪辑混合器】面板，通过 Premiere 的 20 多种音频效果，可以对声音进行美化。本章主要介绍音频的输入、调节及音频剪辑混合器的使用。这些都为节目创作提供了有力保证。

【教学目标】

- 了解音频的不同类型。
- 掌握如何通过【音频增益】命令、【效果控件】面板调节音量。
- 掌握【恒定增益】、【恒定放大】音频切换效果的使用。
- 了解【音频剪辑混合器】面板的使用方法。
- 熟悉不同的音频效果。

7.1 导入音频

在将音频素材引入到【时间轴】面板之前，需要设置音频素材使其符合制作要求。Premiere Pro CC 可以在导入音频的过程中统一音频的格式，使导入的音频与项目中的音频设置相匹配。如果项目音频采样率设置为 48kHz，则所有导入音频文件的采样率都将转换为 48kHz。

导入音频的方法如下。

【例 7-1】　导入音频。

（1）将本书素材资源中的"第 7 章"目录复制到本地硬盘上，下面将用到此目录中的文件。

（2）运行 Premiere，打开【新建项目】对话框，选择保存路径，输入文件的名字"t7"，单击 确定 按钮，进入 Premiere 工作界面。

（3）单击【项目】面板下方的新建分类 ■ 按钮，在弹出的下拉菜单中选择【序列】命令，弹出【新建序列】对话框，如图 7-1 所示。

（4）切换到【自定义设置】选项卡，在【常规】分类的【音频】选项组中设置音频的【采样率】为"48000Hz"，【显示格式】为"音频取样"，如图 7-2 所示。

图 7-1　【新建序列】对话框　　　　　　　　　图 7-2　【设置】选项卡

（5）切换到【轨道】选项卡，在【音频】选项组中设置音频轨道。音频轨道按照不同的分类，可以分为不同的类型，如图 7-3 所示。

按照信号的走向和编组功能，可分为普通音频轨道、子混音轨道和主音频轨道。普通音频轨道上包含实际的声音波形。子混音轨道没有实际的声音波形，用于管理混音，统一调整音频效果。主音频轨道相当于音频剪辑混合器的主输出，它汇集所有音频的信号，然后重新分配输出。

从听觉效果上，按照声道的多少划分，音频可分为立体声、5.1、多声道和单声道 4 种类型。无论是普通音频轨道、子混音轨道还是主音频轨道，均可以设置为这 4 种声道的组合形式。

（6）单击 确定 按钮，退出对话框。

（7）在【项目】面板中双击鼠标左键，打开【导入】对话框。选择素材资源文件"第 7 章\素材\音频 1.wav"文件，单击 打开(O) 按钮导入。

（8）在【项目】面板中双击音频，在【源】监视器视图中显示该音频的波形。上下两条波形曲线表示这个音频素材是双声道。单击【源】监视器视图下方的 ▶ 按钮对音频进行播放，如图 7-4 所示。

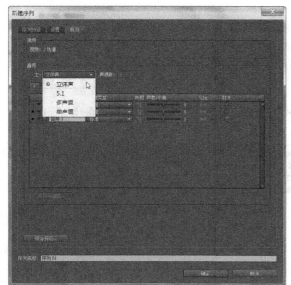

图 7-3　【音频】选项组

图 7-4　音频的波形

要点提示

在【源】监视器视图中播放音频，可以设置音频的出点、入点，然后把出入点之间的音频拖动到【时间轴】面板中，通过这种方法可以不用拖动整段音频。

（9）单击【源】监视器右上方的 ▤ 按钮，打开面板菜单，选择【显示音频时间单位】命令，如图 7-5 所示，把时间显示从标准的时间增量（秒:帧）转换为音频取样数。使时间显示采用音频采样单位以提高编辑精度，切换到显示音频单位可以进行具体到取样的编辑，在这个项目设置中可以 1/48000 秒为基本单位进行编辑，如图 7-6 所示。

虽然以帧为单位也可以进行音频素材编辑，但数字音频并不按帧进行处理，因此往往不能精确编辑，比如要从一句话中的两个单词间断开就很难实现。而以数字音频的采样单位为基础进行编辑，则能够有效地解决问题。但数字音频的采样频率有多种，因此数字音频的采样单位并不固定。

图 7-5　选择【显示音频时间单位】选项

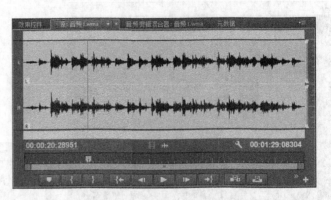

图 7-6　时间显示单位为音频取样数

7.2　声道与音频轨道

　　音频轨道是【时间轴】视图中放置音频素材的轨道，音频素材可以有不同的声道，比如立体声、5.1、多声道和单声道，通过查看音频文件属性就可以看出声道数目。音频素材按声道数目只能放在对应的音频轨道。目前，使用最多的是单声道和立体双声道音频素材，为了方便使用，Premiere Pro CC 提供了相互转换的命令。音频素材声道处理方法如下。

　　【例 7-2】　处理音频素材声道与音频轨道。

　　（1）接例 7-1。在【项目】面板中选择"音频 1.wav"，按住鼠标左键将其拖入【时间轴】面板的【A1】轨。

　　（2）确定在【项目】面板中"音频 1.wav"为选择状态。选择【剪辑】/【音频选项】/【拆分为单声道】命令，将"音频 1.wav"的左右声道分离成两个文件，同时"音频 1.wav"依然保留，如图 7-7 所示。

　　（3）从【项目】面板中，选择"音频 1.wav 左对齐"，按住鼠标左键将其拖入【时间轴】面板的【A2】轨。

　　（4）在【A2】轨道名称右侧空白处双击鼠标左键将

图 7-7　分离出的音频素材

该轨道展开显示并扩大这一音轨，如图 7-8 所示。可以看出这一音轨被设置成单声道，波形曲线也只有一条。

图 7-8　添加分离音频到音频 2 轨道

7.3 音频素材编辑处理

与视频素材编辑基本一样，在【时间轴】视图中经常需要调节音频的音量。Premiere Pro CC 可以通过以下几种方法对音量进行调节。

7.3.1 使用【音频增益】命令调节音量

通过升高或降低音频增益的分贝数，可以调整整段素材的音量。如果素材音量过低，需要升高音频的增益，反之则需要降低音频的增益。在进行数字化采样时，如果素材片段的音频信号设置得太低，则调节增益进行放大处理后，会产生很多噪音。因此，在进行数字化采样时，要设置好硬件的输入级别。

【例 7-3】　使用增益调节音量。

（1）接例 7-2。选择【时间轴】面板的【音频 2】轨道上"音频 1.wav 左对齐"，按键盘上的 Delete 键将其删除。

（2）在【A1】轨道名称右侧空白处双击鼠标左键将该轨道展开显示。选中【音频 1】轨道上"音频 1.wav"，单击鼠标右键，在弹出的快捷菜单中选择【音频增益】命令，打开【音频增益】对话框，如图 7-9 所示。

（3）调整增益值，改变素材的音量。如果设置为"0"，则采用原始素材的音量；设置大于"0"，则提高素材的音量；设置小于"0"，则降低素材的音量。单击【标准化所有峰值为】选项，则系统自动设置素材中的音量放大到系统能产生的最高音量需要的增益。

图 7-9　【音频增益】对话框

（4）单击 确定 按钮关闭对话框。

7.3.2 使用素材关键帧调节音量渐变

音频素材的渐变包括缓入和缓出，缓入就是指声音从无到有，而缓出则正好相反。音频素材的渐变调整，与视频素材的渐变完全一样。但音频素材的渐变处理是对音量增益的调整，因此它的数值可以达到 200%。

使用关键帧可以对音频某部分的音量进行调节，产生渐强和减弱的渐变效果。在【时间轴】面板中通过工具或按 Ctrl 键选择工具创建关键帧改变音量；也可以在【效果控件】面板中通过创建关键帧、改变音频的【音量】效果调节音量。

【例 7-4】　在【时间轴】面板调节音量。

（1）接例 7-3。单击【显示关键帧】按钮，在弹出的下拉菜单中选择【剪辑关键帧】命令，如图 7-10 所示。

（2）将鼠标指针放在【音频 1】轨道的下边缘，向下拖动轨道，调整【音频 1】轨道的高度，以方便在该轨道的素材上创建和调整关键帧，如图 7-11 所示。

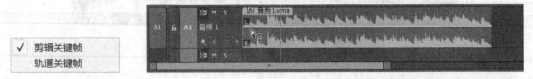

图 7-10　选择【剪辑关键帧】命令　　　　　　　　图 7-11　调整【音频 1】轨道的高度

（3）将鼠标指针悬停在音量电平曲线上（左右声道之间一条黑白色水平细线），直到鼠标指针变成垂直调整工具光标 为止。上下拖动细线可调整音频的音量。

> **要点提示**
>
> 音量增益以 dB 为单位，初始状态是 0 dB。在调整过程中，会在鼠标光标下方出现控制点位置和数值大小显示，以帮助用户实现精确调整。

（4）选择工具栏中的 工具或者按 Ctrl 键选择 工具，在黑白色细线上音频的头帧、尾帧、中间处依次单击 4 次，创建 4 个关键帧，如图 7-12 所示。

图 7-12　创建 4 个关键帧

（5）把开始和结尾处的两个关键帧拖动到音频素材的底部，分别创建声音渐强和渐弱的效果，如图 7-13 所示。

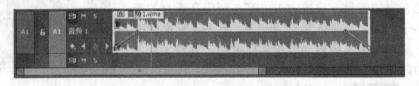

图 7-13　改变关键帧处的音量值

（6）按键盘上的空格键，对音频素材进行播放。

（7）分别选中第 2 个关键帧、第 3 个关键帧，并单击鼠标右键，在弹出的快捷菜单中设置关键帧插值方式为"缓入""缓出"，如图 7-14 所示。

图 7-14　选择关键帧插值方式

（8）再次按空格键，对音频素材进行播放。改变插值方法后的音量变化过渡更加符合人耳的听觉习惯。

要点提示

在【效果控件】面板中同样可以为音量的【级别】参数设置关键帧调节音量，方法和在【时间轴】面板中调节的方法相似，这里就不再赘述。需要注意的是在【效果控件】面板中【音量】效果有一个【旁路】选项，【旁路】可以控制效果的打开与关闭。其参数的使用方法如下。

（9）选中音频素材，打开【效果控件】面板。单击▶图标，展开【音频效果】/【音量】面板，在时间线区域应用到音频素材上的关键帧及插值方法都会显示在【效果控件】面板右侧的【时间轴】面板上，如图 7-15 所示。

（10）在音频素材任何位置勾选【旁路】选项，可以恢复原来的音量，如图 7-16 所示。

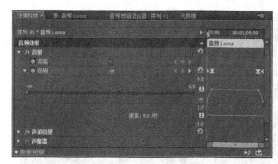

图 7-15　【时间轴】区域

图 7-16　勾选【旁路】复选框

（11）通过关键帧导航器将时间指针移动到第 3 个关键帧处，取消【旁路】复选框的勾选，如图 7-17 所示。

（12）按键盘上的空格键，播放音频素材。由于旁路关键帧的设置，电平参数的第 1 个关键帧不起作用，音量一直保持不变。直到播放到第 3 个关键帧处，音量才出现渐弱的变化。

【音量】效果的参数含义如下。

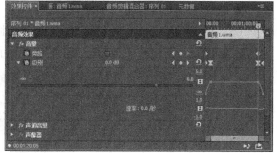

图 7-17　在第 3 个关键帧处关闭旁路

● 【旁路】：这是一个旁通开关，勾选该选项会使效果不起作用。由于可以设置关键帧，因此可以使效果在一段时间内起作用而在另一段时间内不起作用。

● 【级别】：调整音量增益大小，只能通过拖动滑块改变数值。

7.3.3　使用音频过渡

音频过渡，就是指一个音频素材如何逐渐过渡到另一个音频素材。与视频过渡不同，音频过渡只有一种【交叉淡化】方式：一个声音逐渐消失，同时另一个声音逐渐出现。打开【效果】面板，逐级展开【音频过渡】分类夹，就会看到相应的转换效果。

其中【持续声量】过渡以人的听觉规律为基础，产生一种听觉上的线性变化。【恒定功率】过渡被设置为默认转换，因此名称前的图标被加了黄框。而【恒量增益】过渡则采用了简单的数学线性变化。

【指数淡化】过渡位于平滑的对数曲线上方的第一个剪辑，同时自下而上淡入同样位于平滑对数曲线上方的第二个剪辑。通过从【对齐】控件菜单中选择一个选项，可以指定过渡的定位。

【例7-5】 使用音频过渡。

（1）接例7-4。框选【效果控件】面板右侧时间线区域上的所有关键帧，按 Delete 键删除。

（2）切换到【效果】选项卡，在打开的【效果】面板中选择【音频过渡】/【交叉淡化】/【恒定功率】过渡，如图7-18所示。将【恒定功率】过渡拖放到【时间轴】面板音频素材的起始位置处。

（3）双击该素材上添加的【恒定功率】过渡矩形，打开【效果控件】面板。

（4）将【持续时间】设置为"00:00:03:00"，这样可以得到更好的淡入效果，如图 7-19所示。

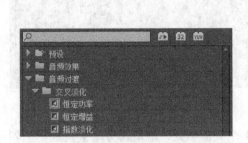

图7-18 选择【恒定增益】过渡　　　　图7-19 【持续时间】参数设置

（5）将【恒定功率】效果拖放到【时间轴】面板音频素材的尾部，设置【持续时间】为"00:00:03:00"，创建淡出效果，如图7-20所示。

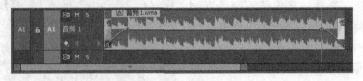

图7-20 尾部添加过渡

（6）按键盘上的空格键，播放素材，可以听到音乐开始出现时音量逐渐增强、结束时音量逐渐减弱的效果。

（7）单击选中"音频1.wav"开头和结尾处的【恒定功率】过渡，分别按键盘上的 Delete 键将其删除。

（8）将【项目】面板中的音频素材"音频2.wav"拖放到【时间轴】面板"音频1.wav"之后的位置，如图7-21所示。

图7-21 拖放音频到【时间轴】面板

（9）选择工具，将"音频 1.wav"的尾部剪裁约 3 秒的长度，把"音频 2.wav"的开始处剪裁约 3 秒的长度。

（10）将【恒定功率】过渡拖放到【时间轴】面板两段音频素材的编辑点处，如图 7-22 所示，设置【持续时间】为"00:00:03:00"。

图 7-22　把效果放在两段音频素材的编辑点处

（11）按键盘上的空格键，播放素材，可以听到声音在编辑点处产生了交叉渐变效果。【效果控件】面板如图 7-23 所示。

要点提示

可以将【恒定增益】效果拖动到音频素材上，取代【恒定功率】效果，如图 7-24 所示。【恒定增益】效果以恒定的速度使音频在素材间切入切出，这种变化效果听起来更为机械。

图 7-23　【效果控件】面板　　　　　　图 7-24　使用【恒定增益】效果

7.3.4　音频的【交叉淡化】过渡

在节目的编辑制作中，有时还会运用这样的表现手法：一个视频画面虽然结束了，但它的声音却延续到了下一个视频画面，或者采用相反的处理。利用【交叉淡化】过渡可以使画面的过渡自然流畅，在视频编辑中起到承上启下的视觉效果。

这两种切换方法都需要解除素材的视音频链接，然后再分别对它们进行编辑。解除视音频之间的链接后，将音频移动到另一个音频轨道中，然后延伸音频部分，进行【交叉淡化】过渡编辑。

解除素材的视音频链接，可以在【时间轴】面板中选中素材，单击鼠标右键，在弹出的快捷菜单中选择【取消链接】命令，如图 7-25 所示。如果需要再次链接视音频，可以配合 Shift 键选中视频音频素材，单击鼠标右键，在弹出的快捷菜单中选择【链接】命令，如图 7-26 所示。

图 7-25　选择【取消链接】命令　　　　图 7-26　选择【链接】命令

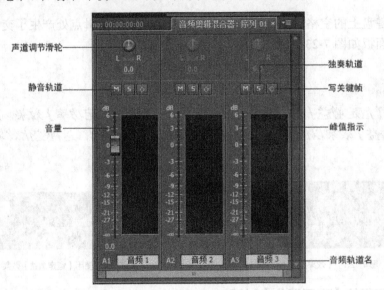

7.4 音频剪辑混合器

Premiere Pro CC 的【音频剪辑混合器】面板模拟传统的音频剪辑混合器，它的结构与功能和传统音频剪辑混合器非常相似，同时又加入了数字音频剪辑混合器的许多新特性。【音频剪辑混合器】面板的每个音频轨道与【时间轴】面板音频轨道一一对应，并能进行单独的控制，如图 7-27 所示。在【音频剪辑混合器】面板中，可以一边听着声音，看着轨道，一边调节音频的电平、声像和平衡，还可以对调节过程进行自动记录。

图 7-27 【音频剪辑混合器】面板

下面对图 7-27 中不太好理解的注释做一下解释。

- 【独奏轨道】：可以使其他音轨静音，仅播放此音轨中的素材。
- 【静音轨道】：可以使此轨中的音频以静音的方式进行播放。
- 【写关键帧】：激活后，对此轨中的关键帧进行录制。
- 【音量】：显示通过声卡输入的声音电平，此时调整音轨电平的推子会消失。
- 【音频轨道名】：对应显示【时间轴】面板中的各音频轨道的名称。

7.4.1 自动化音频控制

使用【音频剪辑混合器】自动模式音频控制，首先介绍两个概念：音量与平衡。

音量又称虚声源或感觉声源，指用两个或者两个以上的音箱进行放音时，听者对声音位置的感觉印象，有时也称这种感觉印象为幻象。使用音量，可以在多声道中，对声音进行定位。

平衡是在多声道之间调节音量，它与声像调节完全不同，音量改变的是声音的空间信息，而平衡改变的是声道之间的相对属性。平衡可以在多声道音频轨道之间重新分配声道中的音频信号。

调节单声道音频，可以调节音量，在左右声道或者多个声道之间定位。例如，一个人的讲话，可以移动声像同人的位置相对应。调节立体声音频时，因为左右声道已经包含了音频信息，所以声像无法移动，调节的是音频左右声道的音量平衡。

在播放音频时，使用【音频剪辑混合器】面板的写关键帧功能，可以将对音量、声像、平衡的调节实时自动地添加到音频轨道中，产生动态的变化效果。

在自动模式的【写关键帧】状态下，记录对音轨播放情况的实时控制，弥补在【时间轴】面板中所做调整不能实时反馈、工作量大的缺点。【音频剪辑混合器】面板中只要有参数变化的项目，都可以实时记录并在【时间轴】面板相应的控制线上显示各个关键帧。当【音频剪辑混合器】面板中的多条音轨都存在音频素材时，一般先进行单条音轨的调整。

【例 7-6】　　使用自动化功能调节轨道音量。

（1）接上例。删除【音频 1】轨道"音频 2.wma"素材文件，确定选中"音频 1.wma"素材。

（2）切换到【音频剪辑混合器】面板，打开【音频剪辑混合器】面板。找到与要调整的【时间轴】面板轨道对应的【音轨 1】轨道。在【音频 1】轨道的顶部单击写关键帧◇按钮。单击【节目】监视器中的▶按钮开始播放。

（3）拖动音量调节▇滑杆改变音量，向上拖动增大音量，向下拖动减少音量。

（4）单击▇按钮停止播放。将时间指针拖动到调整的开始位置，单击▶按钮对音乐进行预览播放，声音音量的变化过程被系统自动记录。

（5）在【时间轴】面板【音频 1】轨道"音频 1.wma"素材上可以看到自动记录的关键帧，如图 7-28 所示。

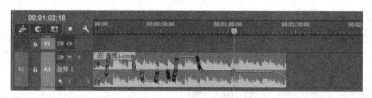

图 7-28　自动记录的关键帧

使用自动控制功能记录声像或平衡的调节，方法如下。

（6）接上例。确定选中"音频 1.wma"素材，切换到【音频剪辑混合器】面板，在【音频 1】轨道的顶部继续单击写关键帧◇按钮。

（7）单击【节目】监视器中的▶按钮播放音频。

（8）将鼠标放在【左/右平衡】▇▇按钮下的 0.0 图标上，这时鼠标光标变为👆手形，左右拖动改变左右平衡参数，也可以在 0.0 图标上直接单击鼠标输入数值进行调整左右平衡。如果导入的是单声道音频，拖动【左/右平衡】按钮下的 0.0 图标可以对音频的声像进行定位。

（9）在【音频剪辑混合器】面板【音频 1】轨道的顶部单击◇按钮停止写关键帧。

（10）单击【节目】监视器中的▇按钮停止播放。将时间指针拖动到调整的开始位置，单击▶按钮对音乐进行预览播放。观看【音频剪辑混合器】面板【音频 1】左右声道的峰值变化，如图 7-29 所示。

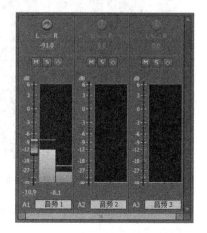

图 7-29　左右声道峰值

7.4.2 创建 5.1 环绕声

5.1 环绕声包括 6 个独立的声道：左、中心、右、左环绕、右环绕及 LFE（Low Frequency Effects）低频效果声道。放音时通过 6 个独立的音箱重放，使人产生身临其境的感觉。5.1 环绕声的放音示意图如图 7-30 所示。5.1 环绕声已被广泛应用于 DVD 视频和影视作品中。

【例 7-7】 建立 5.1 声道。

（1）选择菜单栏【文件】/【新建】/【序列】命令，打开【轨道】标签页，将主音频设置为【5.1】声道模式，如图 7-31 所示。单击 确定 按钮关闭对话框。

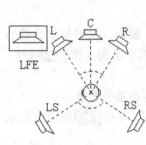

图 7-30 5.1 环绕声的放音　　　　　　　　　图 7-31 设置声道

（2）选择菜单栏【编辑】/【首选项】/【音频】命令，打开【首选项】对话框，如图 7-32 所示。各项设置调节结束后，就可以对 5.1 环绕声的效果进行预览。

（3）单击 确定 按钮退出对话框。在【项目】面板中选择"音频 1"素材，然后选择【剪辑】/【修改】/【音频声道】命令，打开【修改剪辑】对话框，如图 7-33 所示。

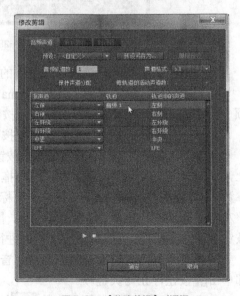

图 7-32 设置 5.1 环绕声　　　　　　　　　图 7-33 【修改剪辑】对话框

（4）在对话框中选择要预览某声道中的音频，然后单击▶按钮或使用■滑块，对 5.1 环绕声的效果进行预览。

（5）单击 确定 按钮退出对话框。

7.5 声音的处理

影片中的声音，包括人声、解说、音响和音乐 4 种类型。

（1）人声。

人声是指画面中出现的人物所发出的声音，分为对白、独白和心声等几种形式。

① 对白也称对话，是指影片中人物相互之间的交谈。对白在人声中占相当的比重，再与人物的表情、动作、音响或音乐配合，使画面的含义突出，外部动作得到扩充，内部动作得到发展。

② 独白，是影片中人物潜在心理活动的表述，它只能采用第一人称。独白常用于人物幻想、回忆或披露自己心中鲜为人知的秘密，它往往起到深化人物思想和情感的作用。

③ 心声，是以画外音形式出现的人物内心活动的自白。心声可以在人物处于运动或静止状态默默思考时使用，或者在出现人物特写时使用。它既可以披露人物发自肺腑的声音，也可以表达人物对往昔的回忆或对未来的憧憬。心声作为人物内心的轨迹，不管是直露的还是含蓄的，都将使画面的表现力丰富厚重，使画面中形象的含糊含义趋于清晰和明朗。运用心声时，应对音调和音量有所控制。情要浓，给观众以情绪上的感染；音要轻，给观众以回味和思索的余地；字要重，给人以真实可信的感觉。

（2）解说。

解说一般采用解说人不出现在画面中的旁白形式。它所起的作用是：强化画面信息；补充说明画面；串联内容、转场；表达某种情绪。解说与画面的配合关系分为三种：声画同步、解说先于画面和解说后于画面。

（3）音响。

音响是指与画面相配合的除人声、解说和音乐以外的声音。音响的作用有助于揭示事物的本质，增加画面的真实感，扩大画面的表现力。音响只能给人以听觉上的感受，只能反映事物的一部分特点，因此它所反映的事物往往是不清晰、不准确的。

音响在运用上，可采用将前一镜头的效果延伸到后一个镜头的延伸法，也可以采用画面上未见发声体而先闻其声的预示法，还可采用强化、夸张某中音响的渲染法，以及不同音响效果的交替混合法。

（4）音乐。

音乐具有丰富的表现功能，是影视影片中不可缺少的重要元素。在影视影片中，音乐不再属于纯音乐范畴，而成了一种既适应画面内容需要，又保留了自身某些特征与规律的影视音乐。音乐的主要作用是：作衬底音乐、段落划分和烘托气氛。

在配乐的过程中，要注意不要只追求音乐的完整、旋律的优美，而游离于主体之外、分散注意力。格调要和谐，调式、风格差别较大的乐曲，不要混杂地用在一起。同时也不要从头到尾反复用一首曲子。不要使用观众广为熟悉的音乐。音乐应与解说、音响在情绪上相配合。音乐不宜太多太满。

在上面的内容中，介绍了影视节目中声音的类别以及处理方法。声音除了与画面的关系外，声音与声音之间的关系，也必然成为不可避免的经常存在的问题。因此，画面在解说、音响、音乐的密切配合下，才能取得完美的艺术效果。如果孤立地去处理解说、音乐效果，那就很容易得不偿失，使得影片杂乱无章。这样既不能反映现实，也不能造成真实的感受。

事实上，我们经常在观看某种东西时，侧耳倾听一个来自别处的声音。或者由于我们过于被某种外相所吸引，以至于不能听到冲向我们耳朵的其他声音。

基于这些理由，在影片中，声音必须像画面一样，经过选择，多种声音必须做统一的考虑和安排。在考虑如何使用各种声音在影片中得到统一的时候，应该认识到：影片中尽管可以容纳多种声音，但在同一时间内，只能突出一种声音。因此统一各种声音，最主要的一点就是要尽可能地不在同一时间使用各种声音，设法使它们在影片中交错开来。总而言之，在影片中的各种声音，要有目标、有变化、有重点地来运用，应当避免声音运用的盲目、单调和重复。当我们运用一种声音时，必须首先肯定用这声音来表现什么，必须了解这种声音表现力的范围，必须考虑声音的背景，必须消除声音的苍白无力、堆砌和不自然的转换，让声音和画面密切结合，发挥声画结合的表现力。

7.6 音频效果简介

音频效果的作用和视频效果一样，主要用来创造特殊的音频效果。Premiere Pro CC 的音频效果采用了 Steinberg 公司的 VST（Virtualstudio Technology）技术，以插件的形式存在。由于 VST 技术的开放性，很多厂商甚至个人开发了许多 VST 插件，有些相当成功且非常实用。在 Premiere Pro CC 中也可以另外加装这些 VST 插件，以使音频效果更加丰富。

音频效果都存放在【效果】面板的【音频效果】分类夹中，如图 7-34 所示。

图 7-34 【音频效果】分类夹

每个音频效果都包含一个旁路选项，随时间的开关可以通过关键帧控制效果。下面对常用的音频效果进行介绍。

1. 多功能延迟

这一效果有 4 个延时单元，因此可以产生 4 个回声效果，参数面板如图 7-35 所示，这一效果各延时单元的参数含义一样，其参数功能如下。

- 【延迟 1】～【延迟 4】：设定原始音频和回声之间的时间间隔，最大值为 2 秒。
- 【反馈 1】～【反馈 4】：设定延迟信号返回后所占的百分比。
- 【级别 1】～【级别 4】：控制每个回声的音量。
- 【混合】：混合调节延迟与非延迟回声的数量。

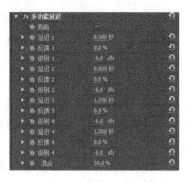

图 7-35　【多功能延迟】效果

2. 多段压限器

这一效果是一种三频段压限器，其中有对应每个频段的控件。在自定义设置中，单击  按钮打开【剪辑效果编辑器】对话框，如图 7-36 所示。在对话框中显示三个频段（低、中、高）。通过调整补偿增益和频率范围所对应的手柄，可以控制每个频段的增益。中频段的手柄确定频段的交叉频率。拖动手柄可调整相应的频率。此效果适用于 5.1、立体声或单声道剪辑。

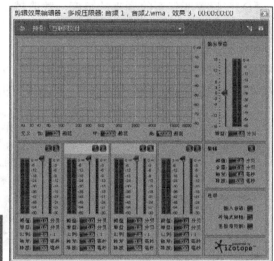

图 7-36　【多段压限器】剪辑效果编辑器

【各个参数】选项组中的常用参数介绍如下。

- 【独奏】：仅播放活动频段。
- 【补偿】：调整声级，以分贝为单位。
- 【频段选择】：选择频段。在图形控件中，单击频段可将其选中。
- 【交叉频率】：为选定频段增加频率范围。
- 【输出】：指定输出增益调整，以便补偿由压缩引起的增益增减。这有助于保留各增益设置的组合。

对每个频段使用以下控件。

- 【阈值 1】～【阈值 3】：指定输入信号必须超过才会调用压缩的电平（-60～0dB）。
- 【比例 1】～【比例 3】：指定压缩比例，最高为 8:1。
- 【触发 1】～【触发 3】：指定压限器响应超过阈值的信号所需的时间（0.1～10 毫秒）。
- 【松开 1】～【松开 3】：指定当信号降到低于阈值时增益恢复到原始电平所需的时间。
- 【多功能延迟效果】：多功能延迟效果为素材中的原始音频添加最多 4 个回声。此效果适用于 5.1、立体声或单声道素材。

- 【延迟1】～【延迟4】：指定原始音频与其回声之间的时间量。最大值为 2 秒。
- 【反馈1】～【反馈4】：指定往回添加到延迟（以创建多个衰减回声）的延迟信号百分比。
- 【级别1】～【级别4】：控制每个回声的音量。
- 【混合】：控制延迟回声和非延迟回声的量。

3. 带通

消除接近指定中心频率的声音，使用该效果可以帮助除去音频素材中的嗡鸣声。参数面板如图 7-37 所示。

- 【中心】：指定要删除的频率。如果要消除
电缆线的嗡嗡声，输入电缆线的频率值。在北美和
日本是 60Hz，在其他国家一般是 50Hz。

- 【Q】：设置要保留的频带的宽度，数值越
小，频带越宽；数值越大，频带越窄。

图 7-37 【带通】效果

4. Analog Delay（模拟延迟）

可模拟老式硬件压限器的声音，独特的选项可应用特性扭曲并调整立体声扩展。在自定义设置中，单击 编辑... 按钮，打开【剪辑效果编辑器】对话框，如图 7-38 所示。

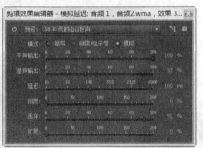

图 7-38 【模拟延迟】剪辑效果编辑器

5. Chorus/Flanger（和声/镶边）

这一效果合并了【和声】和【镶边】两种流行的基于延迟的效果。在自定义设置中，单击 编辑... 按钮，打开【剪辑效果编辑器】对话框，如图 7-39 所示。

图 7-39 【和声/镶边】剪辑效果编辑器

6. Chorus（和声）

这一特效可以在音频剪辑混合器风格的控制面板中，用旋钮控制每个参数，通过添加多个短暂的延迟，模拟许多声音或乐器同时发声，生成丰富而饱满的声音。在自定义设置中，

单击  按钮，打开【剪辑效果编辑器】对话框，如图 7-40 所示。

图 7-40　【Chorus】剪辑效果编辑器

7. Convolution Reverb（卷积混响）

这一特效主要靠一段脉冲信号，在空间中自然混响后，利用卷积算法进行计算而得，理论上可以重新推算出真实环境中声波的传播模式，得到最为自然与真实的混响。在自定义设置中，单击 按钮，打开【剪辑效果编辑器】对话框，如图 7-41 所示。

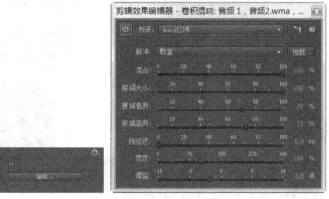

图 7-41　【卷积混响】剪辑效果编辑器

8. DeClicker（去咔哒声）

这一特效可以去除音频素材中的类似"咔哒"的声音，在自定义设置中，单击  按钮，打开【剪辑效果编辑器】对话框，如图 7-42 所示。

图 7-42　【DeClicker】剪辑效果编辑器

9. DeCrackler（去破裂声）

这一效果可以去除音频素材中的破裂音，在自定义设置中，单击 编辑... 按钮，打开【剪辑效果编辑器】对话框，如图 7-43 所示。

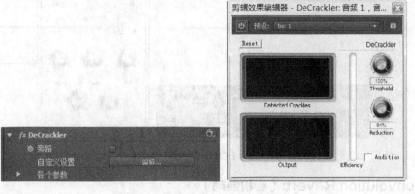

图 7-43 【DeCracker】剪辑效果编辑器

10. DeNoiser（去噪）

在自定义设置中，单击 编辑... 按钮，打开【剪辑效果编辑器】对话框，这一效果可以自动检测模拟音频的磁带噪声并消除，如图 7-44 所示。

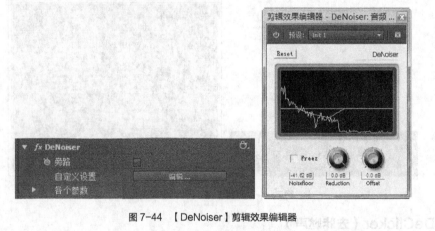

图 7-44 【DeNoiser】剪辑效果编辑器

- 【Freez】：将噪音基线停止在当前位置，控制确定音频消除的噪音。
- 【Noisefloor】：指定音频播放时的噪音基线。
- 【Reduction】：指定消除噪音的数量，范围在 "-20～0dB"。
- 【Offset】：当自动降噪不够充分时，【Offset】选项辅助降噪调整。变化范围为 "-10～+10"。

在频谱图中黄线表示【Noisefloor】，绿线表示【Offset】，灰线表示音频信号频谱。用鼠标单击，显示单位值。

11. Distortion（失真）

这一效果模拟鸣响的汽车扬声器、消音的麦克风或过载的放大器。在自定义设置中，单击 编辑... 按钮，打开【剪辑效果编辑器】对话框，如图 7-45 所示。

- （链接）：在正负图中创建相同的曲线。

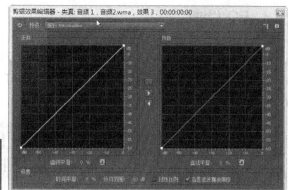

图 7-45　【失真】剪辑效果编辑器

● 正负图：为正负采样值分别指定扭曲曲线。水平标尺（x 轴）表示输入电平（分贝）；垂直标尺（y 轴）表示输出电平。默认对角线描述不扭曲信号，输入和输出值之间为一对一关系。在图上单击并拖动可创建和调整点。将点拖出图形可删除点。

要将一个图复制到另一个图，请单击两者之间的箭头按钮。

● 🔄（重设）：将图形恢复成默认不扭曲状态。

● 【曲线平滑】：在控制点之间创建曲线过渡，有时会产生比默认线性过渡更自然的扭曲。

● 【时间平滑】：确定扭曲对输入电平变化的反应速度。电平测量基于低频分量，创造更柔软的音乐扭曲。

● 【dB 范围】：更改图形的振幅范围，以限制该范围的扭曲。

● 【线性比例】：将图形的振幅比例从对数分贝更改为标准化值。

● 【后置滤波直流偏移】：对扭曲处理引入的任何样本偏移进行补偿。编辑后此类偏移可导致可听见的爆音和咔嗒声。

12. Dynamics（动态）

这一效果分为【AutoGate】、【Compressor】、【Expander】和【Limite】4 个部分，这 4 个部分既可以单独使用，也可以组合在一起使用。勾选每一部分前的复选框，相应部分就有效。该效果还可以突出强的声音，消除噪音。在自定义设置中，单击　　　　　　　　按钮，打开【剪辑效果编辑器】对话框，如图 7-46 所示。

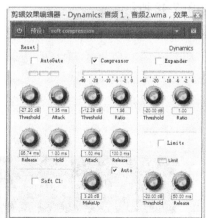

图 7-46　【Dynamics】剪辑效果编辑器

13. EQ（均衡）

这一效果将整个频谱划分为 1 个低频段、3 个中频段和 1 个高频段，以便更精确地调整音频的频率。可以通过旋钮改变参数，也可以在频谱视窗中通过鼠标拖曳的方式进行控制。在自定义设置中，单击████ 编辑... ████按钮，打开【剪辑效果编辑器】对话框，如图 7-47 所示。

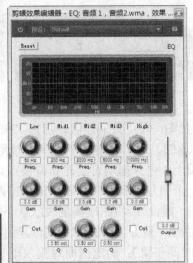

图 7-47 【EQ】剪辑效果编辑器

- 【Freq.】：指定各个频段的频率范围，在 20～2kHz。
- 【Gain】：指定各个频段的增益，在−20～20dB。
- 【Q】：指定每个过滤器波段的宽度，在 0.05～5.0oct。
- 【Cut】：改变过滤器的功能，在搁置和中止间切换。
- 【Output】：指定对【EQ】输出音量的增益控制。

14. Flanger（镶边）

这一效果通过改变声音的相位和延迟来产生变音，可以得到短时间的延迟效果，参数面板如图 7-48 所示。在自定义设置中，单击████ 编辑... ████按钮，打开【剪辑效果编辑器】对话框，如图 7-48 所示。

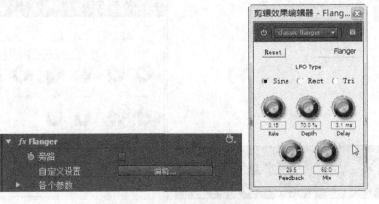

图 7-48 【Flanger】剪辑效果编辑器

15. Guitar Suite（吉他套件）

这一效果可优化和改变吉他音轨声音的处理器。【压限器】可减少动态范围，产生具有更大影响的更紧的声音。【滤波】、【失真】、【放大器】和【混合】可模拟吉他手用来创造有表现力的艺术表演的一般效果。在自定义设置中，单击 ▭ 编辑… ▭ 按钮，打开【剪辑效果编辑器】对话框，这一效果如图 7-49 所示。

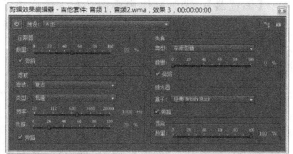

图 7-49 【吉他套件】剪辑效果编辑器

16. Mastering（母带处理）

母带处理描述优化特定介质（如电台、视频、CD 或 Web）音频文件的完整过程。在对音频进行母带处理之前，请考虑目标介质的要求。例如，如果目标是 Web，文件可能在低音重现较差的计算机扬声器上播放。要进行补偿，可以在母带处理过程的均衡阶段中增强低频。在自定义设置中，单击 ▭ 编辑… ▭ 按钮，打开【剪辑效果编辑器】对话框，这一效果如图 7-50 所示。

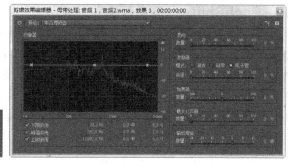

图 7-50 【母带处理】剪辑效果编辑器

- 【均衡器】：调整总体音调平衡。
- 【图形】：沿水平标尺（x 轴）显示频率，沿垂直标尺（y 轴）显示振幅，曲线表示特定频率的振幅变化。图形中的频率范围从最低到最高为对数形式（用八度音阶均匀隔开）。在图中拖动控制点以便直观地调整下面的设置。
- 【下限启用】和【上限启用】：激活频谱两端的滤波限制。
- 【峰值启用】：激活频谱中心的峰值滤波器。
- 【HZ】：表示每个频段的中心频率。
- 【dB】：表示每个频段的电平。
- 【Q】：控制受影响的频段的宽度。低 Q 值（最大为 3）可影响较大范围的频率，最适合整体音频增强。高 Q 值（6～12）影响非常窄的频段，适合于去除特定的有问题的频率，如 60Hz 嗡嗡声。

- 【混响】：添加环境。拖动"量"滑块以更改原始声音与混响声音的比率。
- 【激励器】：增大高频谐波，以增加清脆度和清晰度。"模式"选项包括用于实现轻度扭曲的"复古"、用于实现明亮音调的"磁带"以及用于实现快速动态响应的"电子管"。拖动"量"滑块以调整处理级别。
- 【加宽器】：调整立体声声像（对于单声道音频禁用）。向左拖动"宽度"滑块可以使声像变窄并增强中心焦点。向右拖动滑块可以扩展声像并增强各种声音的空间布局。
- 【最大化声音】：应用可减少动态范围的限制器，提升感知级别。设置为 0% 可反映原始级别；设置为 100% 应用最大限制。
- 【输出增益】：确定处理之后的输出电平。例如，要对会减少整体音量的 EQ 调整进行补偿，应增强输出增益。

17. 低通

这一效果用于消除高于设定频率的声音。参数面板如图 7-51 所示。

- 【屏蔽度】：设置设定频率。

18. 低音

这一效果仅处理 200 Hz 以下的频率，可以增加或减少低频效果，参数面板如图 7-52 所示。

图 7-51 【低通】效果

图 7-52 【低音】效果

19. PitchShifter（音高调整）

这一效果可以调整音频素材的音高，起到强化高音或低音的效果，在自定义设置中，单击 _____ 编辑... _____ 按钮，打开【剪辑效果编辑器】对话框，参数面板如图 7-53 所示。

- 【Pitch】：指定音调改变的半音程，调整范围在 −12～12 之间。
- 【Fine Tune】：指定音调改变半音程之间的微调。
- 【Formant Preserve】：控制变调时音频共振峰的变化。例如，升高一个人的音调，通过此项可防止出现类似卡通片人物的声音。

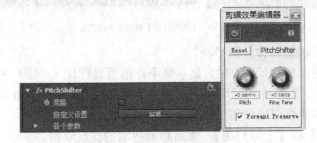

图 7-53 【Pitchshifter】剪辑效果编辑器

20. Reverb（混响）

这一效果可以使音频产生混响效果，以添加环境感，模拟各种空间内部的音频混响情况，在自定义设置中，单击 _____ 编辑... _____ 按钮，打开【剪辑效果编辑器】对话框，参数面板如图 7-54 所示。

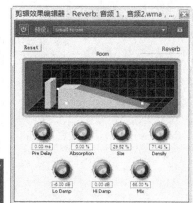

图 7-54　【Reverb】剪辑效果编辑器

- 【Pre Delay】：预延迟，指定原始信号与混响信号之间的延迟时间。
- 【Absorption】：设置声音信号被吸收的百分比。
- 【Size】：以百分比的形式设定房间大小。
- 【Density】：设定混响结束时的密度。
- 【Lo Damp】：以分贝（dB）为单位，指定低频的衰减，防止混响出现"隆隆声"或者听上去很浑浊。
- 【Hi Damp】：为分贝（dB）为单位，指定高频的衰减，使声音听起来比较柔和。

21. 平衡

这一效果改变立体声中左右声道的音量。正值表示增大右声道的音量，减少左声道的音量；负值表示增大左声道的音量，减少右声道的音量，参数面板如图 7-55 所示。

图 7-55　【平衡】效果

22. Single-bend Compressor（单段压限器）

这一效果是对整个信号进行动态处理，而不对频率进行分段处理。在自定义设置中，单击  按钮，打开【剪辑效果编辑器】对话框，如图 7-56 所示。

图 7-56　【单段压限器】剪辑效果编辑器

23. Spectral NoiseReduction（频谱降噪）

这一效果使用特殊的算法来消除素材片段中的噪声，在自定义设置中，单击  按钮，打开【剪辑效果编辑器】对话框，参数面板如图 7-57 所示。

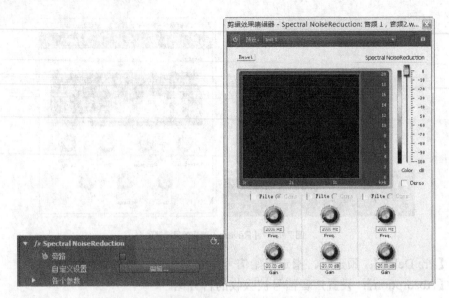

图 7-57　【Spectral NoiseReduction】剪辑效果编辑器

24. Surround Reverb（环绕声混响）

这一效果可重现从衣柜到音乐厅的各种空间。它基于卷积的混响，使用脉冲文件模拟声学空间，结果难以置信地真实和栩栩如生。脉冲文件的源包括录制的环境空间的音频，或在线提供的脉冲集合。为获得最佳结果，脉冲文件应解压缩成与当前音频文件的采样率匹配的 16 位或 32 位文件，脉冲长度不应超过 30 秒。对于声音设计，可尝试各种源音频来生成独特的基于卷积的效果。这一效果在自定义设置中，单击 ███████ 编辑… ███████ 按钮，打开【剪辑效果编辑器】对话框，如图 7-58 所示。

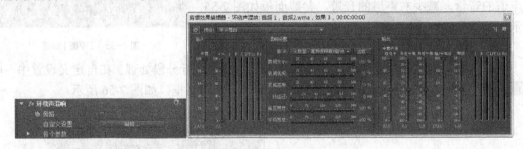

图 7-58　【环绕声混响】剪辑效果编辑器

 要点提示

由于卷积混响需要大量处理，因此在较慢的系统上预览时可能会听到咔嗒声或爆音。在应用效果之后，这些失真会消失。

25. Tube-modeled Compressor（电子管压限器）

通过增加柔和声音的电平并降低响亮声音的电平来平衡动态范围，从而在剪辑的整个持续时间内创建一致的电平。在自定义设置中，单击 ███████ 编辑… ███████ 按钮，打开【剪辑效果编辑器】对话框，这一效果如图 7-59 所示。

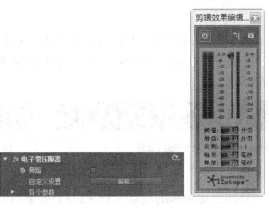

图 7-59　【电子管压限器】剪辑效果编辑器

- 　【阈值】：设置信号必须超过才会调用压缩的电平（−60～0dB）。低于此阈值的电平将不受影响。
- 　【增益】：调整压限器的输出水平（−6～0dB）以补偿由压缩引起的增益损失。
- 　【比例】：设置应用压缩的比例，最高为 8:1。例如，如果比例为 5:1，则输入电平增加 5 dB，输出仅增加 1 dB。
- 　【触发】：设置压限器响应超过阈值的信号所需的时间（0.1～100 毫秒）。
- 　【释放】：指定当信号降到低于阈值时增益恢复到原始电平所需的时间（10～500毫秒）。

26.　Vocal Enhancer（人声增强）

这一效果可快速改善旁白录音的质量。【男性】和【女性】模式可自动减少丝丝声和爆破音以及抓握麦克风的噪音（如很低的隆隆声）。这些模式还应用麦克风建模和压缩来为人声提供特有的电台声音。【音乐】模式可优化音轨以便它们能更好地补充旁白。在自定义设置中，单击 编辑... 按钮，打开【剪辑效果编辑器】对话框，这一效果如图 7-60所示。

图 7-60　【人声增强】剪辑效果编辑器

- 　男性：优化男声的音频。
- 　女性：优化女声的音频。
- 　音乐：对音乐或背景音频应用压缩和均衡。

27.　静音

这一效果又称无声，是一种具有积极意义的表现手段。参数面板如图 7-61 所示。

图 7-61　【静音】效果

28.　使用右声道与使用左声道

【使用右声道】效果可以将音频素材的左声道信号复制到右声道，剔除原来右声道的信号。【使用左声道】效果可以将音频素材的右声道信号复制到左声道，剔除原来左声道的信号。参数面板如图 7-62 所示。

29. 互换声道

这一效果可以交换立体声的左、右声道，主要用于纠正录制时连线错误造成的声道反转。当视频画面采用了水平反转处理时，也可采用这一效果，以保证声源位置与画面主体位置的一致，参数面板如图 7-63 所示。

图 7-62　【使用右声道】与【使用左声道】效果　　　　　图 7-63　【互换声道】效果

30. 参数均衡

这一效果可以提升或衰减指定频率的增益，与【EQ】效果类似，但更简单，参数面板如图 7-64 所示。

- 【中心】：设定调整范围的中心频率。
- 【Q】：设定频率调节范围。数值越小，产生的波段越窄；数值越大，产生的波段越宽。
- 【提升】：设定 Q 值频率范围内声音增强或衰减的程度。

31. 反转

这一效果将信号波形的上半周和下半周互换，也就是反转相位。参数面板如图 7-65 所示。

图 7-64　【参数均衡】效果　　　　　　　　图 7-65　【反转】效果

32. 声道音量

以分贝（dB）为单位，单独控制立体声、5.1 声道声音中每个声道的音量。参数面板如图 7-66 所示。

33. 延迟

这一效果通过精确控制音频的延时，从而产生回声效果，参数面板如图 7-67 所示。

- 【延迟】：设定时间延时量。
- 【反馈】：设定有多少延时音频被反馈到原始音频中。
- 【混合】：设定原始音频与延时音频之间的混合比例。要想取得较好的效果，通常该值可设为 50%。

图 7-66　【声道音量】效果　　　　　　　　图 7-67　【延迟】效果

34. 消除齿音

这一效果可以消除语音中发出的"嗞嗞"声，它在发字母"S"和"T"音时很容易出现，在自定义设置中，单击　　　编辑…　　　按钮，打开【剪辑效果编辑器】对话框，参数面板如图 7-68 所示。

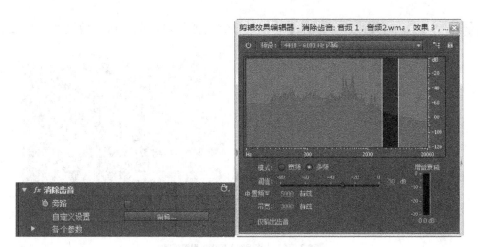

图 7-68　【消除齿音】剪辑效果编辑器

35. 消除嗡嗡声

这一效果可以消除交流电产生的"嗡嗡"声，也就是俗称的交流声，在自定义设置中，单击 编辑... 按钮，打开【剪辑效果编辑器】对话框，参数面板如图 7-69 所示。

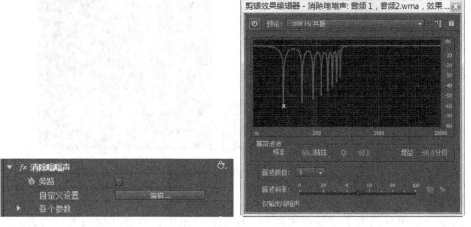

图 7-69　【消除嗡嗡声】剪辑效果编辑器

36. 消频

这一效果删除接近指定中心的频率，参数面板如图 7-70 所示。

●　【中心】：指定要删除的频率。如果要消除电力线的嗡嗡声，输入一个与录制素材地点的电力系统使用的电力线频率匹配的值即可。

图 7-70　【消频】效果

37. Phaser（移相器）

这一效果将音频某部分频率的相位发生反转，并与原音频混合。在自定义设置中，单击 编辑... 按钮，打开【剪辑效果编辑器】对话框，参数面板如图 7-71 所示。

38. 雷达响度计

雷达响度探测计增效工具提供有关峰值、平均和范围级别的信息。【响度历史记录】、【瞬时响度】、【真正峰值级别】以及灵活的描述符组合起来为你在单个视图中提供了响度概览。【雷达】扫描视图同样可供使用，它提供了响度随时间而变化的极佳视图。在自定义设置中，

单击 编辑… 按钮，打开【剪辑效果编辑器】对话框，这一效果如图 7-72 所示。

图 7-71 【移相器】剪辑效果编辑器

图 7-72 【雷达响度计】剪辑效果编辑器

39. 音量

使用这一效果只是为了调整使用顺序，比如将音量调整放在其他效果的后面，因为固定效果总是最先应用，参数面板如图 7-73 所示。

40. 高通

【高通】效果可以将低频部分从音频中滤除，参数面板如图 7-74 所示。

41. 高音

仅处理 4000Hz 以上的频率，可以增加和减少高频效果，参数面板如图 7-75 所示。

图 7-73 【音量】效果　　　　图 7-74 【高通】效果　　　　图 7-75 【高音】效果

另外，当素材导入到【节目】监视器视窗后，如果素材包含音频或本身就是音频素材，可以选择【剪辑】/【音频选项】/【音频增益】命令，打开【音频增益】对话框，如图 7-76 所示，对音频信号进行标准化处理。所谓标准化处理就是将所选择素材中音频信号的最大振幅设为 100%（0dB），然后将其他的部分根据标准化数值进行相应变化。对【时间轴】面板中的音频素材，也可以直接使用这一命令进行标准化处理。

　　以上简要介绍了常见的音频效果。除了【平衡】、【音量】效果外，大多数音频效果可为音频素材添加，也可以在音频剪辑混合器中为音频轨道添加。因为轨道声像和音量这两个基本属性，可以在音频剪辑混合器上分别通过声像/平衡控制旋钮和音量滑块进行调节。

图 7-76　【音频增益】对话框

小结

　　这一章我们讲述了音频素材的剪辑和组接处理，各种音频效果的具体调整和作用，以及【音频剪辑混合器】面板的使用。从技术上看，音频素材的处理与视频素材的处理基本一致。因此有了前面的学习基础，掌握这一章的内容比较容易。但对于许多音频专业术语，读者会感到比较陌生，因为从翻译的角度讲，有些约定俗成的叫法并不准确，所以读者重点在于理解它们的含义与用途，对名称不必细究。通过本章的学习，读者应该掌握音量的常用调节和音频剪辑混合器的使用方法，对各种音频效果应该有基本的了解。

习题

一、简答题

1. 如何实现音频的淡入淡出？请说出 3 种方法。
2. 应该如何选择音频剪辑混合器的自动控制选项？
3. 对音频素材应用效果和对音频轨道应用效果有什么区别？
4. 声像和平衡有什么区别？

二、操作题

1. 为一段视频素材添加背景音乐，实现背景音乐的淡入淡出效果。
2. 选择一段音频素材，制作回声效果。

第 3 部分
数字合成技术

8

Chapter

第 8 章
After Effects 基本操作

After Effects 是由 Adobe 公司推出的一款专业视频后期合成软件。因其整合了二维与三维制作方式，专注于影视后期合成、动画创作和特效编辑，可以满足创作者制作高品质的动画与合成特效的需求，因此被广泛应用于电影、电视、多媒体、网络视频等视频编创行业中，是视频创作者进行艺术创作的重要工具。

历经多个版本的升级进化，如今的 After Effects 可以与 Adobe 系列产品如 Premiere、Photoshop 等实现适时的高度整合。在操作方式、制作流程、创作环境等方面进一步提升了用户的使用体验，并且提供了更高效的使用设计和丰富多样的输出支持。

本章通过创建一个 After Effects 项目文件来介绍 After Effects 的基本操作。通过本章的内容，读者可以对 After Effects 的用户界面有一个初步的了解，并能够熟悉软件的工作区如【项目】面板、【合成】面板、【时间轴】面板的功能，以及图像合成和图层的创建方法。

【教学目标】
- 了解 After Effects 的用户界面。
- 掌握创建自定义工作区的方法。
- 掌握图像合成和图层的创建方法。
- 了解图层的工作原理。
- 掌握图层混合模式的设置方法。

8.1　用户界面

运行 After Effects 后，可以看到 After Effects 的用户界面，如图 8-1 所示。

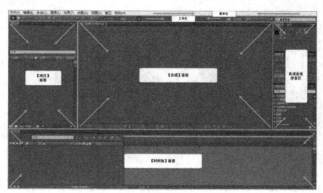

图 8-1　After Effects 的用户界面

8.1.1　工作区简介

After Effects 整个用户界面大体分为 3 大部分：菜单栏、工具栏和工作区面板。其中工作区主要由【项目】面板、【合成】面板、【时间轴】面板、选项面板停靠区组成。

（1）菜单栏：After Effects 的绝大部分操作都可以通过菜单命令实现，其菜单栏如图 8-2 所示。

文件(F)　编辑(E)　合成(C)　图层(L)　效果(T)　动画(A)　视图(V)　窗口　帮助(H)

图 8-2　After Effects 的菜单栏

（2）工具栏：工具栏又称为"工具"面板，在新版 After Effects 中，"工具"面板可以跨应用程序窗口的顶层显示为工具栏或者显示为正常的可停靠面板。工具栏中所包含的工具，如"选取工具""手形工具""钢笔工具"等，如图 8-3 所示，是 After Effects 中最常用的工具，应用这些工具可以完成对素材、合成的很多编辑，方便快捷，我们将在以后的教程中详细讲解这些工具的使用。

图 8-3　After Effects 的工具栏

（3）【项目】面板：【项目】面板一般位于用户界面左上角，在此面板中，可以存放制作中所需的视频剪辑、声音剪辑、图像、合成等，并且会将所包含素材的文件属性、存储位置等信息以清晰易读的形式罗列出来，以方便工作中随时调用，如图 8-4 所示。

（4）【合成】面板：【合成】面板一般位于【项目】面板右侧，在此面板中，既可以预览时间轴上的合成影像，还可以安排图层位置等合成属性，如图 8-5 所示。

（5）【时间轴】面板：【时间轴】面板位于界面最下方，在此面板中素材以图层形式存放，并且以时间为基础进行操作，用以控制素材的时间位置、时间长度、叠加方式等。另外，还可以对素材所需的特效、动画进行便捷的调整和控制，如图 8-6 所示。

图 8-4 【项目】面板

图 8-5 【合成】面板

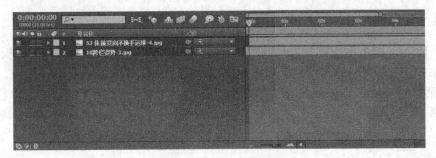

图 8-6 【时间轴】面板

（6）选项面板停靠区位于【合成】面板右侧，在此区域中，停靠着涉及高级操作属性的选项面板，如图 8-7 所示。

图 8-7 选项面板停靠区

8.1.2 定制工作区

根据用户不同的操作习惯和使用需要，After Effects 提供了多种工作区组合选项。在面板停靠区上方的【工作区】下拉列表中，如图 8-8 所示，预设了 9 种工作区设置，用户可以方便地选择适合自己的工作区设置。

不仅如此，After Effects 还支持用户根据自己的独特需要，自行安排工作区的设定。

在任意一个面板标题栏左侧的■控制拉手处按住鼠标左键，并拖曳鼠标指针到另一个面板的上方，将出现蓝色的色块。移动鼠标指针，色块会跟随移动，提示将来面板的叠加方式或排列位置，释放鼠标之后，就会按照色块所决定的方式来排列面板。相关操作如下。

（1）将一个面板拖曳到另一个面板的中心位置，可以将两个面板以前后标签切换的方式叠加面板组，如图 8-9 所示。

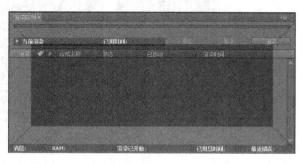

图 8-8　工作区预置菜单　　　　　　　　　图 8-9　叠加面板组

（2）将一个面板拖曳到另一个面板的上方或下方位置，可以将这个面板排列于目标面板的上方或下方，如图 8-10 所示。

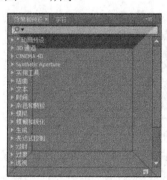
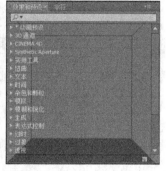

图 8-10　排列面板组

（3）将一个面板拖曳到另一个面板的左右两方的位置，将在目标面板的左边或者右边添加一个新的栏，用以并列放置两个面板，如图 8-11 所示。

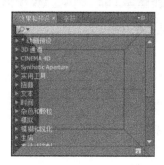

图 8-11　并排面板组

（4）将一个面板拖曳到另一个面板的最右侧，会在目标面板的右边出现绿色的窄条，将会在面板右侧新建一个完整的位置用以安放移动的这个面板，如图 8-12 所示。

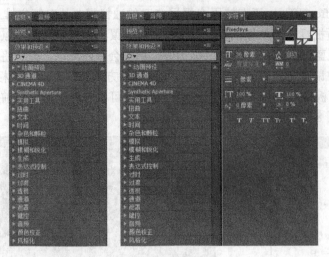

图 8-12　扩展新面板位置

如果希望改变 After Effects 的界面外观，可以选择【编辑】/【首选项】/【外观】菜单命令，在【亮度】栏的水平尺上拖动游标，自定义 After Effects 的界面颜色，调向左侧为暗色，调向右侧为亮色，如图 8-13 所示。

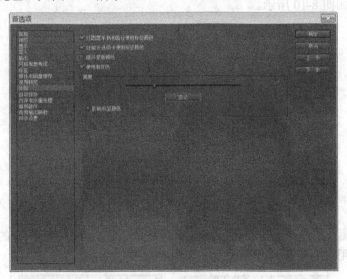

图 8-13　调整用户界面亮度

8.2　项目的创建与编辑

启动 After Effects 之后，会自动建立一个新项目，也可以选择【文件】/【新建】/【新建项目】菜单命令来创建一个新项目。

8.2.1 项目基本设置

在每次工作前，要根据工作需要对项目进行一些常规性的设置。选择【文件】/【项目设置】菜单命令，在弹出的【项目设置】对话框内进行具体设置，如图 8-14 所示。

1.【时间显示样式】选项组

在【时间显示样式】选项组中，可以对制作节目所使用的时间基准和帧数进行设置。

● 【时间码】：用于决定时间位置的基准。一般情况下，电影胶片选择 24fps，PAL 制视频选择 25fps，NTSC制视频选择 30fps。

● 【帧数】：显示帧数，而不是时间。为方便起见，当你执行将与基于帧的应用程序或格式（如 Flash 或 SWF）结合的工作时，请使用此设置。要使用"帧数"，请选择"帧数"并取消选择"英尺数 + 帧数"。

● 【使用英尺数+帧数】：显示胶片的英尺数以及帧数（不足一英尺用帧数表示，对于 16 毫米或 35 毫米胶片）。要使用"英尺数 + 帧数"，请选择"帧数"并选择"英尺数 + 帧数"。

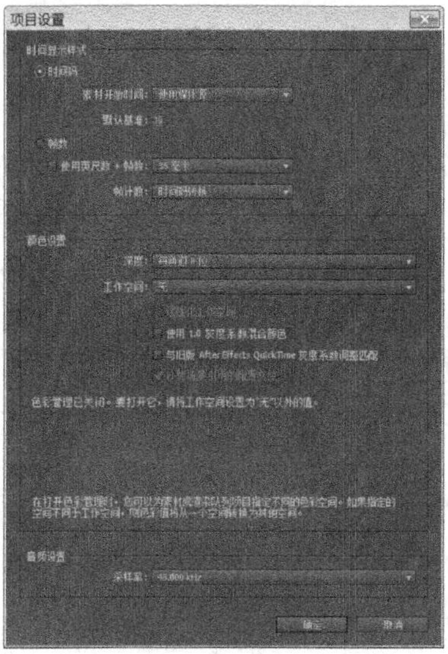

图 8-14 【项目设置】对话框

● 【帧计数】：确定"帧数"的时间显示样式的起始数。其中，【时间码转换】项目的时间码值用于起始数（如果项目有源时间码）。如果没有时间码值，计数将从零开始。"时间码转换"会导致 After Effects 表现为像在以前版本中那样，其中所有资源的帧计数和时间码计数在数学上都是等价的。【开始位置 0】帧的计数始于 0。【开始位置 1】帧的计数始于 1。

2.【颜色设置】选项组

【颜色设置】选项组用于设置当前项目所使用的颜色深度和颜色工作空间。

● 【深度】：用于设置项目中所使用的颜色深度。通常情况下使用每通道 8 位（8bit）颜色深度进行工作；当使用每通道 16 位（16bit）颜色深度项目工作时，导入每通道 16 位（16bit）的颜色图像进行高品质的影像处理。这对处理电影胶片和高清度电视影片是非常重要的。当图像在每通道 16 位（16bit）模式下导入每通道 8 位（8bit）的颜色图像进行一些特效处理时，会导致一些细节的损失，系统将会在其特效控制对话框中显示警告标志。

● 【工作空间】：工作空间是一种用于定义和编辑 After Effects 工作过程中的颜色模型空间。每个颜色模型都有一个与其关联的工作空间配置文件。工作空间配置文件的作用是使用相关颜色模型来配置项目的颜色范围。例如，如果 Adobe RGB（1998）是当前的 RGB 工作空间配置文件，那么当前项目中的所有颜色将使用 Adobe RGB（1998）色域内的颜色。

3.【音频设置】选项组

【音频设置】选项组用于设置在当前项目中所有声音素材的声音质量。取样速率越高声音的质量就越好，占用的存储空间也越大。

【采样率】：由于目前多数电视台播出时采用单声道电视伴音信号，一般将【采样率】设置为 22.050kHz 即可满足要求。某些节目对伴音质量的要求非常高，往往使用高保真立体声音频信号与视频相配，则需要以 44.100kHz 的频率采样。一般情况下，只需要将【采样率】设置为 22.050kHz 就可以了。

8.2.2 在项目中导入素材

在开始一个新项目之后，首先需要将所需的素材导入【项目】面板，可以通过以下几种方式打开如图 8-15 所示的【导入文件】对话框，导入素材文件。

- 在【项目】面板中单击鼠标右键，选择【导入】/【文件】菜单命令。
- 在【项目】面板中双击。
- 导入多个文件：在【项目】面板中单击鼠标右键，选择【导入】/【多个文件】菜单命令。或者在计算机文件夹中选中所需素材直接将其拖入【项目】面板。在默认情况下多个文件导入时，图片根据命名按序列导入，若按住 Alt 键拖曳文件夹则以文件夹方式导入。

图 8-15 导入素材

8.2.3 导入序列图片

序列文件是一种非常重要的素材来源，它由若干幅按序排列的图片组成，记录了活动影像，每一幅代表一帧。选择【文件】/【导入】/【文件】菜单命令，打开【导入文件】对话框，如图 8-16 所示。选中序列的第一个文件即可，注意要勾选【JPEG 序列】复选框。

 要点提示

在 After Effects 中可以直接导入 Premiere 的项目文件，系统会为它自动建立一个图像合成，以图层的形式包含 Premiere 的全部片段，并在【项目】面板中产生一个子文件夹；如果 Premiere 项目中含有文件夹，则以子文件夹的形式出现。

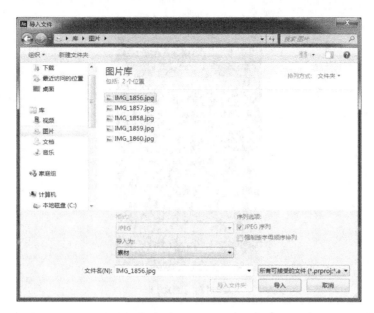

图 8-16　导入图片序列

8.2.4　在【项目】面板中管理素材

在 After Effects 中，可以通过在【项目】面板中建立文件夹管理素材，并且新建的文件夹只存在于该项目中，并不在磁盘上建立目录，方法如下。

- 单击【项目】面板，使其处于激活状态，选择【文件】/【新建】/【新建文件夹】菜单命令，建立一个新文件夹，把相关素材拖曳至该文件夹即可。
- 单击【项目】面板下方的██按钮建立一个新文件夹。
- 直接通过素材建立文件夹，选中一个或多个素材，将其拖曳至██按钮上并释放鼠标，素材自动存放到新建的文件夹中。

删除素材的操作方法如下。

- 在【项目】面板中选中素材或图像合成，选择【编辑】/【清除】菜单命令可以将其删除。
- 选择【文件】/【整理工程（文件）】/【删除未用过的素材】菜单命令可以将【项目】面板中所有未使用过的素材全部删除。

> 在【项目】面板中如果删除正在图像合成中使用的素材，那么该素材也会在图像合成中被删除。

查找和替换素材的操作方法如下。

- 选择【文件】/【查找】菜单命令，在【项目】面板的查找框中输入所要查找的内容信息，如图 8-17 所示。
- 在 After Effects 中可以使用一个素材对另一个素材进行替换，在被替换的素材上添加的所有操作将继承在新素材上。选中要替换的素材，选择【文件】/【替换素材】/【文件】菜单命令，选择用于替换的新素材，单击 █ 导入 █ 按钮打开。

图 8-17　【查找】框

● 替换层素材：在【时间轴】面板中选择需要替换的图层，然后在【项目】面板中选择用于替换的新素材，按住 Alt 键，将其拖曳到所选图层。

　　在 After Effects 中可以使用一个静态的图片代替实际的素材进行工作，并对其进行编辑，该素材称为占位符。在找到实际素材后可以置换占位符，对占位符的一切操作全部转移到实际素材上。

　　After Effects 允许用低分辨率的图片代替高分辨率的素材进行工作，然后用高分辨率的素材替换，输出成片。这就是代理的概念，它可以大大提高工作效率。代理素材的宽高比应与实际素材相同，如果不同的话将会大大增加其缩放过程。同时，在制作过程中，随时可以在二者间进行切换。

8.3　图像合成

　　要在 After Effects 中后期合成操作，首先要建立一个图像合成。图像合成以时间和图层的概念进行工作。它可以有任意多个图层，还可以将一个图像合成添加到另一个图像合成中作为图层来使用。对图像合成施加的有关时间和图层的操作，一般在【时间轴】面板、【图层】面板以及【合成】面板中进行。After Effects 允许一个项目中同时运行若干个图像合成。每个图像合成独立工作，各个合成之间又可以进行嵌套使用。

8.3.1　新建合成

　　建立图像合成的相关操作步骤如下。

　　【例 8-1】　建立图像合成。

　　（1）运行 After Effects，自动建立新项目文件，选择【文件】/【另存为】菜单命令，弹出【另存为】对话框，在对话框中为该项目命名并保存到指定位置，如图 8-18 所示。

（2）选择【合成】/【新建合成】菜单命令，建立新的图像合成，在弹出的【合成设置】对话框中对图像合成的相关属性进行设置，图 8-19 中新建的合成是 PAL 制的图形合成，长度为 30 秒。

图 8-18　保存当前项目

图 8-19　【合成设置】对话框

8.3.2　改变合成设定值

在影像编辑工作中需要涉及多种类型的素材，所以在新建合成之初，要根据实际需要对合成的基本属性进行设定。

【例 8-2】　对合成的基本属性进行设定。

（1）首先在【合成设置】对话框的【基本】选项卡中进行设置。

- 【合成名称】：为合成组命名时应该使用简短、易懂的命名方法。
- 【预设】：在其下拉列表中选择预设的影片设置。Adobe 提供了 NTSC、PAL 制式标准电视规格，以及 HDTV（高清电视）和 Film（胶片）等常用的影片格式，也可以选择【自定义】来自定义影片格式。
- 【宽度】/【高度】：用于设置图像合成的大小。After Effects 以素材的原始尺寸将其导入系统，为此，图像【合成】面板分成显示区域和和操作区域。前者即图像合成的大小，系统只播放在显示区域内的影片，可以通过操作区域对素材进行缩放、移动等操作。After Effects 支持从 4×4 像素到 30000×30000 像素的帧尺寸，激活数值框右方的【锁定长宽比为 4:3】选项可以按比例锁定帧的尺寸宽高比。
- 【像素长宽比】：用于设置图像合成的像素宽高比，可以在其下拉列表中选择预置的像素宽高比。
- 【帧速率】：用于设置图像合成的帧速率。
- 【分辨率】：以"像素"为单位决定了图像的大小，它将影响图像合成的渲染质量，分辨率越高质量越好。其下拉列表中各选项意义如下。

【完整】：渲染图像合成中的每一个像素，质量最好，渲染时间最长。

【二分之一】：渲染图像中的 1/4 像素，即图像横的一半和纵的一半，时间约为全屏的 1/4。

【三分之一】：渲染图像合成中的 1/9 像素，时间约为全屏的 1/9。

【四分之一】：渲染合成图象中的 1/16 像素，时间约为全屏的 1/16。

【自定义】：自己制定分辨率，看一下图像在不同分辨率下的效果。

● 【开始时间码】：设置图像合成的开始时间码，时间码由 4 组数字组成，分别代表小时、分钟、秒数、帧数。

● 【持续时间】：设置图像合成的持续时间长度。

（2）切换到【高级】选项卡进行设置，如图 8-20 所示。

● 【锚点】：该项用于设置图像合成的轴心点，当需要修改图像合成尺寸时，轴心点的位置决定了如何显示图像合成中的影片。

● 【渲染器】：该项用于设置 After Effects 在进行三维渲染时所使用的渲染引擎。

● 【在嵌套时或在渲染队列中，保留帧速率】：勾选该复选框，则当前图像合成嵌套到另一个图像合成中后，仍然使用自己的帧速率；不勾选该复选框，则使用嵌套后的新图像合成的帧速率。

● 【在嵌套时保留分辨率】：勾选该复选框，则当前图像合成嵌套到另一个图像合成中后，仍使用自己的分辨率，否则就使用新图像合成的分辨率。

● 【快门角度】：用于设置当打开运动模糊效果后模糊量的强度。

图 8-20 【合成设置】对话框的【高级】选项卡

● 【快门相位】：用于设置运动模糊的方向。

（3）设置完毕后，单击 确定 按钮退出对话框，在【项目】面板中出现一个新的图像合成以及与其相对应的【时间轴】面板，如图 8-21 所示。

图 8-21 【项目】面板和【时间轴】面板

（4）在新建合成完成后，仍然可以随时修改其设置。选择【合成】/【合成设置】菜单命令，如图 8-22 所示，再次打开【合成设置】对话框，即可进行修改。

图 8-22　【图像合成】/【合成设置】菜单命令

8.4　图层

在 After Effects 中，图层是一个非常重要的核心概念，无论是创作动画还是进行特效的处理都离不开图层，因此掌握图层的基本操作技巧是进行 After Effects 创作编辑的重要基础。可以将图层想像为透明的玻璃纸，它们一张张叠放到一起。如果处于上方的图层上没有像素就可以看到底下的图层。在二维工作模式中，总是优先显示处于上方的图层。当该图层中有透明或半透明区域时，将根据其透明度来显示下方的图层。

After Effects 中的图层大体可以分为 8 类：视频和音频图层、文本图层、纯色图层、灯光图层、摄像机图层、空对象图层、形状图层、调整图层。

8.4.1　图层的基本操作

本节介绍新建图层、在图层上放置素材、改变图层顺序以及复制和替换图层的方法。

1. 新建图层

在【时间轴】面板中单击鼠标右键，在弹出的菜单中选择【新建】菜单命令，选择任意一种图层类别，即可创建出新的图层。如需删除图层，则选中目标图层，选择【编辑】/【清除】菜单命令即可。

2. 在图层上放置素材

将素材直接从【项目】面板中拖曳至【时间轴】面板，在释放鼠标前，可以看到【时间轴】面板中显示黑色标线，该标线的位置决定当前素材在叠压顺序中的上下层级，释放鼠标后在【时间轴】面板便出现一个新的图层，如图 8-23 所示。

3. 改变图层上下顺序

在【时间轴】面板中，选中需要移动的图层，上下拖曳到合适的位置，即可改变图层的上下顺序，如图 8-24 所示。

图 8-23　将素材置入时间轴形成图层

4．复制和替换图层

在进行编辑时，如果需要将某一图层的特效和动画设置应用到另一图层，可以应用复制和替换图层的技巧。

选中某层，选择【编辑】/【复制】菜单命令，然后选择【编辑】/【粘贴】菜单命令，可以复制图层，新图层在被复制图层的上方显示，两个图层的属性完全相同。

在替换图层时，选中需要替换的图层，按住键盘上的 Alt 键，在【项目】面板中拖曳用于替换的新素材到【时间轴】面板即可完成替换，如图 8-25 所示。

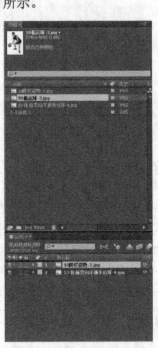

图 8-24　改变图层上下顺序　　　　　　　　　　　图 8-25　替换图层

8.4.2　图层的基本属性

在 After Effects 中，除了视频和音频图层之外，其他各种类型的图层至少具有 5 个基本【变换】属性，分别是【锚点】、【位置】、【缩放】、【旋转】和【不透明度】，如图 8-26 所示。

（1）【锚点】属性：无论图层中的内容如何，在对其位置、旋转、缩放等属性进行改变时，都是以一个锚点为基础进行操作的。特别是在进行旋转和缩放操作的时候，锚点位置不同产生的效果也是不同的，如图 8-27 所示，将锚点拖放到文字上方改变其位置，进行旋转操作时以锚点为圆心进行旋转。可以通过按键盘上的 A 键打开当前图层的锚点属性。

图 8-26　【变换】属性

（2）【位置】属性：二维图层的位置属性由 x 轴和 y 轴组成，三维图层除了 x、y 两个轴向之外，还有一个用来定义前进深度的 z 轴。图 8-28 所示的【位置】属性值代表此时文字"After Effects"在图层上 x 轴位置是 340.4，y 轴位置是 228.0。可以通过按键盘上的 P 键打开当前图层的位置属性。

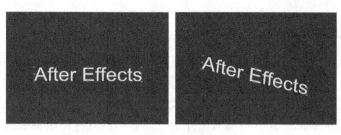

图 8-27　图层【锚点】属性

图 8-28　图层【位置】属性

（3）【缩放】属性：【缩放】属性可以以定位点为中心改变图层素材的大小，数值大则素材较大，数值小则素材较小，如图 8-29 所示。可以通过按键盘上的 $\boxed{S}$ 键打开当前图层的比例属性。

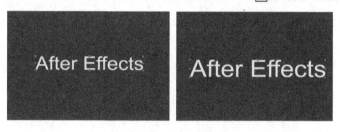

图 8-29　图层【缩放】属性

（4）【旋转】属性：【旋转】属性用于以定位点为圆心旋转图层素材，如图 8-30 所示。二维图层旋转属性由圈数和度数两个参数组成，例如："0x+180.0"就是旋转半圈的意思。可以通过按键盘上的 $\boxed{R}$ 键打开当前图层的【旋转】属性。

图 8-30　图层【旋转】属性

（5）【不透明度】属性：【不透明度】属性是以百分比的形式调整图层的不透明度。"0%"代表完全透明，"100%"代表完全不透明，0%～100%的数值代表半透明。图 8-31 左图所示的图片【不透明度】属性值为"100%"，右图【不透明度】属性值为"20%"，可以通过按键盘上的 $\boxed{T}$ 键打开当前图层的【不透明度】属性。

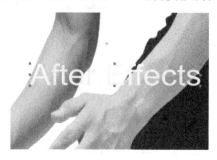

图 8-31　图层【不透明度】属性

8.4.3 图层的混合模式

图层混合模式是在 After Effects 中进行特效合成工作的重要功能，在 After Effects 中一共提供了 30 多种图层混合模式，这些图层混合模式与 Photoshop 中的图层混合模式非常类似。如果需要对某个图层添加混合模式，可以选中图层，单击鼠标右键，在右键菜单的【混合模式】中预设了大量的模式。下面着重介绍较为常用的几种图层混合模式。

（1）【正常】模式：有像素的地方遮盖住下方图层，只能看到上面的图层，没有像素的地方才能够被显露出来，如图 8-32 所示。

要点提示

本例中背景与树叶分别处于不同图层，树叶图层为上方图层，背景图层为下方图层，请注意观察树叶图层在不同的图层混合模式中所产生的不同变化，并与图 8-32 所示的正常模式下的图层样式进行对照。

（2）【溶解】模式：当前图层中具有小于100%的半透明区域时，半透明区域被显示为密集度不同的像素化颗粒，如图 8-33 所示。

图 8-32　【正常】模式　　　　　　　　　图 8-33　【溶解】模式

（3）【动态抖动溶解】模式：与【溶解】模式相类似，不同的是像素点以随时变化的随机值来表现像素颗粒的位置，可以看到运动的像素颗粒，如图 8-34 所示。

（4）【变暗】模式：在邻近的上下两个图层之间进行比较，保留较暗的像素，忽略掉较浅的像素，如图 8-35 所示。

图 8-34　【动态抖动溶解】模式　　　　　　图 8-35　【变暗】模式

（5）【相乘】模式：对当前图层中的图像在通道中运算其色彩信息，与下方图层以叠加的方式进行处理，是一种减色运算，所得到的颜色总比原来的颜色要重，如图 8-36 所示。

（6）【颜色加深】模式：让下层的颜色变暗，与【相乘】模式类似，不同的是它会根据叠加的像素颜色相应增加下层的对比度，并且与白色相加没有作用，如图 8-37 所示。

图 8-36　【相乘】模式　　　　　　　　　图 8-37　【颜色加深】模式

（7）【线性加深】模式：通过降低亮度，让下层颜色变暗以反映混合色彩，如图 8-38 所示。

（8）【较深的颜色】模式：将临近两个图层的像素进行对比，当前图层的较暗颜色被保留，反之将被忽略，如图 8-39 所示。

图 8-38　【线性加深】模式　　　　　　　图 8-39　【较深的颜色】模式

（9）【相加】模式：将上下图层的各像素进行加法运算，得出更为明亮的画面，上层为纯黑或者纯白时不会发生变化，如图 8-40 所示.

（10）【变亮】模式：比较上下两个图层的颜色，将两层中较亮的像素予以保留，如图 8-41 所示。

图 8-40　【相加】模式　　　　　　　　　图 8-41　【变亮】模式

（11）【屏幕】模式：当前图层同下一图层合并的结果始终是相同的合成颜色或一种更淡的颜色。此模式与黑色部分混合没有任何效果，与白色相加得出白色，如图 8-42 所示。

（12）【颜色减淡】模式：通过降低对比度加亮色彩来反映混合颜色，如图 8-43 所示。

图 8-42　【屏幕】模式　　　　　　　图 8-43　【颜色减淡】模式

（13）【叠加】模式：在上下两层的中性灰度部分混合两者的颜色，较深或者较浅的部分不受影响，如图 8-44 所示。

（14）【柔光】模式：变暗或者变亮，取决于上层颜色，如果上层颜色高于 50%灰色，下层变浅，反之则下层变暗，如图 8-45 所示。

图 8-44　【叠加】模式　　　　　　　图 8-45　【柔光】模式

（15）【强光】模式：如果上层颜色亮度高于 50%灰，图像变亮，反之图像就会变暗，如果使用纯黑或者纯白进行混合，也将得到纯黑或者纯白，如图 8-46 所示。

（16）【纯色混合】模式：混合上下图层后，所得到图像会将对比度拉大、色阶变少，纯度变高、边缘较锐利，如图 8-47 所示。

图 8-46　【强光】模式　　　　　　　图 8-47　【纯色混合】模式

（17）【差值】模式：根据上下两层颜色的亮度、色值进行相减处理，如图 8-48 所示。

（18）【色相】模式：下层颜色的明度饱和度和上层颜色的色相决定最终颜色，如图 8-49 所示。

图 8-48　【差值】模式　　　　　　　图 8-49　【色相】模式

（19）【模板 Alpha】模式：根据上层的 Alpha 通道，显示下面图层的图像内容，相当于遮罩效果，如图 8-50 所示。

（20）【轮廓 Alpha】模式：根据上层的 Alpha 通道，反向显示下面图层的图像内容，相当于遮罩效果，如图 8-51 所示。

图 8-50　【模板 Alpha】模式　　　　　图 8-51　【轮廓 Alpha】模式

小结

在本章的内容中，涉及到了有关 After Effects 实际操作的重要基本概念和工作原理。本章基本内容包括：工作区中各个面板之间的配合关系，使用【项目】面板导入和管理各类素材、创建合成、对各类图层的属性、混合模式的操作和设定等。初学者应当了解并逐步熟悉这些知识，为后续的动画学习打下扎实的基础，这对于在今后使用 After Effects 进行影像合成以及创作编辑工作具有十分重要的意义。

习题

一、简答题

1．After Effects 中的用户界面大体分为哪几个部分？

2．工作区面板的组合方式有几种？分别是如何操作的？

3．创建一个新的合成后，如何设置该合成的相关工作属性？

4．如何理解 After Effects 中的图层概念？

5．图层大体共分几类？

二、操作题

1．创建一个新项目，将【时间码】设定为 25fps，【深度】为 8bit，命名为"我的新项目"保存至指定位置。

2．在"我的新项目"中创建新合成，命名为"合成 1"，设置该图像合成的【预设】为"PAL D1/DV"，【宽度】为 720 像素，【高度】为 576 像素，【帧速率】为"25 帧/秒"。

3．在"合成 1"中新建一个纯色图层、一个文本图层、一个形状图层。

4．在【项目】面板中导入一张图片素材，并将其拖曳至第 3 题所创建的文本图层的上方，最后保存当前项目。

9 Chapter

第 9 章
在 After Effects 中创建关键帧动画

本章介绍在 After Effects 中如何使用关键帧创建并生成动画，主要包括关键帧的基本概念、创建关键帧的基本技巧、编辑关键帧的操作方法，以及应用关键帧动画的高级操作技巧；同时还将涉及到有关图层、嵌套合成的操作方法，并将综合运用这些知识制作一段完整的关键帧动画。

【教学目标】
- 了解关键帧的概念。
- 掌握创建关键帧的基本方法。
- 掌握编辑关键帧的基本方法。
- 了解常用的关键帧动画高级辅助功能。
- 灵活使用关键帧和图层生成动画。

9.1 关键帧的基本概念

一段视频是由一系列相互关联的画面组成的，这些画面相互联系又相互区别，这样的若干个画面以一定的速度连接起来顺序播放，便形成视频。而组成视频的每一张画面在视频制作中通常叫做"帧"。

在一段视频中，往往会出现从一个状态转化到另一个状态的画面，那么记录了一开始某种状态和最后结果状态的两幅画面，因为记录了运动变化过程的关键状态信息，而被称为"关键帧"。

After Effects 可以根据前后两个关键帧识别动画的开始和结束，并自动生成中间的动画过程，产生动画。所以，如果想要制作一段关键帧动画，那就必须拥有两个或者两个以上记录了不同变化状态的关键帧。

9.2 创建关键帧动画项目

下面以实例操作的形式，逐步介绍如何创建关键帧动画项目。

9.2.1 创建动画项目

创建动画项目的基本步骤如下。

【例 9-1】 创建动画项目。

（1）启动 After Effects，选择【文件】/【项目设置】菜单命令，将【时间显示样式】设置为"使用媒体源"，【颜色设置】设置为"每通道 8 位"，单击 确定 按钮，如图 9-1 所示。

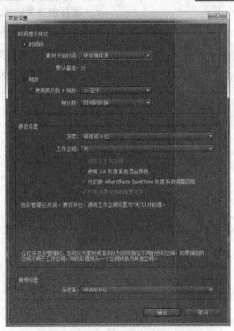

图 9-1 进行项目设置

（2）选择【文件】/【另存为】菜单命令，在弹出的【另存为】对话框中为其命名，选择合适的路径位置，单击 保存(S) 按钮，将项目文件保存，如图 9-2 所示。

图 9-2　保存项目对话框

9.2.2　导入素材

导入素材的基本步骤如下。

【例 9-2】　导入素材。

（1）将本书素材资源中的"第 9 章"文件夹复制到硬盘上，下面操作中将用到此目录中的文件。

（2）在【项目】面板中双击鼠标左键，或者选择【文件】/【导入】/【文件】菜单命令，打开【导入文件】对话框，打开素材资源中的"第 9 章\素材"文件夹，选择视频文件"a.mov"，单击 导入 按钮，将其导入到当前项目中，如图 9-3 所示。

图 9-3　导入素材文件

（3）在【项目】面板中选中导入的素材，可以查看该素材的相关属性。例如素材格式类型、文件大小、时间长度、帧速率、颜色深度等关键信息，并且可以在【缩略图监视器】中看到该素材的预览图像，如图 9-4 所示。

（4）在【项目】面板中双击素材，则可以在【素材】监视器中完整地浏览该素材，并且可以对素材的切入点、切出点以及播放速度进行设定，如图9-5所示。

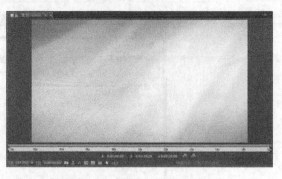

图9-4　【项目】面板中的素材　　　　　　　图9-5　在【素材】监视器中浏览素材

（5）继续将其他素材导入到项目中。选择【文件】/【导入】/【文件】菜单命令，选中素材资源文件"第9章\素材\ ball.psd"，在【导入为】下拉列表中选择【合成】选项，单击 导入 按钮，如图9-6所示。导入后自动弹出素材设置窗口，在【导入种类】中选择【合成】选项，【图层选项】设置为"可编辑的图层样式"，单击 确定 按钮。

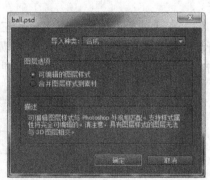

图9-6　在素材浏览窗口中浏览素材和在素材设置窗口中设置导入种类

（6）在【项目】面板中出现了一个名为"ball"的合成以及名为"ball 个图层"的文件夹，如图9-7所示。

图9-7　【项目】面板中的合成素材

After Effects 可以置入 Photoshop 或者 Illustrator 生成的含有图层的文件, 例如常用的 ".psd" 格式和 ".ai" 格式的文件。After Effects 可以保留文件中的所有信息, 例如图层、Alpha 通道、调整层、蒙版等。在导入时, 可以选择以【素材】、【合成】或者【合成-保持图层大小】的方式来导入。当以【合成】或者【合成-保持图层大小】的方式导入时, 会最大可能地保留原始文件的原貌。只不过【合成】方式是以素材文件的原始尺寸导入, 而【合成-保持图层大小】方式是以当前项目的图层尺寸导入。

9.2.3　创建并编辑合成

【例 9-3】　创建并编辑合成。

（1）首先创建一个新的合成。在【项目】面板中单击鼠标右键, 在弹出的快捷菜单中选择【新建合成】命令, 如图 9-8 所示, 弹出【合成设置】对话框。

（2）在【合成设置】对话框中的【基本】选项卡中作如图 9-9 所示的设置, 单击 确定 按钮退出。

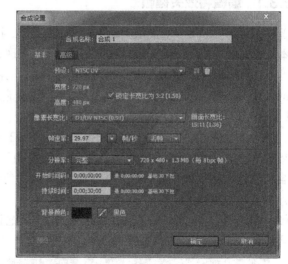

图 9-8　右键菜单　　　　　　　　　　　　图 9-9　新建合成设置

（3）在【项目】面板和【时间轴】面板中可以发现, "合成 1"已经创建完成了, 如图 9-10 所示。

图 9-10　【项目】面板和【时间轴】面板中的合成

（4）在【项目】面板中双击"合成1"，在【时间轴】面板中展开合成。将"a.mov"从【项目】面板中拖曳到【时间轴】面板的控制面板区域，创建一个新的视频素材层，这个图层将以"a.mov"命名，如图9-11所示。

图9-11　创建新图层

9.3 为合成设置关键帧

After Effects中可以为合成以及素材的多种属性添加关键帧，例如特效关键帧、运动关键帧、不透明度关键帧等。在本节中将为刚刚创建的合成以及导入的素材分别添加关键帧，并进行编辑。

9.3.1　编辑特效关键帧

首先要为"合成1"的图层"a.mov"添加特效。按照设计思路，本动画是一个充满科技感风格的作品，需要呈现蓝、绿等能体现现代感以及科技感的颜色，本例中导入的原始视频素材"a.mov"则是一段红黄色调的影像，因此要先改变它的颜色。

图9-12　选择特效

【例9-4】　编辑特效关键帧。

（1）选中【时间轴】面板中的图层"a.mov"，在工作区右侧的【效果和预设】面板中的【查找】栏输入"色相"，搜索出名称包含"色相"的特效预置。选择【颜色校正】/【色相/饱和度】特效，如图9-12所示。

（2）双击【色相/饱和度】特效或者将【色相/饱和度】特效拖曳至【合成】面板，为图层"a.mov"添加特效，如图9-13所示。

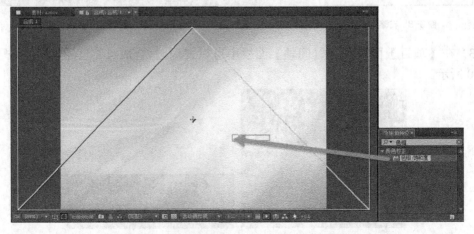

图9-13　将【色相/饱和度】特效拖曳至【合成】面板

（3）添加特效成功后，激活【效果控件】面板，可以看到已经添加在"a.mov"上的特效，如图 9-14 所示。

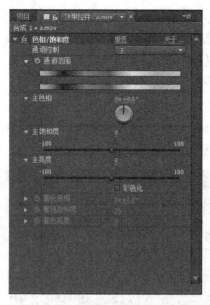

图 9-14　【效果控件】面板中为"a.mov"添加的特效

在一个素材上可以重复添加多个特效，但是需要注意的是特效的添加顺序对于最终效果的呈现会有一定的影响，同样的几个特效会因为叠加顺序的不同而呈现不同的效果。如果想改变特效的顺序，只需要在【效果控件】面板中上下拖动特效的位置即可。

（4）在【时间轴】面板中同样可以看到为素材添加的特效，如图 9-15 所示。

（5）在【效果控件】面板中为素材添加特效关键帧。在【通道控制】下拉列表中选择【主】选项，单击【通道范围】左侧的【时间变化秒表】 按钮，如图 9-16 所示。

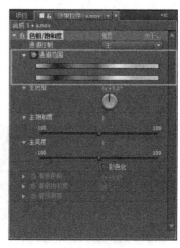

图 9-15　【时间轴】面板中为"a.mov"添加的特效　　　　图 9-16　激活【时间变化秒表】按钮

**要点提示**

　　After Effects 提供了非常丰富的手段来设置层的各个属性，但是在普通状态下所做的设置被默认为是对整个持续时间的，如果要添加动画，则必须激活【时间变化秒表】按钮，来记录两个或者两个以上的含有不同变化信息的关键帧。时间变化秒表被打开之后，针对图层属性的任何变化都将被自动记录下来，形成关键帧。如果被关闭，则已经产生的所有信息记录将被清空。

　　（6）当【效果控件】面板的时间变化秒表被开启，【时间轴】面板中对应图层的时间变化秒表也同时被打开了，如图9-17所示。

图9-17　【时间轴】面板中对应图层的时间变化秒表被打开

　　（7）在【时间轴】面板中选中图层"a.mov"，并将时间指针拖动到"0:00:00:00"处，可以看到在【通道范围】属性栏有一个黄色的菱形标志，说明这里有一个被激活的关键帧，如图9-18所示。

　　（8）回到【效果控件】面板，调整【主色相】属性值为"0x+185.0°"，【主饱和度】属性值为"11"，【主亮度】属性值为"−15"，如图9-19所示。

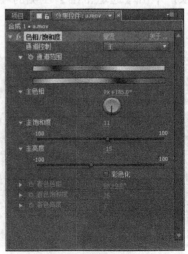

图9-18　【时间轴】面板中对应图层的时间指针和关键帧　　　　图9-19　调整特效参数

（9）在【时间轴】面板中选中图层"a.mov"，并将时间指针拖动到"0:00:10:00"处，单击【时间轴】面板控制区域 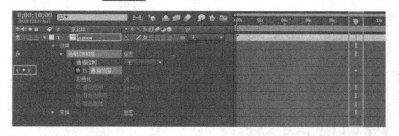 中间的 ◇ 按钮，建立一个新的关键帧，如图 9-20 所示。

图 9-20　插入新关键帧

（10）按照相同的方法，在时间轴的"0:00:05:00"处插入新的关键帧。在【效果控件】面板中，调整【主色相】属性值为"0x+138.0°"，【主饱和度】属性值为"−40"，【主亮度】属性值为"−15"，如图 9-21 所示。

（11）选择【文件】/【保存】命令，按数字键盘上的 0 键进行渲染，预览动画效果。所呈现的应该是由蓝色到绿色又回到蓝色如同彩虹般的变换效果，如图 9-22 所示。

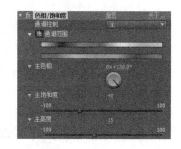

图 9-21　调整特效参数

图 9-22　合成 1 的动画效果

9.3.2　编辑属性关键帧

在 After Effects 中，图层的 5 种基本属性皆可通过插入关键帧的形式来制作关键帧插值动画。下面的内容，便是为合成素材"ball"添加关键帧，创建一组关键帧插值动画。

【例 9-5】　编辑属性关键帧。

（1）在【项目】面板中双击合成素材"ball"，在【时间轴】面板中可以看到该合成中存在两个图层，如图 9-23 所示。

（2）选中上方的图层"Football"，单击左侧的 ▶ 按钮，可以看到本图层的所有的默认图层属性，如图 9-24 所示。

图 9-23　合成中的图层

图 9-24　基本图层属性

（3）选中【锚点】属性，在工具栏中选择【锚点】![锚点图标]，工具在【合成】面板中调整定位点到字符 t 和 b 中间，其属性值为"276.0，326.0"，如图 9-25 所示。

图 9-25　调整定位点

（4）选中【缩放】属性，单击其左侧的【时间变化秒表】![秒表图标]按钮，拖动时间指针至"0:00:00:00"处，保持【缩放】属性值为"100%"，此时建立了第一个关键帧。

（5）将时间指针拖动到"0:00:00:18"处，单击![按钮图标]按钮，建立第 2 个关键帧，调整【缩放】属性值为"90%"，如图 9-26 所示。

（6）选中【缩放】属性，将时间指针拖动到"0:00:00:36"处，单击![按钮图标]按钮，建立第 3 个关键帧，调整【缩放】属性值为"100%"，如图 9-27 所示。

图 9-26　调整【缩放】参数　　　　　图 9-27　调整【缩放】参数

（7）选中"图层 0"，将时间指针拖动到"0:00:00:00"处，单击左侧的![按钮图标]按钮将其展开，设定【位置】属性值为"311.5，146.0"，如图 9-28 所示。

（8）选择【锚点】属性，修改其属性值为"356.5，120.0"，如图 9-29 所示。

图 9-28　调整【位置】参数　　　　　图 9-29　调整【锚点】参数

（9）将时间指针拖动至"0:00:00:00"处，选择【旋转】属性，在其左侧单击【时间变化秒表】![秒表图标]按钮，修改其属性值为"0x+0.0°"，如图 9-30 所示，添加一个关键帧。

（10）将时间指针拖动至"0:00:00:12"处，单击![按钮图标]按钮，建立第 2 个关键帧，调整【旋转】属性值为"0x-1.6°"，如图 9-31 所示。

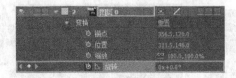

图 9-30　调整【旋转】参数　　　　　图 9-31　调整【旋转】参数

（11）将时间指针拖动至"0:00:00:24"处，单击![按钮图标]按钮，建立第 3 个关键帧，调整【旋转】属性值为"0x+1.6°"，如图 9-32 所示。

（12）将时间指针拖动至"0:00:01:06"处，单击 按钮，建立第 4 个关键帧，调整【旋转】属性值为"0x+0.0°"，如图 9-33 所示。

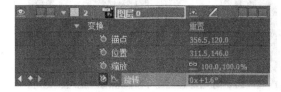

图 9-32　调整【旋转】参数　　　　　　　　图 9-33　调整【旋转】参数

（13）至此，在【时间轴】面板中可以看到，合成素材"ball"中的两个图层分别建立了自己的一组关键帧。图层"Football"建立的是一组比例关键帧，"图层 0"建立的是一组旋转关键帧，如图 9-34 所示。

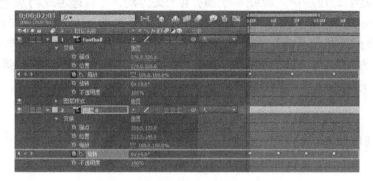

图 9-34　合成"ball"中的图层属性关键帧

（14）选择【合成】/【合成设置】菜单命令，在【合成设置】对话框的【基本】选项卡中，调整【持续时间】选项，将原有的 30 秒的时长修改为 1 秒 6 帧，单击 确定 按钮完成设置，如图 9-35 所示。

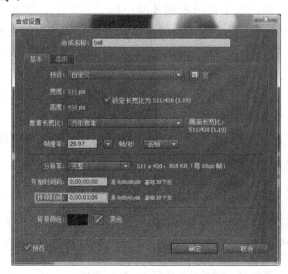

图 9-35　修正合成的持续时间

（15）选择【文件】/【保存】菜单命令，按数字键盘上的 0 键进行渲染，预览动画效果。所呈现的效果是文字"Football"有规律地连续缩放的同时，ball 图标在轻轻的晃动，如图 9-36 所示。

图 9-36　合成 ball 的动画效果

 要点提示

在创建关键帧的过程中，如果需要删除某个关键帧，可以选定欲删除的关键帧，选择【编辑】/【清除】菜单命令即可将其删除。如果需要删除多个关键帧，可按住 Shift 键进行多选后，选择【编辑】/【清除】菜单命令进行删除。如果需要删除当前图层的所有关键帧，则关闭【时间轴】面板左侧的【时间变化秒表】按钮即可。如需重新创建，则只需要重新打开【时间变化秒表】按钮便可以了。

9.4　关键帧高级技巧

通过前面的学习，读者对使用关键帧制作动画已经有了初步的了解和认识，下面进入更深层次的学习。

9.4.1　关联父子关系

在合成素材"ball"内，有关键帧动画的两个图层相互之间是毫无联系的。如果需要一方跟随另外一方的运动方式进行运动，则可以在两者之间建立父子关系。

创建父子关系关联有两种方式：一种是菜单选择方式，另外一种是拖曳方式。

【例 9-6】　创建父子关系关联。

（1）菜单选择方式：选中图层"Football"，在【时间轴】面板右侧的【父级】下拉列表中，选择【图层 0】选项，如图 9-37 所示。

图 9-37　将图层"Football"的父级关系定义在"图层 0"上

此操作的意思是将图层"Football"父级运动模式定义为"图层 0"的运动模式，即图层

"Football"将在保持自己的运动方式的基础上，同样跟随"图层 0"来做旋转运动。而"图层 0"在运动方式上则不会受到图层"Football"的影响。换句话说，父级可以影响子级，子级不会影响父级。

（2）拖曳方式：选中图层"Football"，单击【父级】下拉列表左侧的【父级】 按钮，拖曳一根直线到达"图层 0"后释放鼠标，即可将"图层 0"规定为图层"Football"的父级，如图 9-38 所示。

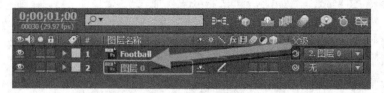

图 9-38　将图层"Football"的父级关系定义在"图层 0"上

以上两种操作方式所引发的结果完全一致，都是将图层"Football"的父级运动模式定义为"图层 0"的运动模式，如图 9-39 所示。

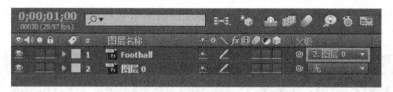

图 9-39　将图层"Football"的父级关系定义在"图层 0"上

9.4.2　建立嵌套合成

在 After Effects 中，为了方便地使添加了多种特效的多个图层相互之间进行有效的协同工作，允许将一个合成像一个普通层那样在另一个合成中使用，只需将一个合成拖曳到另一个合成的时间轴中即可，这种工作方式叫做合成嵌套。相关操作步骤如下。

【例 9-7】　建立嵌套合成。

（1）在【项目】面板中，选择合成素材"ball"，将其拖曳到"合成 1"中，如图 9-40 所示。

（2）在【项目】面板中，双击"合成 1"，在【时间轴】面板展开"合成 1"的时间轴，可以看到合成素材"ball"像普通层一样被叠加在图层的最上方，成为"合成 1"中的一个名为"ball"的图层，如图 9-41 所示。

图 9-40　在【项目】面板中拖动合成

图 9-41　"合成 1"内部图层分布

（3）因为合成素材"ball"的内部时间只有 1 秒左右，因此在 10 秒长度的合成 1 中仅仅只占到了 1/10 的长度，为了延展它的时间长度，可以对其进行多次复制。选中图层"ball"，选择【编辑】/【复制】菜单命令，然后再选择【编辑】/【粘贴】菜单命令，可以看到在原有的图层"ball"上又添加了一个图层"ball"。重复执行本操作，直至复制出 10 个"ball"图层，如图 9-42 所示。

图 9-42　复制 10 个图层"ball"

（4）选中图层的时间标段，用鼠标拖曳至合适位置。按照顺序逐个调整时间轴排序，如图 9-43 所示。按住 Shift 键可以准确地将时间标段首尾衔接。

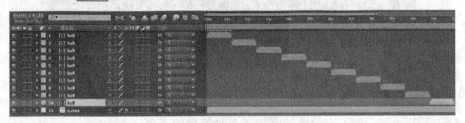

图 9-43　调整时间标段

（5）复制很多的图层之后，在编辑时还是有些不便，此时，可以执行合成嵌套的第 2 种方法——预合成。点选序号为"1"的图层，按住键盘上的 Shift 键点选序号为"10"的图层，如图 9-44 所示。

图 9-44　同时选中多个图层

（6）鼠标右键选择【预合成】菜单命令，在弹出的对话框中，单击 确定 按钮，如图 9-45 所示。

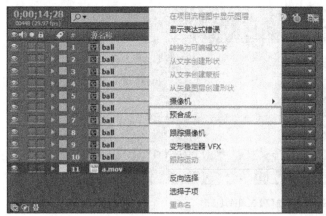
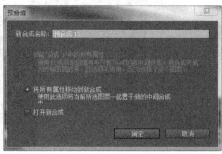

图 9-45　【预合成】对话框

（7）随后可以看到刚才的 10 个图层已经又变成了一个名为"预合成 1"的新的合成图层。并且它的时间长度与"合成 1"的时间长度刚好吻合，如图 9-46 所示。

图 9-46　新的合成图层

9.4.3　关键帧曲线调整

本书 9.3 节介绍的是通过在【时间轴】面板中调整属性值的方法来设定图层属性关键帧。这种方法虽然精确，但是在视觉上却不够直观。接下来的例子是采用更加直观的关键帧曲线来制作关键帧动画。

【例 9-8】　制作关键帧动画。

（1）选中图层"预合成 1"，将时间指针放置在合成开始位置，选择【变换】/【位置】菜单命令，单击【位置】左侧的【时间变化秒表】■按钮，如图 9-47 所示。

图 9-47　打开【位置】属性的时间变化秒表

（2）选择【选取】■工具，如图 9-48 所示。

图 9-48　选取工具

（3）在【合成】面板中选择蓝色的图形，移动到想让其出现的初始位置，在本例中放置在画面的左上角，如图 9-49 所示。

（4）在接下来的操作中，每隔 0.3 秒左右对图形的位置做一次改变。中间轨迹以及最终的运动路线如图 9-50 所示。

图 9-49　使用【选取】工具移动图形

图 9-50　使用【选取】工具移动图形

（5）此时在【时间轴】面板中，【位置】属性的关键帧情况如图 9-51 所示。

图 9-51　【时间轴】面板中的关键帧

图 9-52　设置【关键帧插值】对话框

（6）选中【位置】属性，保证全部关键帧同时被选择，选择【动画】/【关键帧插值】

菜单命令，在弹出的【关键帧插值】对话框中，设定【空间插值】为"线性"，单击 确定 按钮完成设定，如图 9-52 所示。

（7）选择【钢笔】 工具，在【合成】面板中认真调整动画关键帧的轨迹路径，尽量做到平滑细致，最终效果如图 9-53 所示。

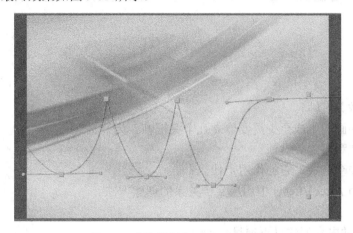

图 9-53　使用【钢笔】工具修正运动路径

（8）选择【文件】/【保存】菜单命令，按数字键盘上的 0 键进行渲染，预览动画效果。所呈现的应该是，ball 图标和文字轻快地晃动着由左上角入画，呈波浪状游动到屏幕的右侧中间位置，同时背景素材由蓝变绿。动画的最终效果如图 9-54 所示。

图 9-54　动画的最终呈现效果

小结

本章着重介绍了利用 After Effects 创建关键帧并且生成动画的常用技巧和方法。其中涉及到的关键帧的基本概念、创建关键帧的基本技巧、编辑关键帧的操作方法，以及应用在关键帧动画中的高级操作技巧等都是较为重要的知识点。这些知识仅仅依靠几个简单的例子还不能做到熟练掌握，读者在课下还应该积极地多加练习。同时本章涉及到的有关图层、嵌套合成的操作方法，也是 After Effects 操作中比较常用的技巧，读者也应熟练掌握。

习题

一、简答题

1．什么叫做关键帧？

2．关键帧动画的生成至少需要建立几个关键帧？为什么？

3．如何建立和删除关键帧？

4．什么是嵌套合成？它的作用是什么？

5．举例说明 After Effects 中图层父子关系的创建方法。

二、操作题

根据本章所学内容创建以下项目。

（1）创建一个新项目，导入一张图片素材，在图层上为其创建一个旋转加移动的关键帧动画。

（2）将创建的这个关键帧动画以预合成的方式加入到另外的合成中，并与其他的图层建立父子关系。

（3）使用关键帧曲线调整的方法，校正预合成中的关键帧动画。

Chapter

10

第 10 章
After Effects 的文字
特效

　　本章介绍 After Effects 的文字特效。在影视制作中，文字不仅承载着标题、字幕、说明信息等内容，还常常被作为一种重要的视觉符号参与到影片当中。After Effects 中的文字不仅能在格式和外观上进行丰富的调整，还拥有十分强大的特效和动画功能，与 Premiere 相比，其特效更丰富、动画控制也更为精确。本章通过大量的实例来介绍如何在 After Effects 中创建文字、设置属性动画、创建选区动画和路径动画以及应用动画预设等。

【教学目标】
- 掌握创建文字以及修改文字的方法。
- 掌握对文字进行格式化的方法。
- 掌握文本属性动画的设置方法。
- 掌握使用选区调整动画特效的方法。
- 了解路径动画的不同效果。
- 了解文字动画预设及修改预设的方法。

　　After Effects 中的文字是通过图层进行创建和编辑的，各种文字特效的创建也通过图层来完成。

10.1 创建和修饰文字

本节主要介绍创建和修饰文字的方法，主要包括文字的创建、对文字进行格式化以及为文字添加特效。

10.1.1 创建文字

创建文字可以通过以下 3 种方法。

- 使用【工具】面板中的【横排文字】工具 T 或【直排文字】工具 IT 在【合成】面板中的某个位置单击，输入文字内容，按 Enter 键换行可以输入段落文字，选择【选取】工具 ▶ 或者按数字键盘上的 Enter 键完成输入，【时间轴】面板上会新建一个文本图层，如图 10-1 所示。
- 选择【图层】/【新建】/【文本】菜单命令，新建文本图层，然后在【合成】面板中输入文字内容。
- 在【时间轴】面板中的空白处单击鼠标右键，在弹出的右键菜单中选择【新建】/【文本】菜单命令，新建文本图层，然后在【合成】面板中输入文字内容。

要点提示

> 【横排文字】工具和【直排文字】工具的切换可以通过长按鼠标左键，在弹出的选项中进行选择。

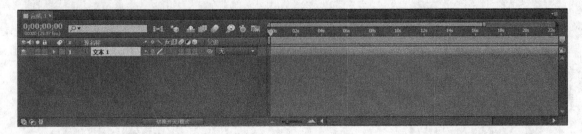

图 10-1　创建文本图层

修改文字内容的方法有以下 3 种。

- 在【时间轴】面板上双击文本图层进入文本编辑状态。
- 使用文字工具在【合成】面板中要修改的文字上单击。
- 使用【选取】工具 ▶ 在【合成】面板中要修改的文字上双击进入文字编辑状态。
- 修改完成后单击【选取】工具 ▶ 或按数字键盘上的 Enter 键完成修改。

10.1.2 对文字进行格式化

在 After Effects 中主要通过【字符】面板和【段落】面板对文本进行格式化设置。首先单击右上角的【工作区】下拉列表，选择【文本】选项，进入文本工作环境。在文本工作环境中，【字符】面板和【段落】面板会自动调出。

【字符】面板中各参数的含义如图 10-2 所示。

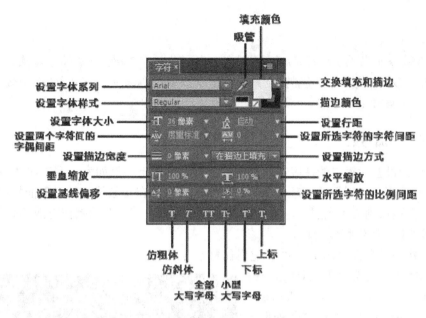

图 10-2 【字符】面板

描边方式下拉列表中有 4 个选项：【在描边上填充】、【在填充上描边】、【全部填充在全部描边之上】和【全部描边在全部填充之上】，其效果如图 10-3 所示。

图 10-3 文字描边方式

【段落】面板中各参数的含义如图 10-4 所示。

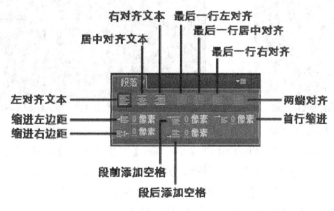

图 10-4 【段落】面板

 **要点提示**

在【字符】面板和【段落】面板中输入参数的方法有3种：一是单击参数输入框直接键入数值；二是在参数上方左右拖动鼠标或上下滚动鼠标滑轮；三是单击参数输入框，通过键盘的上下键改变属性值。

10.1.3 添加特效

【效果和预设】面板中的许多特效都可以应用到文字上，例如为文字添加【四色渐变】、【径向阴影】、【彩色浮雕】、【纹理化】等。应用的方法是在【效果和预设】面板中选择某一特效，并将其拖放到文本图层上。下面以四色渐变为例，初步介绍制作特效动画的方法。

【例 10-1】 制作特效动画。

（1）新建项目文件"10-1"，并新建黑色背景合成。

（2）选择【横排文字】工具T，在【合成】面板中单击，输入"AFTER EFFECTS"，并对文字进行格式化处理。

（3）选中文本图层，选择【效果】/【生成】/【四色渐变】菜单命令或在【效果和预设】面板中双击【四色渐变】选项，为文字设置4种颜色，此时4种颜色的定位点在如图10-5所示的位置。

图 10-5 定位点位置

（4）打开【效果控件】面板，如图10-6所示，单击【位置和颜色】左侧的▶按钮将其展开，通过单击⊕按钮在【合成】面板中改变4个定位点的位置，如图10-7所示。

图 10-6 【效果控件】面板

图 10-7 改变定位点位置

（5）将时间指针拖动到"0:00:00:00"处，单击【位置和颜色】的颜色1、颜色2、颜色3、颜色4的【时间变化秒表】按钮⑤，分别建立关键帧；将时间指针拖动到"0:00:03:00"处，将颜色1、颜色2、颜色3、颜色4的黄、绿、紫、蓝改为蓝、黄、红、绿，也分别建立关键帧。

（6）按数字键盘上的0键进行渲染，观看4种颜色渐变的动画效果。

10.2 文字的动画

本节介绍如何制作文字的动画，通过几个范例介绍有关文本属性动画、选区动画、文字内容动画的制作方法。

10.2.1 文字变换动画

使用【源文本】属性可以制作文字变换动画效果，具体操作步骤如下。

【例 10-2】 制作文字变换动画效果。

（1）将素材资源中的"第 10 章"文件夹复制到本地硬盘上，打开项目文件"10-2.aep"，此时【合成】面板中已经有了文字"数码"。

（2）单击【时间轴】面板上的"数码"图层，按键盘上的 Enter 键，将图层名称改为"文字变换"。单击该图层左侧的 ▶ 按钮，展开属性列表，可见文本图层除了具有【变换】属性外，还有【文本】属性，如图 10-8 所示，利用【文本】属性可以实现大量的效果。

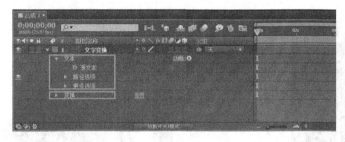

图 10-8 文本图层的属性列表

（3）将时间指针拖动到"0:00:00:00"处，单击【源文本】属性的时间变化秒表 ⏱，建立一个关键帧，将时间指针拖动到"0:00:00:15"处，将【合成】面板中的文字"数码"改为"媒体"，建立一个新关键帧。

要点提示

注意：*此处的关键帧显示为方块状，表明这是"源文本"关键帧，如图 10-9 所示。*

图 10-9 更改"源文本"属性

要点提示

单击【时间轴】面板上的"当前时间"，如图 10-10 所示，在文本框中可以输入要跳转的时间值，如输入"15"，则跳转到第 15 帧；输入"+15"，则在当前帧的基础上向后跳转 15 帧。也可通过选择【视图】/【转到时间】菜单命令，如图 10-11 所示，在弹出的【转到时间】对话框中改变当前时间。

图 10-10　改变当前时间

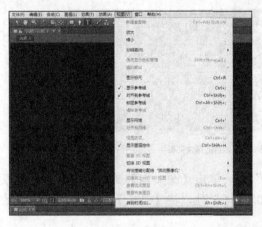

图 10-11　通过【转到时间】改变当前时间

（4）将时间指针拖动到"0:00:01:00"处，将【合成】面板中的文字"媒体"改为"影视"，建立第 3 个关键帧；将时间指针拖动到"0:00:01:15"处，将【合成】面板中的文字"影视"改为"后期"，建立第 4 个关键帧，如图 10-12 所示。

图 10-12　更改【源文本】属性

（5）按数字键盘上的 0 键进行渲染，观看文字内容跳转的动画效果。

10.2.2　文本属性动画

文本图层与普通层一样都具有【变换】属性，内含锚点、位置、缩放、旋转和不透明度等，然而这些属性是针对整个文本图层的。如果要针对文字的一部分进行设置，就要使用文本图层的【动画】菜单，如图 10-13 所示，利用它可以添加多种属性，并通过选区来对这些属性进行精确地控制，这一节就介绍有关【动画】菜单的内容。

【例 10-3】　制作文本属性动画。

（1）打开"第 10 章"文件夹中的项目文件"10-3.aep"，双击【项目】面板中的合成"Effect 缩放"，将其打开，【合成】面板上有一行文字。

（2）单击文本图层左侧的 ▶ 按钮，展开文本属性。

（3）单击【动画】右侧的 ● 按钮，在弹出的菜单中选择【缩放】命令，添加【缩放】属性，如图 10-13 所示，将【缩放】属性值设为"200"。

图 10-13　添加缩放属性

（4）单击【添加】右侧的 ● 按钮，在弹出的菜单中选择【属性】/【字符间距】命令，添加【字符间距】属性，将【字符间距大小】属性值设为"35"，拉开字距，如图 10-14 所示。

图 10-14　添加【字符间距】属性

（5）单击【范围选择器 1】选项左侧的 ▶ 按钮将其展开，设置【起始】属性值为"50%"，【结束】属性值为"65%"，如图 10-15 所示，为文字设定一个选区，在此选区内进行【缩放】和【字符间距大小】属性值的设定。

（6）将时间指针拖动至"0:00:00:00"处，将【偏移】属性值设为"-68%"，此时选区位于文字开始端之前，单击时间变化秒表 ● 建立一个关键帧；将时间指针拖动至"0:00:04:00"处，将【偏移】属性值改为"52%"，建立一个新关键帧，如图 10-16 所示。

图 10-15　设定选区

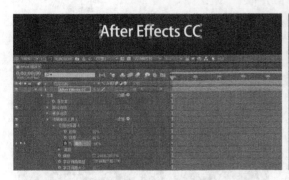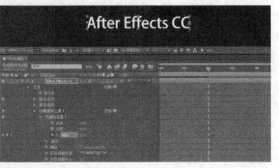

图 10-16　建立【偏移】属性关键帧

（7）按数字键盘上的 [0] 键进行渲染，发现文字选区是矩形的，展开【高级】选项面板，在【形状】下拉列表中选择【平滑】选项，如图 10-17 所示。

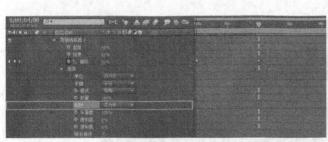

图 10-17　设置【形状】为"平滑"

（8）再次按数字键盘上的 [0] 键进行渲染，发现文字定位点位于文字底部，单击【添加】右侧的 ▶ 按钮，在弹出的菜单中选择【属性】/【锚点】命令，添加锚点属性，将【锚点】的 y 轴属性值改为 "-5"。

以上制作了有关缩放、字符间距和锚点的选区动画，下面一个实例是关于位置、倾斜、不透明度以及摆动的选区动画。

（9）双击【项目】面板的合成 "Effect 摆动" 将其打开，【合成】面板上有一行文字。

（10）单击【动画】选项右侧的 ▶ 按钮，在弹出的菜单中选择【位置】命令，添加位置属性；单击【添加】右侧的 ▶ 按钮，在弹出的菜单中选择【属性】/【倾斜】命令；再次单击【添加】右侧的 ▶ 按钮，在弹出的菜单中选择【属性】/【不透明度】命令，为文字添加【倾斜】和【不透明度】属性，如图 10-18 所示。

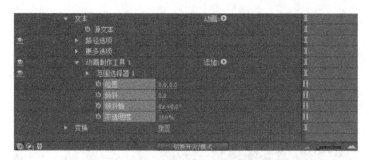

图 10-18　添加【位置】、【倾斜】、【不透明度】属性

（11）将【位置】的 y 轴属性值设为"200"，【倾斜】属性设为"30"，【不透明度】属性设为"0%"，使文字位于【合成】面板之外，如图 10-19 所示。

图 10-19　设置属性值

（12）单击【范围选择器 1】左侧的 ▶ 按钮将其展开，将时间指针拖动至"0:00:00:00"处，设置【起始】属性值为"0%"，单击时间变化秒表 ⏱，建立一个关键帧，如图 10-20 所示，将时间指针拖动到"0:00:03:00"处，将【起始】属性值为"100%"，如图 10-21 所示。

图 10-20　第 1 个关键帧

（13）按数字键盘上的 ⓪ 键进行渲染，文字由下至上呈一定斜度进入画面，并且渐显。

（14）为文字添加摆动效果，单击【添加】右侧的 ▶ 按钮，在弹出的菜单中选择【选择器】/【摆动】命令，添加一个【摆动选择器 1】属性，如图 10-22 所示，按数字键盘上的 ⓪ 键进行渲染，观看其效果，发现文字上下摆动。

图 10-21　第 2 个关键帧

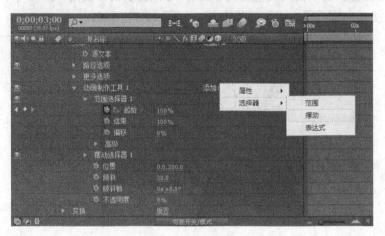

图 10-22　添加摆动属性

（15）展开【摆动选择器 1】属性，将其【最大量】值设置为"60%"，【最小量】值设置为"0%"，使文字的摆动幅度变小，如图 10-23 所示。

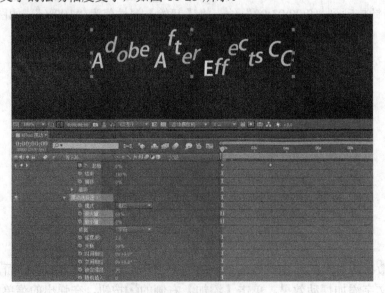

图 10-23　缩小摆动幅度

（16）再次按数字键盘上的 0 键进行渲染，预览其效果。

最后介绍的实例是关于位置、填充颜色的选区动画。

（17）双击【项目】面板中的合成 "Effect 填充颜色" 将其打开，【合成】面板上有一行文字。

（18）单击【动画】右侧的 ⊙ 按钮，在弹出的菜单中选择【位置】命令，添加【位置】属性，单击【添加】右侧的 ⊙ 按钮，在弹出的菜单中选择【属性】/【填充颜色】/【色相】命令，为文字添加【位置】和【填充色相】属性，如图 10-24 所示。

图 10-24　添加【位置】、【填充色相】属性

（19）将【位置】的 y 轴属性值设置为 "260"，【填充色相】属性设置为 "200°"，如图 10-25 所示，通过调整【填充色相】的角度值可以改变颜色。

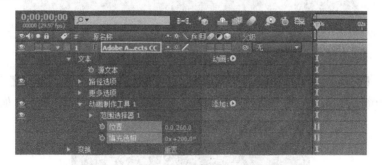

图 10-25　设置属性值

（20）展开【范围选择器 1】属性，设置【起始】属性值为 "17%"，【结束】属性值为 "58%"，如图 10-26 所示。

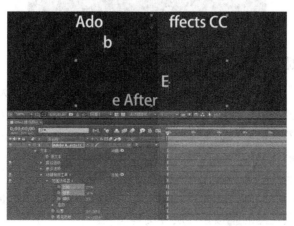

图 10-26　设置选区

（21）将时间指针拖动至 "0:00:00:00" 处，将【偏移】属性值设置为 "-60%"，如图 10-27

所示，单击时间变化秒表按钮，建立一个关键帧；将时间指针拖动至"0:00:02:00"处，将【偏移】属性值设为"86%"，如图10-28所示。

图 10-27　第 1 个关键帧

图 10-28　第 2 个关键帧

（22）单击【高级】左侧的▶按钮将其展开，在【形状】下拉列表中选择【平滑】选项，按数字键盘上的0键进行渲染，预览其效果可见文字上下波动，且颜色发生变化，如图10-29所示。

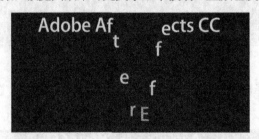

图 10-29　最终效果

10.2.3　字符位移

字符位移是 After Effects 文本属性动画中的一种，它可以通过输入数值使英文字符在现有的位置上产生一定的偏移。这种偏移是按照 26 个英文字母的顺序依次进行的，例如，数值为 5 的情况下，字符"a"变成"f"，文字"effect"变成"jkkjhy"。以下将通过一个实例向读者展示字符位移所带来的奇特效果。

【例 10-4】　制作字符位移动画。

（1）打开"第 10 章"文件夹中的项目文件"10-4.aep"，【合成】面板上有一行文字。

（2）单击文本图层左侧的▶按钮，展开文本属性。

（3）单击【动画】右侧的◉按钮，在弹出的菜单中选择【字符位移】命令，添加【字符位移】属性，如图10-30所示。

（4）将【字符位移】值设为"1"，发现所有字母向后推了 1 个字符，"practice"变成了"qsbdujdf"，如图 10-31 所示。

图 10-30 添加【字符位移】属性   图 10-31 【字符位移】值为 1

（5）将【字符位移】值设置为"26"，所有字母向后推 26 个字符，又回到原状，在【字符对齐方式】下拉列表中选择【中心】选项，如图 10-32 所示。

（6）单击【添加】右侧的 ▶ 按钮，在弹出的菜单中选择【选择器】/【摆动】命令，为文字添加【摆动】属性。

（7）单击【范围选择器 1】左侧的 ▶ 按钮将其展开，将时间指针拖动至 0:00:01:00 处，设置【结束】属性值为"0%"，单击时间变化秒表 ，建立一个关键帧；将时间指针拖动至"0:00:02:00"处，设置【结束】属性值为"100%"，如图 10-33 所示，此时实现的效果是文字由第一个字符到最后一个字符依次变换。

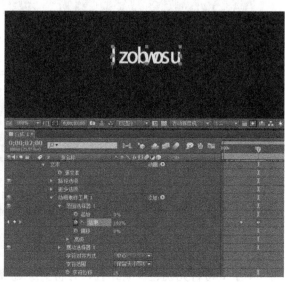

图 10-32 属性设置   图 10-33 【结束】属性关键帧

（8）将时间指针拖动到"0:00:04:00"处，单击【起始】属性的时间变化秒表 ，建立一个关键帧；将时间指针拖动到"0:00:05:00"处，设置【起始】属性值为"100%"，如图 10-34 所示。

图 10-34　【起始】属性关键帧

（9）按数字键盘上的 0 键进行渲染，预览其效果，文字"practice"在进行了字符的随机变换后又恢复原状。

（10）如果要实现文字"practice"在进行了字符的随机变换后，变成了另一组文字"exercise"的动画效果，则要继续更改【源文本】属性。

（11）将时间指针拖动到"0:00:03:00"处，单击【源文本】属性的时间变化秒表 ，建立一个关键帧；将时间指针拖动到"0:00:03:01"处，使用 工具将【合成】面板中的文字"practice"更改为"exercise"。注意，此时输入的文字并不显示为"exercise"，因为进行了文字的位移，如图 10-35 所示。

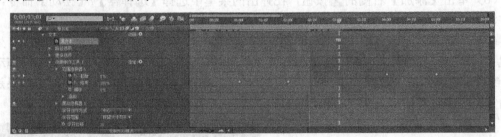

图 10-35　【源文本】关键帧

（12）按数字键盘上的 0 键进行渲染，预览其效果，文字"practice"在进行了字符的随机变换后，变成了另一组文字"exercise"。

10.3　路径文字

在 After Effects 中建立路径文字有两种方法，一种是建立了文字图层之后，将文字链接到路径上，另一种是通过特效菜单在纯色图层上建立路径文字，本节将介绍这两种路径文字。

10.3.1　随路径运动

本小节将首先创建一条路径，并将文字链接到路径上，之后再通过【时间轴】面板中的文本属性创建关键帧动画，实现文字随路径运动的效果。

【**例 10-5**】　制作文字随路径运动的效果。

（1）打开"第 10 章"文件夹中的项目文件"10-5.aep"，双击【项目】面板的合成"chars 01"打开该合成，【合成】面板上有一行文字。

（2）选择【工具】面板中的【钢笔】工具 ✒，在【合成】面板上建立一个路径，如图 10-36 所示。

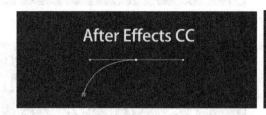

图 10-36　建立路径

（3）单击【路径选项】左侧的 ▶ 按钮，将其展开，在【路径】下拉列表中选择【蒙版 1】选项，即刚才建立的路径，文字被链接到路径上，如图 10-37 所示。

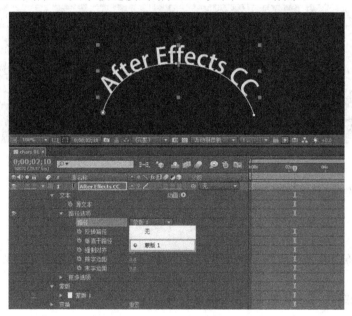

图 10-37　文字链接到路径上

（4）确认【垂直于路径】选项为"开"，此时文字与路径垂直，即图 10-37 所示的状态。

要点提示

　　当【垂直于路径】关闭时，文字呈现与 y 轴垂直状态，如图 10-38 所示；【强制对齐】打开时路径与文字两端对齐，如图 10-39 所示，关闭时文字保持原长度，如图 10-40 所示；【反转路径】打开时如图 10-41 所示。

（5）将时间指针拖动到"0:00:00:00"处，将【首字边距】属性值设为"-600"，单击时间变化秒表按钮 ⏱，建立一个关键帧；将时间指针拖动到"0:00:03:00"处，将【首字边距】属性值改为"600"，如图 10-42 所示。

图 10-38　【垂直于路径】关闭

图 10-39　【强制对齐】打开

图 10-40　【强制对齐】关闭

图 10-41　【反转路径】打开

图 10-42　建立关键帧

（6）按数字键盘上的 0 键进行渲染，预览其效果，文字顺路径从左侧飞入，由右侧飞出。

　　要点提示

　　在绘制较为复杂的路径时，选择【视图】/【显示网格】菜单命令打开网格用作参照。

10.3.2　在纯色层上建立路径文字

　　在 After Effects 中，文字也可以通过特效菜单创建，前提是合成中已经存在一个纯色层。下面就以路径文字为例介绍在纯色层上通过特效菜单建立文字的方法。

　　【例 10-6】　　在纯色层上通过特效菜单建立文字的方法。

　　（1）双击【项目】面板的合成"chars 02"打开该合成，选择【图层】/【新建】/【纯色】菜单命令，打开【纯色设置】对话框，参数设置如图 10-43 所示，建立一个与合成大小相同的深灰色纯色层。

　　要点提示

　　路径文字要建立在纯色层上，纯色层的大小最好与合成一致，纯色层的颜色并不影响路径文字的效果。

（2）选中纯色层，选择【效果】/【过时】/【路径文字】菜单命令，弹出【路径文字】对话框，在其中选择字体和样式，并输入文字，如图 10-44 所示。

图 10-43　建立纯色层　　　　　　　　　　　图 10-44　【路径文字】对话框

（3）文字显示在【合成】中，此时【时间轴】面板上并没有建立文本图层，因此路径文字是建立在纯色层上的，如图 10-45 所示。

（4）打开【效果控件】面板，在其中可以对文字进行路径、填充和描边、字符等设置，在【形状类型】下拉列表中选择【循环】选项，如图 10-46 所示。

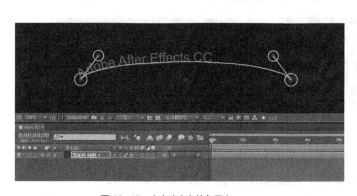

图 10-45　文字建立在纯色层上　　　　　　　图 10-46　【效果控件】面板

（5）【合成】面板的文字呈圆环状，有两个圆圈定位点，其中圆心处的定位点控制文字的位置，圆周上的定位点控制圆环的大小，如图 10-47 所示。

（6）设置【填充颜色】的颜色为蓝色，并设置【字符间距】属性值为 "15"，【水平切变】属性值为 "20"，如图 10-48 所示。

（7）将时间指针拖动到 "0:00:00:00" 处，将【效果控件】面板的【左边距】属性值设为 "600"，单击时间变化秒表，建立一个关键帧；将时间指针拖动到 "0:00:03:00" 处，将【左边距】属性值改为 "-800"，如图 10-49 所示。

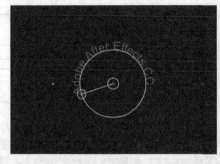

图 10-47　调整文字形状

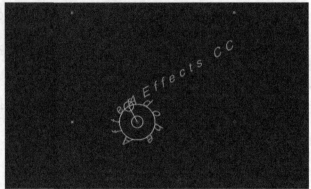

图 10-48　修改属性值

图 10-49　建立关键帧

（8）在【效果控件】面板中无法观看【时间轴】面板，选择【时间轴】面板的【深灰色纯色 1】，按键盘上的U键，弹出设置了关键帧的属性，如图 10-50 所示。

图 10-50　【时间轴】面板

 **要点提示**

选择图层，连续按键盘上的U键两次，则显示所有改变的属性。

（9）按数字键盘上的 0 键进行渲染，预览其效果，文字呈环状从左侧飞入，由右侧飞出。

10.3.3　打字效果

在影视剧、广告片中经常出现屏幕打字效果，如果进行实拍很难控制打字的速度，最终的效果也不美观，而 After Effects 的文本属性动画可以简便地实现打字效果，其操作步骤如下。

【例 10-7】　实现打字效果。

（1）双击【项目】面板中的的合成 "chars 03" 打开该合成。

（2）选中纯色层，打开【效果控件】面板，在【形状类型】下拉列表中选择【线】选项，如图 10-51 所示。

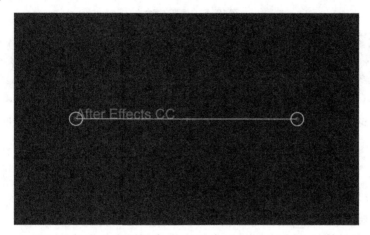

图 10-51　设置【形状类型】为 "线"

（3）单击纯色层左侧的 ▶ 按钮，将其展开，单击【路径文本】右侧的【编辑文本...】选项，弹出【路径文字】对话框，可以在其中修改文字的字体、样式以及文字内容，修改文字如图 10-52 所示。

图 10-52　修改文字

（4）在【效果控件】面板中将字符【大小】设置为 "58"，如图 10-53 所示。

（5）在【效果控件】面板中单击【高级】左侧的 ▶ 按钮，将其展开。将时间指针拖动到 "0:00:00:00" 处，将【可视字符】设置为 "0"，单击时间变化秒表 ⏱，建立一个关键帧，如图 10-54 所示，此时【合成】面板中的文字消失。

（6）将时间指针拖动到 "0:00:03:00" 处，将【可视字符】设为 "16"，如图 10-55 所示。由于文字的字符有 16 个，此时刚好能够完全显示。

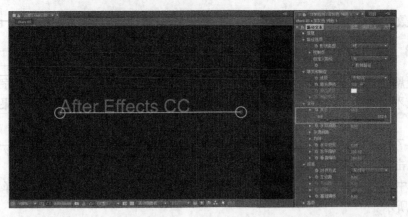

图 10-53 修改文字大小

图 10-54 修改【可视字符】属性

图 10-55 修改【可视字符】属性

可视字符代表能够显示的字符个数，最大值是1024。

（7）按数字键盘上的 0 键进行渲染，文字逐个出现，就像打字一样。

（8）将时间指针拖动到"0:00:03:00"处，将【可视字符】改为"30"，按数字键盘上的 0 键进行渲染，文字出现的速度变快了；如果将【可视字符】改为"60"，文字出现的速度会更快，因此"打字"的速度是由时间以及可视字符的数值决定的，时间越短，可视字符的数值越大，"打字"速度越快。

以上介绍了路径文字以及创建路径文字动画的方法，读者可以尝试其他形状类型的路径文字，并为其创建动画。

10.4 文字特效预设

After Effects 提供了丰富的特效预设用以创建文字动画，下面介绍如何使用和修改特效预设。

10.4.1 应用特效预设

After Effects 中的文字特效预设是内嵌在软件中的部分效果集合，善于运用这些特效预设不仅可以提高工作效率，还可以帮助用户系统地认识和学习 After Effects 的各种特效。

【例 10-8】 应用特效预设。

（1）打开"第 10 章"文件夹中的项目文件"10-6.aep"。

（2）选择【窗口】/【效果和预设】菜单命令打开【效果和预设】面板，展开【*动画预设】/【Text】效果，【*动画预设】提供了大量的文字预设动画，如图 10-56 所示。

（3）选择其中的一种预设动画，例如【Animate In】/【Decoder Fade In】，将其拖放到图层上或者【合成】面板的文字上。

（4）按数字键盘上的 $\boxed{0}$ 键进行渲染，预览文字动画效果。

图 10-56　【效果和预设】面板

　　可以通过选择【动画】/【将动画预设应用于】菜单命令，在弹出的对话框中定位到【Adobe】/【Text】文件夹，在其中选择某一种预设动画导入。

10.4.2　使用 Adobe Bridge 管理预设

Adobe Bridge 是一种文件与资源管理应用程序，它通常与 Adobe 系列软件结合使用，通过 Adobe Bridge 可以方便地浏览各种预设动画。

【例 10-9】　使用 Adobe Bridge 管理预设。

（1）选择【动画】/【浏览预设】菜单命令，启动 Adobe Bridge。

（2）打开【Text】文件夹的任一子文件夹，会显示各种预设动画，单击其中一个，在【预览】面板中会显示该预设动画的效果，如图 10-57 所示。

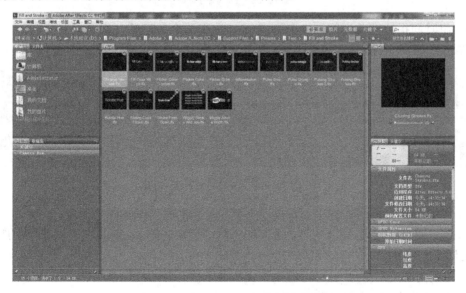

图 10-57　在 Adobe Bridge 中预览动画预设

（3）打开【Blurs】文件夹，双击预设动画"Evaporate.ffx"，将其应用到文本图层上。

10.4.3　修改文字特效预置

虽然文字特效预设十分丰富，但是有的时候需要对应用的预设动画进行修改，以适应不同的需要。

【例 10-10】　修改文字特效预置。

（1）接例 10-9。回到 After Effects 中，按数字键盘上的 0 键进行渲染，观看上一节为其设置的预设动画"Evaporate"，效果如图 10-58 所示。

图 10-58　Evaporate 预设动画

（2）选中文本图层，按键盘上的 U 键，弹出设置了关键帧动画的【偏移】属性，如图 10-59 所示。

图 10-59　【时间轴】面板

（3）将时间指针拖动到"0:00:01:00"处，选中两个关键帧，将它们向后拖动，使第一个关键帧位于时间指针，即"0:00:01:00"处，如图 10-60 所示。

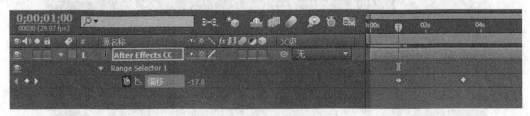

图 10-60　改变关键帧的位置

（4）按数字键盘上的 0 键进行渲染，文字在 1 秒的时候开始模糊出现。

（5）选中两个关键帧，在【时间轴】面板上单击鼠标右键，在弹出的右键菜单中选择【关键帧辅助】/【时间反向关键帧】菜单命令，如图 10-61 所示。

（6）按数字键盘上的 0 键进行渲染，文字在 1 秒时开始模糊消失。

这样就完成了对文字预设动画的修改工作。

图 10-61 使关键帧反向

小结

本章通过多个实例介绍了 After Effects 的文字特效，重点介绍的是属性文本动画的创建方法，其中对于选区的理解尤为重要。路径文字有两种创建方法，可以实现文字跟随路径运动的各种效果，而且操作十分简单。文字特效预设提供了大量的预设动画供用户选择，使用 Adobe Bridge 可以直观地浏览预设的动画效果，同时要掌握在【时间轴】面板上修改预设动画的方法。

习题

一、简答题

1. 可以通过几种方法创建文字？
2. 属性文本动画有哪些？
3. 文字的选区是通过哪些属性控制的？
4. 路径动画是如何创建的？
5. 按一次键盘上的 U 键和按两次键盘上的 U 键有什么不同？

二、操作题

1. 创建一个打字效果的文本动画。
2. 为文字应用一个预设动画，并修改预设动画的属性。
3. 使用文字的摆动属性和颜色属性创建动画。

第 11 章
数字抠像特效

本章介绍在 After Effects 中使用校色特效、降噪特效以及用来进行数字抠像特效的【键控】特效组、蒙版技术以及图层混合模式生成动画的方法。在大量的后期制作应用中，数字抠像技术是一种重要的数字合成技巧。除了使用具有 Alpha 通道的透明素材之外，有时受到条件限制，无法取得透明素材，便可以使用蒙版、键控、图层混合模式等技术手段来达成抠像效果。

【教学目标】

- 了解【键控】特效组。
- 掌握修正素材成像质量和画面色彩的基本操作。
- 掌握创建蒙版的基本方法。
- 综合运用【键控】特效和图层混合模式技巧进行数字抠像。

11.1　创建数字抠像项目

在进行抠像工作之前，往往需要对需要参与工作进程的现有素材进行甄别、整理、修正等步骤。下面首先来创建一个项目，并且对现有的素材进行修正。

11.1.1　校正素材的成像颗粒和颜色

摄像机拍摄的素材往往存在像素颗粒过粗以及颜色不够鲜艳的问题，需要对其进行质量上的校正。

【例 11-1】　对素材进行质量校正。

（1）建立一个新的项目"11"。

（2）打开素材资源中的"第 11 章"文件夹，导入其中的视频素材"a.mov"及视频素材"bg.mov"。

（3）单击【项目】面板下方的 按钮新建合成，弹出【合成设置】对话框，在其中进行如图 11-1 所示的设置，建立自定义预设合成，单击 确定 按钮退出。

（4）在【项目】面板中将视频素材"a.mov"拖入新建立的"lesson11"中，在【合成】面板中可以浏览当前合成的内容，如图 11-2 所示。

图 11-1　【合成设置】对话框　　　　　图 11-2　在【合成】浏览窗口预览当前合成

（5）在浏览过程中可以发现素材的尺寸超出了合成设定的分辨率。前面的内容曾经讲到，有关当前素材的一般属性可以在【项目】面板中看到。选中想要了解的素材，在【项目】面板的上方便可以看到素材的相关属性，如图 11-3 所示。

（6）从获取到的素材信息可以得知，当前素材的分辨率为 1920 像素×1080 像素大小，大于设定的合成大小，因此需要对其进行尺寸缩放。在【时间轴】面板中选中素材所在图层，按数字键盘上的 S 键，调出【缩放】属性，修改其值为"67%"，此时可以在【合成】面板中看到素材的尺寸变得符合要求了，如图 11-4 所示。

（7）同时也看到该素材图像不但存在颗粒和不少的噪点，而且在色彩上也不够鲜艳，图像品质不够理想，需要对其进行图像品质的加强，如图 11-5 所示。

（8）在【效果和预设】面板中找到【杂色和颗粒】组中的【移除颗粒】特效，双击添加到当前素材中，如图 11-6 所示。

图 11-3 在【项目】面板中获取当前素材信息　　　　　图 11-4 在【合成】面板中预览当前合成

图 11-5 画面质量存在颗粒　　　　　　　　　图 11-6 【移除颗粒】特效

在【合成】面板中，可以发现出现了一个白色的矩形线框，颗粒粗糙的问题在线框内部的部分已经得到了较好的校正，如图 11-7 所示。

（9）在【效果控件】面板中对当前特效的属性值进行进一步的设置，修改【查看模式】选项组的【预览】为【最终输出】，如图 11-8 所示。

图 11-7 校正颗粒粗糙　　　　　　　　　图 11-8 设定特效属性值

完成设定后，可以看到素材的图像质量较修改前有了较大的改善，如图 11-9 所示。

图 11-9 图像质量比对

下面需要对素材的色彩进行修正。本素材的色彩偏灰，为了在后期制作时取得较好的视觉效果，要对其色相、饱和度、亮度以及对比度进行调整。

（10）在【效果和预设】面板中找到【颜色校正】组中的【色相/饱和度】特效，并将其拖曳添加到当前素材中，如图 11-10 所示。

（11）在【效果控件】面板中对当前特效的属性值进行进一步的设置：在【通道控制】下拉列表中选择【绿色】选项；拖曳【通道范围】的色彩范围滑块，如图 11-11 所示。

（12）调整【绿色饱和度】的属性值为"50"；【绿色亮度】的属性值为"-10"，如图 11-12 所示。

（13）回到【效果控件】面板，在【通道控制】下拉列表选择【红色】选项；拖曳【通道范围】的色彩范围滑块；【红色饱和度】属性值为"20"；【红色亮度】属性值为"17"，如图 11-13 所示。

图 11-10 【色相/饱和度】特效

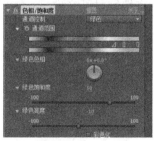

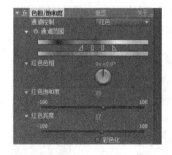

图 11-11 调整色彩范围滑块   图 11-12 设定绿色通道   图 11-13 设定红色通道

（14）此时，【合成】面板中的图像色彩较之以前产生了较为明显的变化，如图 11-14 所示。

图 11-14 图像质量对比

（15）在【效果和预设】面板中找到【颜色校正】组中的【亮度和对比度】特效，双击添加到当前素材。

（16）在【效果控件】面板调节【亮度】属性值为"27"；【对比度】属性值为"17"，调节完毕后效果如图 11-15 所示。

图 11-15　调整后的画面效果

11.1.2　使用渲染队列导出修正后的素材

现在要将刚刚修正完成的素材导出为一段新的视频文件，生成的新视频文件会作为素材导入到本项目中来。这样做的原因是为了防止因素材携带过多的特效，在后期制作合成时因为大量运算导致计算机运行缓慢甚至死机。

【例 11-2】　导出修正后的素材。

（1）在【项目】面板中选择"合成 1"，选择【合成】/【添加到渲染队列】菜单命令，在【时间轴】面板的一侧弹出【渲染队列】面板，如图 11-16 所示。

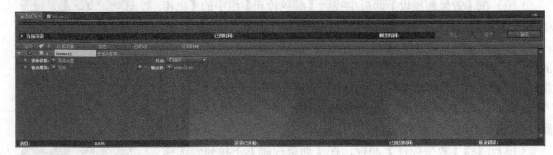

图 11-16　【渲染队列】面板

（2）在【渲染队列】面板的【输出模块】中设置影片格式为"QuickTime"；并在【输出到】下拉列表中设定输出路径为本地硬盘某文件夹，输出文件名称为"a2.mov"，如图 11-17 所示。

图 11-17　修改输出设置

（3）单击 ［ 渲染 ］ 按钮开始渲染当前合成，当进度条结束后，视频"a2.mov"就会被保存在刚才设定的文件夹中了。

（4）在【项目】面板中导入刚刚生成的视频"a2.mov"，选择【文件】/【保存】菜单命令，保存当前项目。

11.2　使用键控特效抠像

在影视节目中经常可以看到将人物从原有的背景中分离出来，合成到另外场景中的镜头，例如天气预报播报员与背后气象图的结合；一些电视剧中的角色在天上飞、云中走的画面……这些合成特技，需要事先在蓝屏或绿屏前拍摄素材，如主持人播放的视频，在制作时使用抠像技术剔除原有的蓝色或绿色背景信号，再合成到另外的背景如气象图中。这样不仅使艺术创作的丰富程度大大增强，而且也为难以拍摄的镜头提供了替代解决方案，同时降低了拍摄成本。

用于抠像的技术手段有很多，例如专业用于抠像的色键机、抠像软件等。色键机是运用色彩键控原理，对影像进行细致精确的抠像的专业硬件设备，其成像效果和工作速度远非抠像软件所能比拟，但因其价格较为高昂而不能被广泛使用。最常用同时也是成本较为低廉的解决方案便是使用 After Effects 中的键控抠像。

11.2.1　键控的基本概念

键控是利用一个视频信号中不同部位参量（例如亮度和色度）的不同，经过处理形成高、低双值键控信号，去控制电子开关，使待合成的两路视频信号交替输出，形成一个画面的一部分被抠掉而填进另一画面的效果，俗称"抠像"。

按键源的性质可分为内键和外键。

（1）内键。内键是以参与键控特技其中的一路信号作为键信号来分割画面的，也就是说键源与前景图像是同一个图像。内键也称自键，一般用于文字、图形的叠加。内键的键源信号通常是在黑底上的白色字符或图形，其电平只有高低两种，且对应白色部分的电平高。

（2）外键。外键是相对于内键而言的，其键信号由第三路键源图像提供，而不是参与键控特技的前景或背景图像。外键的键源信号通常也是黑底上的白色字符或图形，填充信号通常为单一色调的彩色信号，因此外键特技通常用于彩色字幕或图形的插入。

按键源图像成分可分为亮度键和色度键。

（1）亮度键。亮度键利用键源图像中亮度成分来形成键信号，它要求键源图像要有较高的亮度反差，即键源中做前景的图像部分要亮，其余部分要暗（黑），要形成明显的黑白反差。亮度键又称黑白键。

（2）色度键。色度键是利用前景图像的色度成分与其后的彩色背景幕布的色调差别来形成键信号，用键信号去抠背景图像，再填入前景图像。色度键要求键源图像信号有较高的色度反差，也就是要求键源信号的前景和背景的色调尽量分开，最好是补色关系，以保证两者之间的色调差别。

11.2.2　After Effects 中常用的键控特效

After Effects 中常用的键控特效有以下几种。

（1）【颜色差值键】抠像特效。

【颜色差值键】抠像和其他线性去背景方法的工作原理不一样，更类似于传统的光学去背景。其原理是将选定的图层分为两个灰度图像：遮光部分 B，表示在像素中找到的基色的数量；遮光部分 A，依赖于与基色大不相同的颜色，最终的遮光是两者的组合。利用它可以生成更高质量的去背效果，也可用在更难实现的去背效果上，如含有类似烟雾和阴影的事物。【颜色差值键】面板如图 11-18 所示。

（2）【颜色范围】抠像特效。

颜色范围与 Photoshop 中的色彩范围使用一样的方法来调节颜色。当背景中含有基色的多种变化元素时，它产生的效果最佳。这种方法不如颜色差值抠像那样精确。【颜色范围】面板如图 11-19 所示，其主要参数解释如下。

- ：选择被消除的颜色。
- ：选择不被消除的颜色。
- 【模糊】：对蒙版的平衡进行微调。
- 【色彩空间】：指定去背作用的色彩范围。
- 【最大值】/【最小值】：用来扩展和缩小遮光范围。

图 11-18 【颜色差值键】抠像特效　　　　　图 11-19 【颜色范围】抠像特效

（3）【差值遮罩】抠像特效。

根据两个图层之间的差值进行去背。在源图层中，与差值层相似的像素变成透明。【差值遮罩】面板如图 11-20 所示，其主要参数解释如下。

- 【视图】：指定观察对象。
- 【差值图层】：选择与源图层进行比较的那一层。
- 【如果图层大小不同】：决定是否将图像缩放到源图层尺寸。
- 【匹配容差】：消除去背色彩的微调器。
- 【匹配柔和度】：控制遮光的边缘。
- 【差值前模糊】：用模糊背景来消除颗粒，中和基色前景。

（4）【提取】抠像特效。

提取效果根据图像中的某一通道进行遮光。它不如颜色范围和差值遮罩那样灵敏。【提取】面板如图 11-21 所示，其主要参数解释如下。

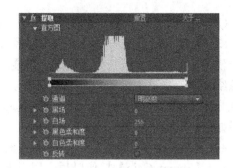

图 11-20　【差值遮罩】抠像特效　　　　　　图 11-21　【提取】抠像特效

- 【直方图】：显示像素在所选通道中的位置。通过下方的多个滑块控件或通过调节灰度条进行调节。
- 【通道】：指定用来提取遮光的通道。
- 通过调整【黑场】和【白场】设置可以微调遮光的扩展和阻塞。

（5）【线性颜色键】抠像特效。

线性颜色键抠像特效通过将图像中每一个像素与指定的基色进行比较来处理图像。它对不含半透明物体（如头发或烟雾等）的纯色区域效果更好。【线性颜色键】面板如图 11-22 所示，其主要参数解释如下。

- 【预览】：查看源文件，也可用吸管指定基本色
- 【视图】：选择所显的内容，可以是最终的输出结果、源文件或遮光。
- 【主色】：选取基色。
- 【匹配容差】和【匹配柔和度】微调遮光，使用这两个设置来相互平衡。

（6）【颜色键】抠像特效。

【颜色键】抠像特效通过指定一种颜色，然后将与其近似的像素去背抠像，使其透明。此功能相对比较简单，对于拍摄质量较好，背景颜色比较单纯的素材有不错的效果，但是不适合处理较为复杂的情况。【颜色键】面板如图 11-23 所示，其主要参数解释如下。

- 【主色】：选择将要被抠掉的颜色。
- 【颜色容差】：去背色彩的容差值，设置多少近似颜色将被抠掉，值越高，越多的近似色被删除。
- 【薄化边缘】：抠像边界的扩展或者收缩，正值为收缩边界，负值为扩展边界。
- 【羽化边缘】：设置边缘的模糊程度。

图 11-22　【线性颜色键】抠像特效　　　　　图 11-23　【颜色键】抠像特效

（7）【Keylight（1.2）】抠像特效。

Keylight（1.2）是一个屡获殊荣并经过产品验证的蓝绿屏幕抠像插件。Keylight（1.2）易于使用，并且非常擅长处理反射、半透明区域和头发。由于抑制颜色溢出是内置的，因此抠像结果看起来更加像照片，而不是合成。这么多年以来，Keylight（1.2）不断地改进，目的就是为了使抠像能够更快、更简单。【Keylight（1.2）】面板如图 11-24 所示，其主要参数解释如下。

- 【Screen Colour】即你要抠掉的颜色，蓝绿屏用吸管去吸相对应的颜色即可。
- 【Screen Gain】抠像以后，用于调整 Alpha 的暗部区域的细节。
- 【Screen Balance】此参数会在你执行了抠像以后自动设置数值。一般蓝屏，此参数在 0.95 左右效果最佳。绿屏的话，数值在 0.5 左右，得到的效果最佳。在某些情况下，这两个数值得到的效果都不理想，那么尝试把它设成 0.05、0.5、0.95 等数值来试试。
- 【Despill Bias】去除溢色的偏移。
- 【Alpha Bias】透明度偏移。可使 Alpha 通道向某一类颜色偏移。
- 【Screen Pre-blur】模糊。如果原素材有噪点，那么你可以用此选项来模糊掉太明显的噪点，从而得到比较好的 Alpha 通道。

以上是常用的几种键控类型，根据具体不同的场景选取相应的键控类型即可。在选取任一类型时，进行去背景有时抠像不太干净，图像周围还有没扣干净的颜色，这时就需要用另外一种抠像辅助特效来对刚才没扣干净的颜色再进行一次抠像，移去去背元素周围的颜色，来完成自己满意的创作。

（8）【溢出抑制】抠像特效。

【溢出抑制】面板如图 11-25 所示，其主要参数解释如下。

图 11-24　【Keylight（1.2）】抠像特效　　　　图 11-25　【溢出抑制】抠像特效

- 【要抑制的颜色】：用来选择抑制的颜色。
- 【抑制】：指定颜色抑制量。

11.2.3　使用键控特效抠像

下面将使用【颜色范围】、【溢出抑制】等特效进行抠像，操作步骤如下。

【例 11-3】　使用【颜色范围】、【溢出抑制】等特效进行抠像。

（1）在【项目】面板中将素材"a2.mov"拖曳至面板下方的 ▣ 按钮上松开，创建一个与其大小一致的名为"a2"的新合成，选择【合成】/【合成设置】菜单命令，在弹出的【合成设置】对话框中修改合成名称为"ren"。

（2）在【项目】面板将素材"bg.mov"拖曳至合成"ren"中，为其增加一个名为"bg.mov"的新图层。在【时间轴】面板中调整图层"bg.mov"至图层"a2.mov"的下方，如图 11-26所示。

图 11-26　调整图层顺序

（3）选中图层"a2.mov"，在【效果和预设】面板中选择【键控】特效组中的【颜色范围】特效，双击鼠标左键将其加入到当前图层的素材上。在【效果控件】面板，选择【颜色吸取】工具，在【合成】面板的预览窗口中单击需要抠除的绿色部分。画面效果如图 11-27所示。

（4）由于背景色并不单纯，因此，绿幕并没有被完全抠除，在【效果控件】面板中选择工具，在【合成】面板中继续单击没有被完全抠除的绿幕颜色，增加抠除颜色范围。如果一次不够，可连续操作几次，直至屏幕大部分绿色区域被抠除掉，如图 11-28所示。

（5）如果不慎清除了其他颜色，可以使用工具，单击那些不需要抠除的颜色进行还原。

图 11-27　吸取绿色部分

（6）在【效果控件】面板中，设置其属性值如图 11-29 所示。

图 11-28　继续清除绿色部分　　　　图 11-29　设置特效属性值

（7）经过设置后，在【合成】面板的窗口中可以看到，画面中的大部分绿色被抠除了，但还有一些局部的地方存在绿色像素，如图 11-30所示。

（8）在【效果和预设】面板中选择【键控】特效组中的【溢出抑制】特效，双击鼠标左键将其加入到当前图层的素材上。在【效果控件】面板中单击【要抑制的颜色】工具，在【合成】预览窗口中单击需要校正的边缘部分残存的绿色像素，如图 11-31 所示。

图 11-30　【合成】面板中的预览效果

（9）在【效果控件】面板中，对【溢出抑制】属性值做进一步的设置。设置【抑制】属性值为"100"，如图 11-32 所示。

图 11-31　吸取残存的绿色像素　　　　　　图 11-32　设置【溢出控制】特效的属性值

（10）在设置完成之后，可以看到图像中残留的绿色像素得到了有效的控制，如图 11-33 所示。

（11）为了进一步确认抠像的效果是否符合要求，在【时间轴】面板中单击 图标，关闭图层"bg.mov"的可视性，如图 11-34 所示，在【合成】面板中观看抠像是否干净。

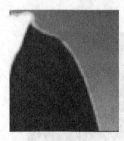

图 11-33　调整前后效果对比　　　　　　　图 11-34　关闭下方图层的可视性

（12）在【合成】面板中可以看到，在个别地方仍然存在粗糙的杂色像素，如图 11-35 所示。

（13）在【效果和预设】面板中选择【键控】特效组中的【颜色差值键】特效，双击鼠标左键将其加入到当前图层的素材上。在【效果控件】面板中选择 工具，在【合成】面板中单击需要校正的残存的杂色像素。

（14）选择 工具，选取欲透明的颜色；选择 工具，选取无需被透明的颜色。

（15）在【效果控件】面板中对【颜色差值键】属性值做进一步的设置，如图 11-36 所示。

（16）经过几次调整之后，再次单击打开图层"bg.mov"的 图标；在【合成】面板中，可以看到最后呈现的效果相较之前有所改善，如图 11-37 所示。

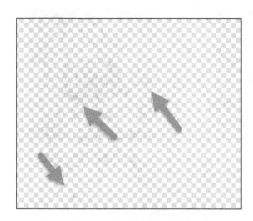

图 11-35 仍然存在的局部杂色

图 11-36 【颜色差值键】属性值

图 11-37 修改后的效果

11.3 使用蒙版

在进行抠像操作时,仅仅依靠色键抠像有时并不能够完美地解决问题,事实上键控抠像、蒙版以及图层混合模式常常配合在一起使用。蒙版是一种在抠像中经常用到的,而且方便有效的技巧。

蒙版实际上是通过在图层上添加一组矢量轮廓路径,对当前图层的 Alpha 通道进行遮蔽或者显露而实现抠像的。蒙版实际上可以看做一个特殊的层,但是每个层又可以包含多个蒙版。

11.3.1 创建蒙版

抠像完成之后,可以看到素材中原有的绿幕部分已经被抠除了,但是在画面的左右两侧仍然存在两块较为明显的杂色区域,如图 11-38 所示,接下来要运用添加蒙版的方法对文件做进一步的加工。

【例 11-4】 添加蒙版。

(1)选择图层"a2.mov",在【工具栏】中选择【钢笔】工具 ,在【合成】浏览窗口中沿着人物的周围勾勒出一条封闭的路径将人物框选起来,如图 11-39 所示。

此时可以看到框选的范围内的人物保留了下来,而两侧的杂色区域不见了。如果两侧没有消失,则要检查勾画的轮廓是否已闭合。

图 11-38　画面两侧的杂色区域　　　　　图 11-39　勾勒一条路径

其实，当前蒙版并不是真的删除了画面的其余部分，而是在 Alpha 通道中将蒙版封闭范围内的部分处理成可见，其余部分则被处理成不可见。范围内的可见或者不可见可以通过【图层】面板的【蒙版】选项进行调整。

因为正在处理的是一条视频素材，因此需要检验当前的蒙版是否能够在整段时间内起作用。

（2）在【时间轴】面板中拖曳时间指针浏览后面的帧，可能会在某几个地方发现人物的某些局部被蒙版遮挡住了。在【工具栏】中单击钢笔工具右侧的按钮，选择【转换"顶点"工具】工具，在出现遮挡的路径节点处拖曳鼠标进行调整，如图 11-40 所示。

（3）按数字键盘上的0键，回放当前素材，如果没有出现人物其他部分被遮挡的问题，那么针对图层"a2.mov"的抠像操作便已经完成。

图 11-40　调整路径节点直至显露出有效区域

11.3.2　编辑蒙版

下面要要制作人物在一个相框中活动的合成画面。在"第 11 章"文件夹中提供了相框的素材图片。接下来要把相框素材图片导入项目，对其进行添加蒙版并且编辑蒙版属性的操作。

【例 11-5】　编辑蒙版。

（1）在【项目】面板的空白区域双击鼠标左键，导入素材资源文件"第 11 章\相框.jpg"；将其拖动到合成"ren"中。当前合成"ren"中的图层顺序如图 11-41 所示。

图 11-41　合成"ren"中的图层顺序

（2）选中图层"相框.jpg"，在工具栏中选择【钢笔】工具，在【合成】面板中沿着镜框的内边缘勾勒轮廓，勾勒完毕后，相框部分被留下，其余部分被隐藏了，如图 11-42 所示。

（3）在【时间轴】面板中，单击【蒙版】左侧的按钮将其展开，在【蒙版 1】下拉列表中选择【相减】选项，或者勾选【反转】复选框，可以在【合成】面板中看到相框中间的部分被消除，其余

图 11-42　勾勒相框边框

部分显露出来了，如图 11-43 所示。

图 11-43　反转蒙版

（4）在【合成】预览窗口中浏览当前合成，发现人物比相框的范围略大，回到图层"a2.mov"调整其【缩放】及【位置】属性值，直至人物能够以合适的大小和位置出现在相框中，如图 11-44 所示。

图 11-44　调整人物比例大小

（5）选择【文件】/【保存】菜单命令，按数字键盘上的 ⓪ 键进行渲染，预览当前合成效果。

11.3.3　蒙版羽化

为了增强影片的光影效果，需要在影像中添加一个周围暗、中间亮的模糊区域。相关操作步骤如下。

【例 11-6】　在影像中添加模糊区域。

（1）在合成"ren"的控制面板区域的空白处单击鼠标右键，在弹出的右键菜单中选择【新建】/【纯色】命令，如图 11-45 所示。

（2）在弹出的【纯色设置】对话框中，设定【颜色】为黑色，保持其他选项为默认，如图 11-46 所示，完成设定。

图 11-45　创建纯色　　　　　　　　　图 11-46　设定【纯色设置】对话框

（3）选中"黑色纯色 1"，选择【钢笔】工具 ，在【合成】面板中沿着合成边框描绘一个椭圆的大体路径，如图 11-47 所示。

（4）单击"黑色纯色 1"左侧的 按钮将其展开，在【蒙版 1】下拉列表中选择【相减】选项，或者勾选【反转】复选框，使当前的蒙版反转显示，如图 11-48 所示。

图 11-47　为黑色纯色层添加蒙版

（5）单击【蒙版 1】左侧的 按钮将其展开，将【蒙版羽化】属性值设为"147，147"；【蒙版透明度】属性值设为"60%"。在【合成】面板中预览当前效果，如图 11-49 所示。

图 11-48　反转蒙版显示

图 11-49　蒙版羽化

11.4 使用图层混合模式调和素材

为了进一步营造气氛，可以在前景添加一些烟雾效果。但是本例中准备的不是透明素材，无法直接予以应用，如果对其进行抠像操作，必然会增加工作量。这时可以通过对其使用图层合成模式，然后与其他图层巧妙地混合起来，实现目标效果。

【例 11-7】　在前景添加烟雾效果。

（1）导入素材资源文件"第 11 章\烟雾.mov"，在【项目】面板中选中该素材，并将其拖动到【时间轴】面板的"黑色纯色 1"的下方。

（2）选中图层"smoke"，在【模式】下拉列表中选择【屏幕】选项，如图 11-50 所示。

（3）选择【文件】/【保存】菜单命令，按数字键盘上的 0 键进行渲染，在【合成】面板中预览当前合成的最终动画效果，如图 11-51 所示。

图 11-50 设置图层混合模式为"屏幕"

图 11-51 最终动画效果

小结

本章的知识点主要涉及到了颜色校正特效、画面降噪特技以及用来进行数字抠像的【键控】特效组、蒙版技术、图层混合模式。在理解其工作原理的基础上，熟练掌握这些技巧对于今后的视频创作非常重要。仅仅掌其中的某个技巧是不够的，这些技巧只有创造性地综合运用时才能发挥出其强大的功能，因此，要在平时多加练习和实践做到活学活用。

习题

一、简答题

1．制作抠像的技术手段都有哪些？After Effects 所提供的抠像手段叫什么？

2．色键是什么？

3．颜色差值抠像的工作原理是什么？

4．如何理解蒙版和图层的关系？

二、操作题

搜集一些素材，自行创作一段 PAL 制式的 1280 像素×720 像素大小的抠像视频作品。

Chapter

12

第 12 章
其他特效制作

在 After Effects 中内设了大量丰富而有趣的特效，利用它们能够创建出各种炫目的效果，通过添加一定的关键帧，还能够制作成特效动画。通过调整不同的配置和参数，便可以按照创作的需要创作出形形色色的特殊效果。另外，在 After Effects 中还有另一项神奇的功能——跟踪。本章将以演示操作的方式分别介绍部分常用特效的一般设置方法以及动态跟踪的基本制作技巧。

【教学目标】

- 了解模糊与锐化特效。
- 熟悉图像控制特效。
- 了解风格化特效。
- 了解转场特效。
- 掌握稳定运动的基本技巧。
- 掌握跟踪运动的基本技巧。

12.1　模糊与锐化类效果

模糊效果是最常应用的效果，也是一种简便易行的改变画面视觉效果的途径。动态的画面需要"虚实结合"，这样即使是平面合成作品，也能产生一定的空间感和对比感，容易让人产生联想，还可以使用模糊来提升画面的质量，即使是很粗糙的画面，经过处理后也会变得赏心悦目。所以，应该充分利用各种模糊效果来改善作品质量。

12.1.1　【通道模糊】效果

通道模糊可以分别对图像中的红、绿、蓝和 Alpha 通道进行模糊，并且可以设置模糊方向为水平、垂直或两个方向同时进行，图 12-1 所示为只对蓝色通道进行模糊处理的效果。当该层设置为最高质量的时候，这种模糊能产生平滑的效果。这种效果的最大好处是可以根据画面颜色分布，分别进行模糊，而不是对整个画面进行模糊，提供了更大的模糊灵活性。通道模糊还可以产生模糊发光的效果，对 Alpha 通道的整幅画面应用模糊，可以得到不透明的软边。【通道模糊】面板中的参数介绍如下。

- 【红色模糊度】：设置红色通道的模糊程度。
- 【绿色模糊度】：设置绿色通道的模糊程度。
- 【蓝色模糊度】：设置蓝色通道的模糊程度。
- 【Alpha 模糊度】：设置 Alpha 通道的模糊程度。
- 【边缘特性】：勾选【重复边缘像素】复选框，则图像外边的像素是透明的，否则图像外边的像素是半透明的。不勾选【重复边缘像素】复选框可以防止图像边缘变黑或变为透明。
- 【模糊方向】：可以设置方向为"水平""垂直"和"水平和垂直"。

图 12-1　通道模糊

12.1.2　【复合模糊】效果

复合模糊效果是指依据某一层（可以在当前合成中选择）画面的亮度值对该层进行模糊处理，或者为此设置模糊映射层，也就是用一个层的亮度变化去控制另一个层的模糊。图像上的依据层的点亮度越高，模糊越大；亮度越低，模糊越小。当然，也可以反过来进行设置。复合模糊效果及其参数面板如图 12-2 所示。

常用参数介绍如下。

- 【模糊图层】：用来指定当前合成中的哪一层为模糊映射层，当然可以选择本层。
- 【最大模糊】：以"像素"为单位，设置最大模糊半径。

- 【如果图层大小不同】：勾选【伸缩对应图以适合】复选框，如果模糊映射层和本层尺寸不同，则伸缩图层以进行适配。
- 【反转模糊】：勾选此项则反转当前的模糊区域。

图 12-2　复合模糊

12.1.3　【快速模糊】效果

快速模糊用于设置图像的模糊程度，和高斯模糊效果十分类似，但在大面积应用时，快速模糊速度更快。快速模糊效果及其参数面板如图 12-3 所示，常用参数介绍如下。

- 【模糊度】：用于设置模糊程度。
- 【模糊方向】：用于设置模糊方向，可以选择水平、垂直或者同时向两个方向进行模糊。

图 12-3　快速模糊

12.1.4　【高斯模糊】效果

高斯模糊用于模糊和柔化图像，可以去除杂点，层的质量设置对高斯模糊没有影响。高斯模糊能产生更细腻的模糊效果，尤其是单独使用的时候。高斯模糊效果及其参数面板如图 12-4 所示，常用参数介绍如下。

- 【模糊度】：用于设置模糊程度。
- 【模糊方向】：可以选择水平、垂直或者同时向两个方向。

图 12-4　高斯模糊

12.1.5　【定向模糊】效果

定向模糊是一种具有较强动感的模糊效果，可以产生任何方向的运动幻觉。当图层为草稿质量的时候，应用图像边缘的平均值；当图层为最高质量时，应用高斯模式的模糊，产生平滑、渐变的模糊效果。定向模糊效果及其参数面板如图 12-5 所示，常用参数介绍如下。

- 【方向】：用于设置运动模糊方向，以度数为单位。
- 【模糊长度】：用于设置运动模糊的长度。

图 12-5 定向模糊

 要点提示

【定向模糊】效果不同于【时间轴】面板中的运动模糊开关，运动模糊开关是针对某个层的运动画面进行补偿的工具。

12.1.6 【径向模糊】效果

径向模糊可以在指定的点产生环绕的模糊效果，越靠边缘模糊越强如图 12-6 所示。当图层为草稿质量时，只显示纹理。这种效果在隔行显示时可能会闪烁。【径向模糊】面板中的常用参数介绍如下。

图 12-6 径向模糊

- 【数量】：设置模糊的数量程度。
- 【中心】：设置模糊的中心位置。
- 【类型】：用于设置模糊类型。设置为"旋转"，则模糊呈现旋转状；设置为"缩放"，则模糊呈放射状。
- 【消除锯齿（最佳品质）】：用于设置反锯齿的作用。

12.1.7 【锐化】效果

锐化可在图像相邻颜色区域的边缘位置提高对比度。其效果及参数面板如图 12-7 所示，其中【锐化量】用于设置锐化的程度。

图 12-7 锐化

12.1.8 【钝化蒙版】效果

钝化蒙版用于在一个颜色边缘增加对比度。和锐化不同，它不是对颜色边缘进行突出显示，而是整体对比度增强的效果。其效果及参数面板如图 12-8 所示，常用参数介绍如下。

- 【数量】：用于设置效果应用的百分比。
- 【半径】：用于指定两个颜色的边界，用以设定哪一块区域可以被调整。
- 【阈值】：用于指定边界的容限，设置允许的对比度范围，避免调整整个画面的对比度而产生杂点。注意在做模糊的时候要对层开启高精度显示，也就是反锯齿显示，这样才能得到正确的图像运算结果。

图 12-8 钝化蒙版

12.2 颜色校正类效果

颜色校正效果主要用来对图像的颜色进行较为精确的调整，在后期效果处理中，校色的大部分操作都要依赖于图像控制效果的支持。可以通过选择【效果】/【颜色校正】菜单命令来使用当前特效组内的内容。

12.2.1 【更改颜色】效果

更改颜色用于改变图像中的某种颜色区域（创建某种颜色遮罩）的色调饱和度和亮度。可以通过指定某一个基色和设置相似值来确定区域，查看合成窗口的变化效果。更改颜色效果及其参数面板如图 12-9 所示，常用参数介绍如下。

- 【色相变换】：以度为单位改变所选颜色区域。
- 【亮度变换】：用于调整画面亮度，正值为加亮，负值为减暗。
- 【饱和度变换】：用于调整画面饱和度。
- 【要更改的颜色】：用于选择图像中要改变颜色的区域颜色。
- 【匹配容差】：用于调整颜色匹配的相似程度。

- 【匹配柔和度】：用于调整颜色匹配的柔和程度。
- 【匹配颜色】：用于选择匹配的颜色空间。可以使用 RGB、色调和色度三种方式。
- 【反转颜色校正模板】：勾选此项，将当前选择的色彩遮罩反向选择。

图 12-9　更改颜色

12.2.2　【色调均化】效果

色调均化用来使图像变化平均化，其效果及其参数面板如图 12-10 所示，常用参数介绍如下。

- 【色调均化】：用于设置均衡方式，可以选择 RGB、亮度和 Photoshop 风格。
- 【色调均化量】：用于设置重新分布亮度值的百分比。

图 12-10　色调均化

12.2.3　【曝光度】效果

曝光度用来调整图像中包含的亮度信息，通过调整曝光值在最亮和最暗的之间确定对比度。其效果及参数面板如图 12-11 所示，常用参数介绍如下。

图 12-11　曝光度

- 【通道】：用于选择施加曝光影像的通道。
- 【曝光度】：用于设置曝光的具体数值，正值为加大曝光，负值为减小曝光。
- 【偏移】：用于对画面主体施加曝光增益。
- 【灰度系数校正】：用于修正颜色区域之间的亮度对比度。

12.2.4 【色光】效果

通过参数的简单组合，色光特效可以用来实现彩光、彩虹、霓虹灯等多种神奇效果，需要结合大量的实践才能发现组合技巧，其效果及参数面板如图 12-12 所示。

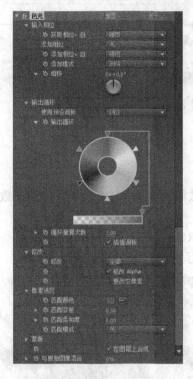

图 12-12　色光

12.3　风格类特效

在 After Effects 中，有一类能够控制图像画面效果的特效被称为风格类特效，该类效果可以方便地模拟一些实际的绘画效果或为画面提供某种特殊效果。风格类特效菜单包含如画笔描边、浮雕、发光、毛边等效果。可以通过执行【效果】/【风格化】菜单命令来使用当前特效组内的内容。

12.3.1 【浮雕】效果

After Effects 中的【浮雕】效果类似于 Photoshop 中的浮雕效果，如图 12-13 所示。其常用参数介绍如下。

- 【方向】：用于控制浮雕的光源来自何处。
- 【起伏】：用于设置浮雕厚度。
- 【对比度】：用于设置浮雕边缘处的锐利程度。
- 【与原始图像混合】：用于设置效果叠加在原始图像上的明显程度。

图 12-13 浮雕效果

12.3.2 【查找边缘】效果

【查找边缘】特效通过强化过渡像素产生彩色线条，其效果及参数面板如图 12-14 所示，常用参数介绍如下。

图 12-14 查找边缘

- 【反转】：用于将当前图像亮度反相处理后再进行勾边。
- 【与原始图像混合】：用于设置效果叠加在原始图像上的明显程度。

12.3.3 【发光】效果

【发光】特效经常用于图像中的文字和带有 Alpha 通道的图像，产生闪光的效果，其效果及参数面板如图 12-15 所示。

图 12-15 发光

常用参数介绍如下。

- 【发光基于】：用于选择发光作用通道。可以选择颜色和 Alpha 通道。
- 【发光阈值】：用于设置发光效果的范围。
- 【发光半径】：用于设置光线的长度半径。
- 【发光强度】：用于设置发光的密度。
- 【合成原始项目】：用于设置以何种方式与原画面合成。

- 【发光操作】：用于设置发光模式，类似于图层合成模式的选择。
- 【发光颜色】：用于设置发光颜色。
- 【颜色循环】：多个颜色叠加时的顺序循环方式。
- 【颜色循环】：颜色在色环位置上的循环方式。
- 【色彩相位】：用于设定颜色相位。
- 【A 和 B 中点】：颜色 A 和 B 的中点百分比。
- 【颜色 A】：选择并设置颜色 A 的色相。
- 【颜色 B】：选择并设置颜色 B 的色相。
- 【发光维度】：用于设置辉光方向，可以选择【水平】、【垂直】或【水平和垂直】方式。

12.3.4 【马赛克】效果

通过【马赛克】特效可以方便地为画面创建马赛克效果，其效果及参数面板如图 12-16
所示，常用参数介绍如下。

- 【水平块】：用于设置水平方向上的色块大小。
- 【垂直块】：用于设置垂直方向上的色块大小。

图 12-16　马赛克

12.3.5 【动态拼贴】效果

【动态拼贴】也被称为动态分布，可在同屏画面中显示多个相同的画面，其效果及参数
面板如图 12-17 所示，常用参数介绍如下。

图 12-17　动态拼贴

- 【拼贴中心】：用于设置画面平铺的中心点位置。
- 【拼贴宽度】：用于设置每个小画面的分布宽度。
- 【拼贴高度】：用于设置每个小画面的分布高度。
- 【输出宽度】：用于设置整屏画面的最终输出。
- 【输出高度】：用于设置整屏画面的输出高度。

- 【镜像边缘】：将小画面分布设置为镜像模式。
- 【相位】：用于设置每列画面的错位幅度。
- 【水平位移】：用于设置相位移动为水平位移。

12.3.6 【散布】效果

【散布】用于产生画面噪点，主要通过在画面中加入细小的杂点以产生画面颗粒感，其效果及参数面板如图 12-18 所示。

图 12-18　散布

常用参数介绍如下。

- 【散布数量】：用于设置噪点数量，调整噪点密度。
- 【颗粒】：用于设置噪点出现的位置方向。
- 【散布随机性】：选择该项可以实现在每一帧上随机出现动态颗粒效果。

12.3.7 【毛边】效果

【毛边】效果可以模拟腐蚀的纹理或溶解效果，其效果及参数面板如图 12-19 所示。

图 12-19　毛边

常用参数介绍如下。

- 【边缘类型】：用于设置边缘粗糙的样式。
- 【边缘颜色】：用于设置边缘出现时的颜色。
- 【边界】：用于设置边缘粗糙的厚度。
- 【边缘锐度】：用于设置边缘轮廓的清晰度。
- 【分形影响】：用于控制边缘出现的不规则程度。
- 【比例】：用于控制边缘呈现效果的缩放。
- 【伸缩宽度或高度】：用于设置宽度和高度的延伸程度。
- 【偏移（湍流）】：用于设置出现边缘的偏移位置。

- 【复杂度】：用于设置出现边缘时的复杂程度。
- 【演化选项】：用于控制边缘的粗糙变化、旋转、随机速度、分散方向等随机属性。

12.3.8 【闪光灯】效果

【闪光灯】特效可以根据时间变化来产生相应的变化效果，它在一些画面中间不断地加入一帧闪白、其他颜色或应用一帧图层合成模式，然后立刻恢复，使连续画面产生闪烁的效果，可以用来模拟电脑屏幕的闪烁或配合音乐增强感染力。其效果及参数面板如图 12-20 所示，常用参数介绍如下。

- 【闪光颜色】：用于设置闪烁的颜色。
- 【与原始图像混合】：用于设置与原图像混合的程度。
- 【闪光持续时间（秒）】：以秒为单位设置每次闪光的持续时间。
- 【闪光间隔时间（秒）】：以秒为单位设置每次闪光的间隔时间。
- 【随机闪光概率】：激活该选项可以为闪烁效果赋予随机性。
- 【闪光】：用于设置闪烁方式，可以选择在彩色图像上进行或在影像透明度的遮罩上进行。
- 【随机植入】：设置随机闪烁的频率。

图 12-20　闪光灯

12.4　稳定运动和跟踪运动

跟踪特效在影视后期制作中有着相当重要的地位，例如通过跟踪为行走的人添加一项自动跟随的帽子，为高速运动中的汽车添加滚滚的烟雾，让抖动的画面变得平稳等。它的大体工作原理是根据在一帧中的选择区域匹配像素来跟踪后续帧中的运动，然后将跟踪的结果作为路径，并使用稳定运动或者平滑器进一步调整、设置跟踪产生的关键帧。

12.4.1　稳定运动

在前期拍摄中，经常会遇到某个镜头由于各种原因导致画面抖动不稳的问题。如果需要修正这种问题，便可以使用 After Effects 中提供的稳定运动来进行校正。

【例 12-1】　修正画面抖动不稳的问题。

（1）选择【文件】/【新建】/【新建项目】菜单命令，创建新项目。将素材资源中的"第 12 章"文件夹复制到本地硬盘上，在"第 12 章"文件夹内找到视频素材"稳定运动.mov"，并将其导入项目中。

（2）拖曳视频素材"稳定运动.mov"至【项目】面板下方的 按钮上释放鼠标，新建合成。

（3）按数字键盘上的 0 键进行渲染，预览动画，发现画面存在抖动以及不稳定的情况。

按任意键结束预览。

（4）在菜单栏中选择【窗口】/【跟踪器】，打开【跟踪器】面板，如图 12-21 所示。

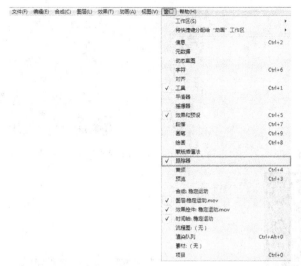

图 12-21　【跟踪器】面板

（5）双击当前图层，将层内容在【图层】预览窗口中打开，单击【跟踪器】面板中的 **稳定运动** 按钮，此时创建了第 1 个跟踪点"跟踪点 1"，如图 12-22 所示。

图 12-22　创建第 1 个跟踪点"跟踪点 1"

要点提示

　　跟踪点实际上是一个跟踪区域，由一个目标像素点、搜索区域和特征区域共同构成，其结构如图 12-23 所示。

（6）选择【选取】工具，在【图层】预览窗口中找到画面中一个不随时间变化的像素，将目标像素点拖曳到一个合适的位置，并限定其搜索区域和特征区域，如图 12-24 所示。

（7）在【跟踪器】面板中，设置【运动源】为"稳定运动.mov"，【当前跟踪】为"跟踪器 1"，【跟踪类型】为"稳定"，如图 12-25 所示。

（8）单击【跟踪器】面板【分析】选项右侧的▶按钮，从当前时间指针向前分析。

（9）单击【跟踪器】面板中的 **应用** 按钮，将分析后的结果应用到当前素材。在弹出的"动态跟踪器应用选项"窗口中选择应用维度为【X 和 Y】，单击 **确定** 按钮，如

图 12-26 所示。

图 12-23 跟踪点结构分析

图 12-24 设置跟踪点

图 12-25 【跟踪器】面板中的参数设置

图 12-26 选择应用维度

（10）在【时间轴】面板中，按键盘上的 A 键调出锚点属性，发现锚点属性的时间轴上产生了很多关键帧，如图 12-27 所示。

图 12-27 【时间轴】面板中的定位点关键帧

（11）按数字键盘上的 0 键进行渲染，预览动画，发现画面上下左右抖动的情况有了明显改善，但是还存在旋转晃动的错误，需要继续修正。

（12）将时间指针拖回到时间起始处，将层内容在【图层】预览窗口中打开，在【跟踪器】面板中单击 ■■■ 重置 ■■■ 按钮，勾选【旋转】复选框，添加新跟踪点，将新添加的另一个跟踪点放置到合适位置，调整好特征区域和搜索区域，如图 12-28 所示。

图 12-28 重新设置跟踪点

（13）单击【跟踪器】面板中【分析】右侧的 ▶ 按钮，从当前时间指针向前分析。

（14）单击【跟踪器】面板中的 应用 按钮，将分析后的结果应用到当前素材。在【时间轴】面板中可以看到，【旋转】属性的时间轴上也出现了很多的关键帧，如图 12-29 所示。

图 12-29 【时间轴】面板中的关键帧

（15）按数字键盘上的 0 键进行渲染，预览动画，发现画面抖动以及不稳定的情况得到了较好的修正，按任意键结束预览。

12.4.2 跟踪运动

上面介绍了通过稳定运动来稳定画面质量的方法，下面来了解通过跟踪运动特效可以实现的效果。从工作原理上来讲，稳定运动和跟踪运动是完全一样的，只是应用方法不同。二者的参数都在同一个面板内进行调整，仅仅是在跟踪类型中进行不同的设置。

【例 12-2】 运用跟踪运动特效。

（1）在【项目】面板中导入"第 12 章"文件夹中的视频素材"跟踪运动.mov"和图片素材"cloud.png"。新建合成，设置宽度和高度分别为 720px 和 480px，【持续时间】为 4 秒，其他选项保持默认，将其命名为"跟踪运动"。同时选中刚才导入的两个素材拖曳到合成"跟踪运动"中。

（2）激活【时间轴】面板，在合成"跟踪运动"的控制面板区域单击鼠标右键，选择【新建】/【空白对象】菜单命令，至此，本合成中有 3 个图层，调整图层顺序如图 12-30 所示。

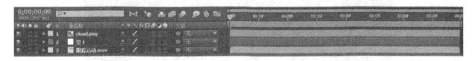

图 12-30 合成内的图层顺序

（3）在【时间轴】面板双击第 3 层，将素材"跟踪运动.mov"在【图层】预览窗口中打开，将时间指针拖动到视频的最开始处，如图 12-31 所示。

（4）在【跟踪器】面板中单击 跟踪运动 按钮，创建一个跟踪点"跟踪点 1"。

（5）将跟踪点放置到合适位置，适当调整其搜索区域和特征区域，设置【运动源】为"跟踪运动.mov"，【当前跟踪】为"跟踪器 1"，【跟踪类型】为"变换"。然后单击【分析】右侧的 ▶ 按钮，从当前时间指针向前分析，如图 12-32 所示。

图 12-31 【图层】预览窗口中的视频素材

（6）单击【跟踪器】面板中的 编辑目标… 按钮，在弹出的【运动目标】对话框中将"将运动应用于"设置为图层"空 1"，如图 12-33 所示。

图 12-32　设置跟踪点

（7）单击【跟踪器】面板上的 应用 按钮，将分析后的结果应用到图层"空 1"。

（8）单击图层"空 1"的【位置】属性，选中全部关键帧，选择【窗口】/【平滑器】菜单命令，打开【平滑器】面板，设置【容差】为"6"，如图 12-34 所示，单击 应用 按钮。此操作的目的在于将生成的动画关键帧处理得更平滑一些。

图 12-33　设置运动目标　　　　　　　　　　　图 12-34　设置平滑器属性

（9）按数字键盘上的 0 键进行渲染，预览动画，在【合成】预览窗口中可以看到，空白项目的位置在跟随小黄鸭的移动而移动，如图 12-35 所示。

图 12-35　预览动画

（10）下面要为图层"cloud.png"和图层"空 1"建立父子关系，让"cloud.png"继承"空 1"的位置运动属性。选中第 1 层，在控制面板区域的右侧单击 按钮，并将其拖曳至第 2 层的图层名称上，将第 1 层的父层设置为第 2 层，如图 12-36 所示。

图 12-36　为第 1 层和第 2 层建立父子关系

（11）调整图层"cloud.png"的位置位于小黄鸭上方的适合位置。按数字键盘上的 ⓪ 键进行渲染，预览动画，云朵小图标在跟随着小黄鸭横穿画面，如图 12-37 所示。经过测试，跟踪运动效果制作成功。按任意键结束预览。

图 12-37　最终效果

小结

本章内容涉及到 After Effects 中常用特技制作的基本知识，主要包括两大部分：第一部分是 After Effects 中部分常用的内设特效的设置以及基础操作，并且介绍了这些相关特效所呈现的画面效果；第二部分以实例操作的形式，介绍了影视后期制作中有着举足轻重地位的动态跟踪特效。需要指出的是，After Effects 提供的特效滤镜以及跟踪模式非常多样，尽管每一种都能创建出令人惊讶的效果，但是要想做出更好更新颖的效果，还需要熟悉它们的基本特性，并且注重在实践中加以综合运用。

习题

一、简答题

1．为图像校正颜色效果的特效包含在那个特效组中？
2．如何为一段曝光度较低的视频素材调整曝光值？
3．简述跟踪的基本技术原理。
4．简述稳定运动与跟踪运动的异同。

二、操作题

1．为一段素材添加多个组合特效，以创建出绚丽的彩虹效果。
2．找一段未经加工的存在画面抖动的视频素材，为其添加稳定运动特效。

第 4 部分

数字媒体短片创作

第 13 章
数字媒体的导出

导出是数字媒体制作过程中的最后一个环节。Adobe Premiere Pro 提供了多种节目导出方式。可以把作品导出为在计算机上播放的视频、动画文件或者静止图片序列；还可以刻录到 DVD 素材资源上。Premiere 为各种导出途径提供了多种文件格式和视频编码方式。

【教学目标】

- 了解各种导出选项。
- 熟悉将序列导出到磁带、制作单帧的方法。
- 掌握影片的导出设置方法。
- 熟悉 Adobe Media Encoder 的使用方法。
- 了解 Premiere 与 After Effects 的结合使用方法。

13.1 导出选项

在前面的章节中，分别介绍了 Premiere 与 After Effects 的使用方法。制作数字媒体作品一般按照如下的工作流程：首先在后期编辑软件，如 Premiere 中对作品进行粗编，然后在后期合成软件，如 After Effects 中进行特效合成，最后再回到编辑软件中编辑导出。

在 Premiere 中导出作品，需按照不同的用途分别以不同的方式导出，不同的导出方式之间也有相互交叉，如图 13-1 所示。下面介绍常用命令。

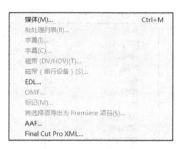

图 13-1 不同的导出方式

- 【媒体】：将编辑好的项目导出为指定格式的媒体文件，包括图像、音频、视频等。
- 【批处理列表】：将项目中的一个或多个素材剪辑添加到批处理列表中，导出生成批处理列表文件，方便在编辑其他项目时快速导入使用同样的素材文件。
- 【字幕】：将选中的字幕文件导出为独立的文件，供其他项目使用。使用该项，首先要在【项目】面板选择字幕。
- 【磁带（DV/HDV）】：将项目文件直接渲染导出到磁带。需要先链接相应的 DV/HDV 等外部设备。
- 【磁带（串行设备）】：连接了串行设备时，可将编辑后的序列直接从计算机导出到录像带，例如，用于创建母带。导出到【磁带（串行设备）】功能需要安装第三方 SDI 磁带导出解决方案。Premiere 本身不具备使用串行设备控件导出到磁带的功能。
- 【EDL】：将项目文件中的视频、音频导出为编辑菜单。
- 【OMF】：导出带有音频的 OMF 格式文件。
- 【AAF】：输入 AAF 格式文件。AAF 比 EDL 包含更多的编辑数据，方便进行跨平台编辑。
- 【Final Cut Pro XML】：导出为 Apple Final Cut Pro（苹果电脑系统中的一款影视编辑软件）中可读取的 XML 格式。

13.2 导出到磁带

通过与计算机相连的录像机或者具有录像功能的摄像机，可以将编辑好的作品输出导出到磁带上。

【例 13-1】 将作品导出到录像机。

（1）单击【项目】面板下方的【新建分类】按钮 ，在弹出的快捷菜单中选择【彩条】命令或【黑场视频】命令，如图 13-2 所示。如果选择【彩条】命令，则将在【项目】面板中新建一个时长 5 秒的彩条和声音。如果选择【黑场视频】命令，则新建一个时长 5 秒的黑场。

（2）选中彩条或者黑场视频，单击鼠标右键，在弹出的快捷菜单中选择【速度/持续时间】命令，调整时间长度为 30 秒，如图 13-3 所示。

（3）按 Ctrl 键，将彩条或黑场视频拖动到【时间轴】面板整个序列的起始处，为作品插入一段带声音的彩条或黑场视频，其余剪辑均向右移动。

（4）确保录像机和计算机连接正确，装入一盘空磁带。

（5）选择【文件】/【导出】/【磁带（DV/HDV）】菜单命令，打开【导出到磁带】对话框，如图 13-4 所示。其常用参数介绍如下。

图 13-2　创建彩条或者黑场视频　　图 13-3　调整时间　　图 13-4　【导出到磁带】对话框

- 【激活录制设备】：勾选该项，则 Premiere 将控制录像设备。
- 【在时间码上组合】：要指定从磁带上的一个特定帧开始录制，选择"在时间码上组合"并键入入点。如果未选择此选项，将从当前磁带位置开始录制。
- 【延迟影片开始方式_帧】：要使设备的时间码与录制开始时间同步，选择"延迟影片开始"并键入要将影片延迟的帧数。一些设备需要其接收录制命令的时间与影片开始从计算机播放的时间之间有个延迟。
- 【预卷_帧】：要让 Premiere 在指定开始时间之前滚动磁带以使磁带盒可以达到恒定的速度，选择"预卷"并键入希望磁带在录制开始之前播放的帧数。对于许多磁带盒而言，150 帧就足够了。
- 【选项】组：该组中的选项用于指定报告掉帧和放弃录制设置。
- 【之后中止_丢帧】：如果未成功导出指定的帧数，则自动结束导出。在此框中指定数量。
- 【报告丢帧】：生成提醒有丢帧的文本报告。
- 【导出前渲染音频】：防止包含复杂音频的序列在导出期间发生丢帧。

（6）单击 按钮即可开始录制。

要点提示

　　在 Premiere 把项目录制到磁带之前，必须先渲染项目。如果还没有渲染序列，录像机会处于暂停状态。在【时间轴】面板中按 Enter 键回放，Premiere 会预先进行渲染，渲染结束后，自动启动录像机，将作品导出到磁带中。

13.3　制作单帧

可以选择序列的一帧，将其导出为一张静态图片。

【例 13-2】　制作单帧。

（1）将时间指针移动到要导出的帧上。

（2）通过【源】监视器和【节目】监视器中的【导出帧】按钮 📷 ，可以快速导出视频帧，如图 13-5 所示。

（3）图 13-6 所示的【导出帧】对话框打开并且名称字段处于文本编辑模式。整个名称处于选中状态，可进行编辑。默认情况下，帧名称包含源剪辑或序列的名称以及一个自动递增的编号。即使重新命名帧，下次从该相同剪辑导出帧时，Premiere 也将使用下一个编号。

图 13-5　【节目】监视器对话框

图 13-6　【导出帧】对话框

（4）单击 确定 按钮，关闭【导出帧】对话框，导出成功。

13.4　导出电影、序列和音频文件

可以将剪辑整体或者部分序列导出为视频、音频文件或静态图像文件序列。在介绍具体的导出选项之前，首先介绍怎样指定导出的内容。

13.4.1　导出序列

可以将整个序列导出，也可将序列的一部分导出。方法如下。

【例 13-3】　导出序列。

（1）在【时间轴】面板上或者【节目】监视器上选中序列。

（2）将工作区域条的起始和结束位置放在要导出序列的开始和结束部分。

（3）选择【文件】/【导出】/【媒体】菜单命令，在相应的设置对话框里会出现【源范围】选项，如图 13-7 所示。选择【整个序列】选项，将整个序列导出。

图 13-7　导出设置对话框

13.4.2 导出剪辑

不仅可以导出序列，也可以将某段剪辑导出。方法如下。

【例 13-4】 导出剪辑。

（1）在【时间轴】面板上或者【节目】监视器上选中剪辑。

（2）通过监视器下方的工具栏设置入点和出点，指定剪辑导出范围。

（3）选择【文件】/【导出】/【媒体】菜单命令，在相应的设置对话框里会出现【源范围】选项，如图 13-8 所示。选择【序列切入/序列切出】选项，选择出入点将序列导出；选择【工作区域】选项，将与工作区域条对应的部分序列导出；选择【自定义】选项，自定义导出范围。

图 13-8　导出设置对话框

13.4.3 导出电影、序列和音频文件

通过【文件】/【导出】/【媒体】菜单命令，可以将序列导出为视频、音频文件或者图像序列，以便在其他系统平台上使用，或者在其他编辑软件中再次修改。

将序列导出为电影、序列和音频文件，方法如下。

【例 13-5】 导出电影、序列和音频文件。

（1）选中要导出的序列或剪辑，选择【文件】/【导出】/【媒体】菜单命令，打开【导出媒体】对话框。

（2）在打开的【导出设置】对话框中可以对导出格式和输出区域等各选项进行设置，如图 13-9 所示。

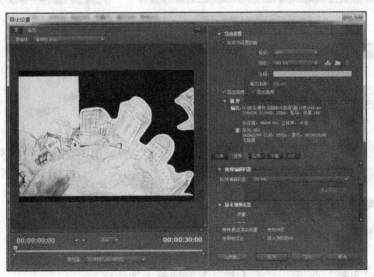

图 13-9　【导出设置】对话框

【导出设置】对话框中的常用参数介绍如下。

① 图像查看区域：位于【导出设置】对话框左侧，它包括【源】和【输出】面板。

● 【源缩放】：放大和缩小预览图像。

- 【源范围】：用于设置输出范围。如果在【时间轴】面板或者【节目】监视器中选中序列，可以选择导出全部序列还是与工作区域条相对应的序列；如果在【源】监视器中选中剪辑，则可以选择导出整个剪辑还是剪辑入点到出点之间的部分。

②【导出设置】选项组：位于【导出设置】对话框右上方，可设置导出视频的格式、预设、输出名称等，如图 13-10 所示。【导出设置】选项组常用设置介绍如下。

- 【格式】：用于设置输出的文件格式，以满足不同的需要，其下拉列表如图 13-11 所示。

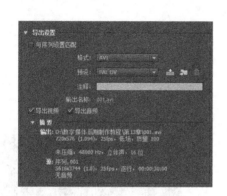

图 13-10　【导出设置】对话框

图 13-11　文件类型

AVI：输出 DV 格式的数字视频。

Quick Time：输出基于 Mac OS 操作平台的数字电影。

动画 GIF：输出动画文件。

波形音频：只输出影片中的声音。

另外，选择"Targa""TIFF""动画 GIF"等类型，可以输出序列文件。通过输出序列，可以将作品输出为一组带有序列号的序列图片。这些文件从号码 01 开始顺序计数，并将号码添加到文件名中。例如，Sequence01.tga、Sequence02.tga、Sequence03.tga 等。输出序列图片后，可以在 Photoshop 等其他图形图像处理软件中编辑序列图片，然后再导入到 Premiere 中进行编辑。

- 【预设】：选择你所需要的编码预设。
- 【输出名称】：选择要输出的名称以及路径。
- 【导出视频】：勾选该项，则导出视频轨道，否则不输出。
- 【导出音频】：勾选该项，则导出音频轨道，否则不输出。

③ 视频设置：【视频】面板中的相关选项，如图 13-12 所示。

- 【视频编解码器】选项组：用于设置视频压缩的编码解码器，不同的输出格式对应不同的编码解码器。
- 【基本视频设置】选项组：用于设置视频的基本参数。

【质量】：用于设置画面的质量。质量越高，文件尺寸越大。

【宽度】和【高度】：用于设置输出视频文件的图像尺寸。

【帧速率】：用于设置输出视频文件每秒钟包含的帧数。帧速率越大，视频中的动作越平滑，但需要的磁盘空间和渲染时间越长。

【场序】：在电视系统中，均采用了两个垂直扫描场表示一个完整的帧的方式，这也叫交错视频场。其中一个垂直扫描场扫描帧的全部奇数行，称为奇数场，在 Premiere 中称为高场优先；另一个扫描场扫描帧的全部偶数行，称为偶数场，在 Premiere 中称为低场优先。逐行是计算机显示和电影胶片的正确设置。

【长宽比】：用于设置输出视频文件帧的像素宽高比。

● 效果设置：【效果】面板中的相关选项，如图 13-13 所示。

图 13-12 【视频】设置相关选项

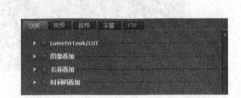

图 13-13 【效果】设置相关选项

● 【Lumetri Look/LUT】：使用 Lumetri 效果可将多种颜色等级应用到视频序列。主要有影片、去饱和度、样式、色温四个主要类别。

● 【图像叠加】：使用【图像叠加】可在序列上叠加图像。主要选项如下。

【已应用】：浏览并选择要叠加的图像。

【位置】：设置叠加在输出帧内的相对位置。包括中心、左上、右下等。

【偏移】：用于为图像指定水平和垂直偏移（以像素为单位）。

【大小】：调整图像的大小。默认情况下，图像叠加的大小会根据当前输出帧大小进行自动调整。这意味着无论输出分辨率如何，图像都将根据其相对大小进行叠加。启用"绝对大小"后，图像叠加的大小将与源图像的原有大小相关联。

【不透明度】：指定图像的不透明度。

④ 【音频】面板中的相关选项如图 13-14 所示。

● 【音频编解码器】：某些音频格式仅支持未压缩的音频，它们具有最高的质量但占用更多的磁盘空间。某些格式仅提供一个编解码器。其他格式允许你从支持的编解码器列表中进行选择。

图 13-14 【音频】设置

● 【采样率】：选择一个较高的速率以提高将音频转换为离散数字值的频率，即采样率。

较高采样率可提高音频质量并增加文件大小；较低采样率可降低质量并减小文件大小。

- 【声道】：指定导出的文件中的音频通道数。这些选项可用于多种格式，如单声道、立体声或 5.1。

- 【样本大小】：选择一个较大的比特深度，可以增加音频采样的精度。较大的比特深度还会增加处理时间和文件大小；较低的比特速率会减少处理时间和文件大小。

⑤ 设置字幕。在导出隐藏字幕数据时，【字幕】面板可指定格式和帧速率。帧速率选项取决于导出时选择的文件格式，如图 13-15 所示。

⑥ 【FTP】面板如图 13-16 所示。

图 13-15　字幕相关选项

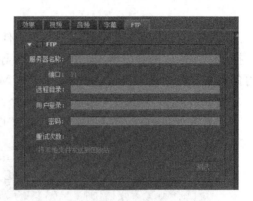

图 13-16　项目相关选项

选中【FTP】复选框，将导出的文件上传到为文件共享分配了存储空间的文件传输协议（FTP）服务器。FTP 是在网络上传输文件的一种常用方法，尤其适用于使用 Internet 连接共享相对较大的文件。服务器管理员可为用户提供连接到服务器的详细信息。

- 【使用最高渲染质量】：渲染得更加精细，细节处理得更加细致，如图 13-17 所示。

- 【使用帧混合】：帧混合命令主要用于融合帧与帧之间的画面，使之过渡更加平滑，如图 13-17 所示。

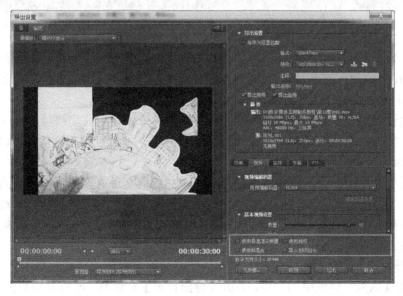

图 13-17　项目相关选项

- 【导入到项目中】：勾选该项，作品输出结束后自动添加到【项目】面板，作为素材使用，如图13-17所示。

（3）设置结束后，单击 ▊ 导出 ▊ 按钮，即可按照设置输出为所需格式。

如果只需要导出音频，在【导出设置】对话框的【输入名称】设置后面取消导出视频的选择，可以创建纯音频文件，还可以通过导出音频直接导出纯音频。

13.5 使用 Adobe Media Encoder

Adobe Media Encoder 是 Adobe 视频软件共同使用的格式编码器。它根据不同的导出方案，提供了多样化的导出格式。对于每一种导出格式，提供了大量的预设参数，还可以将预设好的参数保存起来，供以后使用。Adobe Media Encoder 界面如图13-18所示。

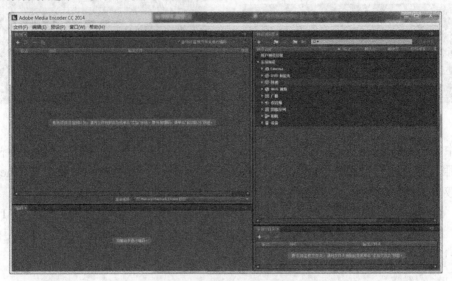

图 13-18 Adobe Media Encoder 界面

- 【队列】面板：将想要编码的文件添加到【队列】面板中。可以将源视频或音频文件、Adobe Premiere Pro 序列和 Adobe After Effects 合成添加到要编码的项目队列中。你可以拖放文件到队列中或单击【添加源】并选择要编码的源文件。

- 【预设浏览器】面板：浏览器中的系统预设基于其使用（如广播、Web 视频）和设备目标（如 DVD、蓝光、摄像头、绘图板）进行分类。你可以修改这些预设以创建自定义预设，也称为【用户预设】。

- 【监视文件夹】面板：你的硬盘驱动器中的任何文件夹都可以被指定为【监视文件夹】。当选择【监视文件夹】后，任何添加到该文件夹的文件都将使用所选预设进行编码。Adobe Media Encoder 会自动检测添加到【监视文件夹】中的媒体文件并开始编码。

使用 Adobe Media Encoder 的方法如下。

（1）打开制作完成的序列，选择【预设浏览器】面板中需要转成的格式。

（2）单击【队列】面板中的文件，打开【导出设置】对话框。根据需要设置格式、范围、预设参数等。

一般情况下，使用默认的设置即可。如果自定义参数，生成的视频文件在计算机上可以正常播出，但是在刻录素材资源时，往往会因为不符合技术规范而无法在影碟机上播放。所以，一般情况下使用预设的设置导出即可。

13.6 After Effects 的 Adobe Dynamic Link 功能

Adobe Dynamic Link 是 Adobe 公司在推出的 Adobe Creative Suite 产品系列的扩展版 Adobe Production Studio 中增加的新功能，它允许用户将 After Effects 的合成效果直接移入到 Adobe Premiere Pro 和 Encore DVD 里，而无需事先对其进行运算，省略了渲染的时间。而且更改的结果还可自动更新，用户可以即时看到调整后的效果。

【例 13-6】 使用 Adobe Dynamic Link。

（1）启动 After Effects，打开素材资源文件"第 13 章\13.aep"，如图 13-19 所示。

（2）新建一个 Premiere 项目。

（3）选择【文件】/【Adobe Dynamic Link】/【导入 After Effects 合成图像】菜单命令，如图 13-20 所示，打开【导入 After Effects 合成】对话框。

图 13-19　After Effects 中的动画效果

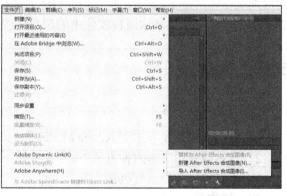

图 13-20　选择【导入 After Effects 合成图像】菜单命令

（4）在对话框左侧的【项目】面板中选择素材资源文件"第 13 章\13.aep"，在右侧的【合成】面板中再次选择合成"Typo_III"，单击 确定 按钮，如图 13-21 所示。

（5）导入的"13.aep"文件出现在 Premiere 的【项目】面板中，将其拖曳到【时间轴】面板的【v1】轨道，扩展轨道，如图 13-22 所示。

（6）按键盘上的空格键，播放序列。

（7）保持项目在 Premiere 内打开，切换回 After Effects。

（8）在【工具】面板中选择【横排文字】工具 T，双击"your title"文本图层，替换文字输入"影视后期合成"，如图 13-23 所示。

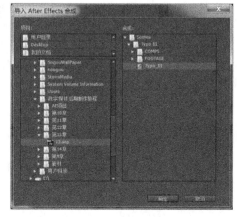

图 13-21　【导入 After Effects 合成】对话框

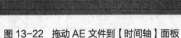

图 13-22　拖动 AE 文件到【时间轴】面板　　　　　图 13-23　输入文字

（9）不保存项目，切换回 Premiere。

（10）按键盘上的空格键，播放序列。虽然没有对项目保存，但由于使用了 Adobe Dynamic Link，在 After Effects 中对序列做的修改已经在 Premiere 中得到更新。

小结

Premiere 可以根据作品的用途和发布媒介，将序列导出各种需要的格式。本章主要介绍了如何将影片直接导出到磁带、如何导出各类影片文件、如何导出单帧和音频等。数字媒体的后期制作经常是 Premiere 和 After Effects 的结合使用，本章最后介绍了如何利用 Adobe Dynamic Link 功能共享这两种软件中的项目。

习题

一、简答题

1．导出到影片和导出到 Adobe Media Encoder 的主要区别是什么？

2．导出纯音频有哪两种方式？

3．如何将作品导出到磁带上？

二、操作题

1．从一段序列中导出静帧图片、动态序列图片。

2．制作一段视频，导出为 Windows Media 文件。

3．制作一段视频，直接导出到磁带上。

14 Chapter

第 14 章
综合实例

本章介绍 Premiere 和 After Effects 的综合应用实例：
制作一部宣传类的短片。通过本章读者能够了解宣传短
片的总体制作流程，包括"策划编剧→拍摄→编辑→效
果的处理与合成"的整个影视制作过程。大量素材的导
入使编辑工作变得复杂，根据剧本对素材进行整理和归
纳，应用故事板来协助编辑是一个有效的方法。本章还
介绍了部分编辑技巧，作为第 2 章编辑技巧部分的补充，
认真体会这些编辑技巧对于实际操作有很大的帮助。读
者还能通过本章合成部分的内容进一步了解一些特效
制作的知识，如移动遮罩、快速模糊、嵌套序列的综合
运用等。

【教学目标】
- 了解短片的制作流程。
- 了解相关的编辑技巧。
- 掌握应用故事板进行粗编的方法。
- 掌握使用 Premiere 制作移动遮罩、快速模糊等
  效果的方法。
- 掌握 After Effects 的描边特效的用法。

14.1 实例概述

　　本章要制作一部宣传类的短片，它遵循影视制作的基本流程，包括前期准备阶段、拍摄阶段和后期编辑与合成阶段。在前期准备阶段首先要完成剧本的写作以及分镜头脚本的创作，提出短片的总体理念和风格设想。拍摄中要注意变换多角度、多景别的镜头，以方便后期编辑。编辑阶段首先要采集素材并整理素材；其次进行粗编，按照故事的情节线索将镜头排列起来，形成一个大致的轮廓；之后是精编，主要是对于编辑点精确地剪辑；最后是进行合成与输出，进行诸如添加特效、制作动画和字幕等工作。

　　本章案例为某航空公司的宣传短片，在剪辑编辑前，我们首先要梳理下短片的梗概，为其撰写一段文案，作为后期剪辑的依据。

文案如下：

（1）或许没有人真正知道，我们的人生将去何方。

（2）但我们知道，人生总是充满无数令人难忘的时刻。

（3）来到世界的第一天和即将毕业的那些日子。

（4）宏伟的目标和微小的梦想。

（5）昔日的老友和新结识的伙伴。

（6）一段又一段的旅程组成了生命的旅途。

（7）我们称之为，人生。

（8）我们认为，抵达目的地固然重要。

（9）但我们也懂得，旅途，更加弥足珍贵。

（10）御风而行，以游无穷。

根据文案内容，可将短片划分为 4 个段落，梗概如下。

- 第 1 段落（1～2），引入：在机场，来自不同地方的人搭乘不同方向的班机。
- 第 2 段落（3～7），陈述：不同的人经历不同的瞬间，体验属于自己的人生。
- 第 3 段落（8～9），高潮：小小的机舱内拥有不同人生的人，经历相同的旅程。
- 第 4 段落（10），尾声：飞机航于天际，开辟新的旅程。

本例制作完成的剪辑效果如图 14-1～图 14-10 所示。

图 14-1　或许没有人真正知道，我们的人生将去何方

图 14-2　但我们知道，人生总是充满无数令人难忘的时刻

图 14-3　来到世界的第一天和即将毕业的那些日子

图 14-4　宏伟的目标和微小的梦想

图 14-5　昔日的老友和新结识的伙伴

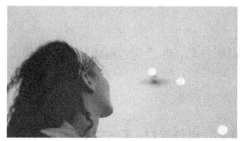 

图 14-6　一段又一段的旅程组成了生命的旅途

图 14-7　我们称之为人生

图 14-8　我们认为，抵达目的地固然重要

图 14-9　但我们也懂得，旅途，更加弥足珍贵

图 14-10　御风而行，以游无穷

14.2　编辑技巧简介

在介绍实例制作步骤之前，首先介绍几种编辑技巧，熟悉这些编辑技巧对于编辑的整体构思以及实际操作有较大帮助。

14.2.1　粗编

粗编是形成影片大体轮廓的一个过程，在拿到一大堆素材，不知所措、无从下手的时候，粗编能够理清思路、开展编辑工作的第一环节。

首先仔细分析剧本，按照段落和场景顺序整理素材。在进行拍摄的时候，受到地点、演员、环境等各方面影响，往往并不是按照剧本中事件发展的时间顺序拍摄的，因此，磁带上素材的顺序是混乱的，此时记录拍摄信息的场记表就非常重要。进行粗编的时候，首先要对照场记表对素材进行熟悉和整理，然后以一个段落或一个场景为单位进行素材的组接。

粗编的主要作用是串联故事情节，形成影片的结构。其标准是挑选流畅的、造型元素（如构图、光线、色彩等）较理想的镜头，按照剧本组接起来，查看故事的叙述是否完整，是否符合剧本的要求以及导演的构思。这时的镜头组接只是一个粗略的连接工作，至于进一步的编辑点的精确性要在之后的精编中完成。此时，编辑者对于影片的整体风格还只是存在于脑海中，并没有实现出来，还要逐步进行多次的修改和删减。

14.2.2　镜头语言的省略与凝练

蒙太奇是一种省略的艺术，它可以将漫长的生活流程用短短的几个镜头表达出来，将要传达的意图提纲挈领的给予观众。一部影片所包含的内容可能很多，要表达的故事可能很复杂，如何取舍、如何抓住讲述的重点十分关键。不省略不取舍，把所有的镜头堆砌上去，影片就会像流水账一样，平淡无味。凝练不等同于将所有的东西都省略掉、草率地讲述，不顾观众是否理解，凝练是在将剧情压紧的同时，为情绪的表达增加写意空间，有紧有松，造成节奏的变化。

在影片中经常会发现省略的运用，例如影片《天堂电影院》中，失明的老人和孩子在谈话，老人抚摸孩子的面颊，待老人的手放下，孩子已经长成年轻人。通过几个镜头就交代了好几年的时间，快速地推动了剧情的进程。

如本章实例的第 2 段落，叙述人生中经历的许多难忘时刻。若只是单独的镜头罗列未免显得平淡单调。于是在镜头的处理中穿插孩子拿飞机的片段，并与现实飞机在空中翱翔的画面相互穿插，既烘托航空公司宣传片的主题，又将叙述的时间点由横向转为纵向，增强叙事的节奏感，如图 14-11 所示。

图 14-11　增强节奏感

14.2.3　渲染气氛

一部影片，即使它是一部纯粹商业性的故事片，也不能从头到尾一刻不停地叙事，在进行了一段重头戏的讲述之后，导演需要一个段落来充分加强所要表达的意图，提升剧情带来的情绪效果。这里常用到的手法就是渲染。渲染是一种表现手法，用以细腻强烈地表现情绪，传达创作者的意图，使观众能够深入地感受影片所要传达的信息，得到强烈的感染和熏陶。

渲染实际上是强调、夸大、修饰影片的内容，时常用到对比、重复、积累、隐喻、象征、联想等手法，节奏的改变对于渲染气氛也非常重要。在运用这些手法的时候要注意与剧情、环境、场景和气氛联系起来，否则会显得牵强刻板。

本例在高潮部分的第 3 段落，表现的是旅途过程中航空公司保驾护航，是航空公司宣传理念的升华，也是整个宣传片中最感染人、最体现宣传目的的重要部分。既要突出细节，即乘机者旅途中的细微体验，体现航空公司人性化的服务理念，又要渲染气氛，通过使用飞机航空的大场景镜头增强画面的气势，通过对视觉的冲击达到对观者内心的震撼。因此特别需要渲染手法的运用，将情绪提升起来，给观众造成强烈的感受。

在这里采取重复、积累、叠化的手法，将节奏较慢的镜头对列起来，突出航空公司的服务理念，既呼应了前面的内容，又渲染了气氛、升华了主题。

14.3　制作步骤

下面来介绍具体的制作步骤，包括管理素材、嵌套序列、应用故事板、设置转场、使用 After Effects 制作片头动画以及影片的预合成。

14.3.1　素材的管理

完整的短片涉及的素材通常较多，这对于硬件设备有一定的要求，在进行编辑前首先要保证硬盘有足够的空间，素材在放置到某一文件夹之后不要轻易挪动，因为 Premiere 和 After Effects 中的【项目】面板只是记载了被导入素材的地址，如果素材的位置发生变化，这个地址就失效了，会造成项目文件内部素材内容的丢失。遇到此类问题的时候需要重置媒体链接，操作步骤如下。

【例 14-1】　重置媒体链接。

（1）将素材资源中的"第 14 章"文件夹复制到本地硬盘上，打开 Premiere 项目文件 "project14-01.prproj"，它的【项目】面板中有 3 个素材 "14-a.mov" "14-b.mov" "14-c.mov"，打开"第 14 章"文件夹，将视频文件 "14-a.mov" "14-b.mov" "14-c.mov" 剪切到本地硬盘的其他文件夹中。重新打开项目文件 "project14-01.prproj"，Premiere 自动弹出【链接媒体】对话框，如图 14-12 所示。

（2）单击 ▇▇查找▇▇ 按钮，找到放置视频文件的位置，选择 "14-a.mov"，单击 ▇▇确定▇▇ 按钮退出，Premiere 重新寻找到素材地址。

（3）如果在弹出的【链接媒体】对话框中单击 ▇▇取消▇▇ 按钮，【项目】面板中会出现 3 个离线文件，表明此时素材的地址丢失了，如图 14-13 所示。

（4）在离线素材上单击鼠标右键，在弹出的右键菜单中选择【链接媒体】命令，如

图 14-14 所示，重复第（2）步的操作重新寻找素材地址。

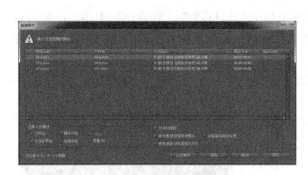

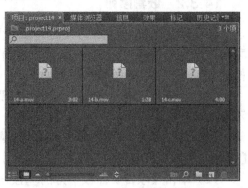

图 14-12　【链接媒体】对话框　　　　　　　　　　图 14-13　【项目】面板中素材显示为离线

继续导入相关素材并对素材进行管理，操作步骤如下。

（5）将"第 14 章"文件夹中的视频素材"14-d.mov""14-e.mov""14-f.mov""14-g.mov"
"14-h.mov""14-i.mov""14-j.mov"导入到【项目】面板，在【源】监视器中观看素材内容，
根据 14.1 节给出的剧情梗概，这些素材应当是第 2 段落的内容。

（6）对素材进行整理，单击  按钮，创建一个新素材箱，命名为"段落 2"，将所有素
材拖动到此素材箱中，如图 14-15 所示。

图 14-14　链接媒体　　　　　　　　　　　　图 14-15　创建新素材箱

一个 DV 短片有大量素材，如果不将它们按照段落分类管理，【项目】面板就会十分混
乱。这里只以第 2 段落为例进行讲解，实际操作中还需要继续导入其他素材，并为它们进行
分类整理。

14.3.2 嵌套序列

在编辑较复杂的作品时，【时间轴】面板上排列的素材较多，容易出现失误，此时可以采取嵌套序列的方法，将每个段落放置到不同的序列中，最后所有的段落再按照剧本的顺序排列到主序列中。相关操作步骤如下。

【例 14-2】 应用嵌套序列将每个段落放置到不同的序列中。

（1）选择序列"序列 01"，在右键菜单中选择【重命名】命令，改名为"短片"。

（2）单击【项目】面板下方的 按钮，在弹出的菜单中选择【序列】命令，打开【新建序列】对话框，选择序列预设为"HDV 720p30"，序列名称为"段落 2"，单击按钮 确定 退出。

（3）同样，继续建立其他以段落顺序命名的序列，如图 14-16 所示。

图 14-16 新建序列

14.3.3 应用故事板

故事板是一种以照片或手绘的方式形象地说明情节发展和故事概貌的分镜头画面组合。在 Premiere 中，可以通过【项目】面板的剪辑缩略图来充当故事板，获得直观形象的效果，协助编辑者完成粗编。

【例 14-3】 应用故事板。

（1）在【时间轴】面板中切换到"段落 2"序列，下面以"段落 2"为例介绍如何使用故事板进行粗编。

（2）按住键盘上的 Ctrl 键，拖曳【项目】面板解除停靠，拖动【项目】面板边界将其拉大。双击"段落 2"文件夹，显示里面的素材文件，单击 按钮切换到图标视图，如图 14-17 所示。

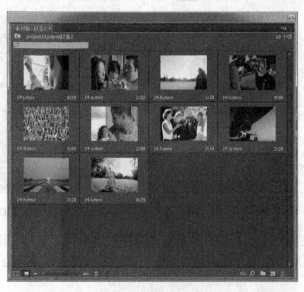

图 14-17 切换图标视图

（3）单击【素材箱】面板底部的按钮，将缩略图预览进行放大，如图 14-18 所示。

图 14-18　放大缩略图

（4）选中某一素材，在缩略图监视器中播放。这可以帮助编辑者了解素材内容，然后可以拖动素材确定排列顺序，对于"段落 2"而言，按照以下的顺序排列素材比较流畅："14-a.mov""14-b.mov""14-i.mov""14-c.mov""14-d.mov""14-e.mov""14-f.mov""14-g.mov""14-j.mov""14-h.mov"，如图 14-19 所示。

图 14-19　在素材箱中调整顺序

（5）下面将素材箱中的素材拖放到【时间轴】面板上，选中所有素材，单击【项目】面板下方的按钮，在弹出的【自动匹配序列】对话框中将【剪辑重叠】改为"0"帧，单击按钮　确定　退出，单击按钮回到上一层目录。

（6）按照同样的方法可以对其他段落进行粗编。在完成粗编之后，将所有段落序列按顺序拖放到"短片"序列中，在【节目】监视器中播放观看故事的叙述是否流畅，如图 14-20 所示。

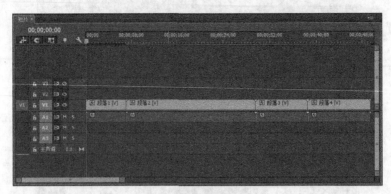

图 14-20 "短片"序列

（7）精编同样可以在各自的段落序列中进行，精编的方法在第 2 章中已经介绍，这里不再赘述，需要注意的是，在精编完成之后，由于序列内容发生了改变，要更新"短片"序列上的各个段落序列。

14.3.4 进行巧妙的转场

在进行精编之后，某些镜头仍然需要进一步地处理，例如转场特效的添加、字幕的添加、颜色的控制等。在宣传类短片中，由于受到时长限制，要求在有限的时间内充分展示产品或企业理念，因此特效不易太多太花哨，需要选取适当的合成特效，既增强视觉冲击，又使画面表达清晰明确，风格鲜明，达到最佳宣传效果。

本宣传案例由人们的生活常态引入，陈述人生中经历的不同难忘时刻，然后由浅入深，表达"目的地固然重要，但旅途更加弥足珍贵"，深化主题，从而诠释航空公司为人们的旅途保驾护航的运营理念。根据梗概段落我们可以发现，第 2 段是对人生重要时刻的叙述，而第 3 段是航空公司理念的表达，是整个宣传短片的高潮部分。由第 2 段的叙述转为第 3 段的理念传达，不仅是段落之间的转换，更是引导观众情绪的转换。虽然软件当中提供了大量的转场特效，但是放到此处都有些突兀，因此需要创造一种有明显转场效果又可以突出情绪变化的转场方法。这里采取孩子手中的飞机模型变模糊再变成飞机起飞实景的方式进行转场，在画面上进行了由小到大的视觉冲击，同时，也使短片营造的氛围发生时空上的转变，如图 14-21 所示。

图 14-21 画面原始状态

涉及的主要知识点是 Premiere 中的不透明度调整、轨道遮罩、快速模糊、关键帧动画、叠加溶解转场等。

【例 14-4】 设置转场效果。

（1）新建项目文件"project14-02.prproj"，将"第 14 章"文件夹中的"14-h.mov""14-j.mov"导入【项目】面板。首先将"14-j.mov"拖到【时间轴】面板的"V1"轨道上，选中"14-j.mov"，单击鼠标右键，在弹出的右键菜单中选择【速度/持续时间】命令，弹出【剪辑速度/持续时间】对话框，设置剪辑"14-j.mov"的【持续时间】为 5 秒，并且勾选【倒放速度】，如图 14-22 所示。

（2）单击【项目】面板下方的█按钮，在弹出的菜单中选择【颜色遮罩】命令，确认弹出的【新建颜色遮罩】对话框中视频设置无误，单击█确定█按钮，弹出【拾色器】对话框，选择棕黄色，色号为"# 63440E"，单击█确定█按钮，在【选择名称】对话框中将颜色遮罩命名为"棕黄色"，单击█确定█按钮，新建一个颜色遮罩，如图 14-23 所示。

图 14-22 【剪辑速度/持续时间】对话框

图 14-23 新建颜色遮罩

（3）将彩色蒙版拖放到【时间轴】面板的"V2"轨道上，将其右边界向右拖动，延长至 5 秒，使颜色遮罩与剪辑"14-j.mov"长度一样，如图 14-24 所示。

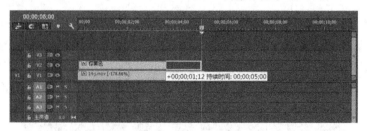

图 14-24 向右拖动颜色遮罩切出点

（4）选中"V2"轨道上的颜色遮罩，切换到【效果控件】面板，将【不透明度】属性值设为"20%"，如图 14-25 所示。"V1"轨道上的剪辑"14-j.mov"被加上了一个颜色遮罩，整体色调变成棕黄色，如图 14-26 所示。

图 14-25 改变颜色遮罩不透明度

（5）选中"V1"轨道上的剪辑"14-j.mov"，选择【编辑】/【复制】菜单命令，再选中

"V3"轨道，选择【编辑】/【粘贴】菜单命令，将剪辑"14-j.mov"复制到"V3"轨道，如图 14-27 所示。

图 14-26　颜色遮罩效果

（6）选择【序列】/【添加轨道】菜单命令，弹出【添加轨道】对话框，设置参数如图 14-28 所示，为【时间轴】面板添加一个视频轨道"V4"。

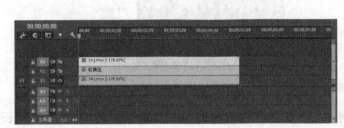

图 14-27　复制视频剪辑　　　　　　　　　　　　　　图 14-28　添加视频轨道

（7）单击【项目】面板下方的■按钮，在弹出的菜单中选择【字幕】命令，新建字幕命名为"飞机"，单击 确定 按钮，弹出字幕窗口，将时间指针拖动到"00:00:03:00"处，选择【钢笔】工具 ，在绘制区域按照飞机大体的外形进行绘制。在右侧字幕属性中选择【属性】/【图形类型】为"填充贝塞尔曲线"，如图 14-29 所示，关闭字幕窗口。

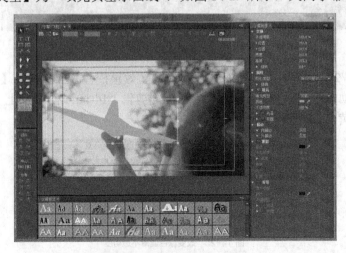

图 14-29　绘制飞机外形并设置参数

（8）将字幕"飞机"放到"V4"轨道上，拖动其边缘，使其从"00:00:00:00"开始，到"00:00:05:00"结束，持续时间为 5 秒，长度与剪辑"14-j.mov"相同。

（9）切换到【效果】面板，选择【视频效果】/【键控】/【轨道遮罩键】命令，将其拖曳到"V3"轨道的剪辑"14-j.mov"上释放鼠标，为剪辑添加一个轨道遮罩键。

（10）切换到【效果控件】面板设置轨道遮罩键的属性，在【遮罩】下拉列表中选择【视频 4】选项，在【合成方式】下拉列表中选择【亮度遮罩】选项，如图 14-30、图 14-31 所示。

图 14-30　设置轨道遮罩键效果参数

图 14-31　设置轨道遮罩键效果参数

（11）为遮罩增加模糊效果。激活【效果】面板，选择【视频效果】/【模糊与锐化】/【快速模糊】命令，将其拖曳到"V4"轨道的"飞机"上松开，为剪辑添加一个快速模糊。

（12）在【效果控件】面板中设置快速模糊参数，将【模糊度】属性值改为"80"，如图 14-32 所示。

（13）由于"14-j.mov"是一个运动镜头，飞机是运动的，因此也要求轨道遮罩随着飞机的大小发生改变，为"飞机"遮罩创建关键帧动画可以解决这一问题。

（14）在【效果控件】面板中单击【运动】左侧的▶将其展开，取消勾选【等比缩放】复选框，将要制作的关键帧动画涉及【位置】、【缩放高度】、【缩放宽度】、【旋转】4 个参数，如图 14-33 所示。

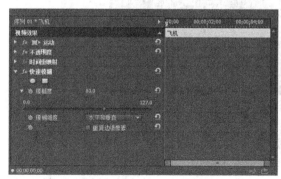

图 14-32　设置快速模糊效果参数

图 14-33　取消勾选【等比缩放】复选框

（15）单击【位置】、【缩放高度】、【缩放宽度】、【旋转】左侧的⏱图标，在不同时间建立关键帧，根据飞机的位置和大小变化，相应地对【位置】、【缩放高度】、【缩放宽度】、【旋转】属性值进行调整；想要更加直观，也可以通过【节目】监视器中的控制手柄进行缩放和移动。【效果控件】中的关键帧设置如图 14-34 所示。

在【节目】监视器中观看效果：飞机从画面中强调出来了，如图 14-35 所示。

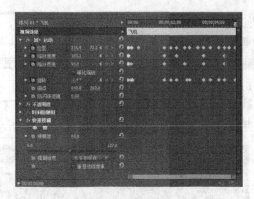

图 14-34 最终的关键帧

图 14-35 画面的效果

下面制作与"14-h.mov"的衔接。

（16）为"V3"轨道的"14-j.mov"增加一个快速模糊。将时间指针拖动到"00:00:04:05"
处，单击【模糊度】左侧的切换动画按钮 🕐，
建立关键帧，【模糊度】属性值为"0"；将
时间指针拖动到"00:00:05:00"处，将【模
糊度】属性值改为"60"，建立一个新关键
帧，如图 14-36 所示，同时勾选【重复边缘
像素】复选框。

（17）将【项目】面板中的"14-h.mov"
拖放到"V3"轨道上的"14-j.mov"后面，将
"14-h.mov"的左边界向右拖动 1 秒 20 帧，在
飞机即将起飞时开始剪辑，如图 14-37 所示。

图 14-36 创建快速模糊关键帧动画

图 14-37 向右拖动"14-h.mov"切入点

（18）为"14-h.mov"也增加一个快速模糊。将时间指针拖动到"00:00:05:00"处，单击
【模糊度】左侧的切换动画按钮 🕐，建立关键帧，设置【模糊度】属性值为"60"；将时间指
针拖动到"00:00:05:20"处，将【模糊度】属性值改为"0"，建立一个新关键帧，如图 14-38
所示，同时勾选【重复边缘像素】复选框。

（19）切换到【效果】面板，选择【视频过渡】/【溶解】/【叠加溶解】，将【叠加溶解】效
果拖动到"V3"轨道上的"14-j.mov"和"14-h.mov"的交界处释放鼠标，如图 14-39 所示。

（20）选中【叠加溶解】效果，在【效果控件】面板中将【持续时间】改为"20"帧，
将鼠标放置到切换效果的中央，向右拖动鼠标，将切换效果放置在"14-j.mov"和"14-h.mov"
的中间偏左的位置，如图 14-40 所示。

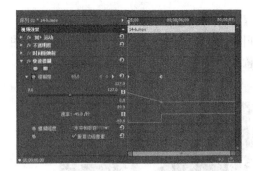

图 14-38　创建快速模糊关键帧动画

图 14-39　添加叠加溶解切换效果

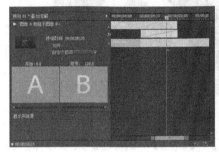

图 14-40　改变叠加溶解的时间和位置

在【节目】监视器中观看最终效果，如图 14-41 所示。

图 14-41　最终效果

14.3.5　使用 After Effects 制作片头动画

在本节中将介绍使用 After Effects 制作飞机描边动画的方法，以取得更好的整体效果。

【例 14-5】　使用 After Effects 制作飞机描边动画。

（1）在 After Effects 中新建一个项目文件，命名为"logo"，在【项目】面板中导入图片"飞机.png"。

（2）选择【合成】/【新建合成】菜单命令，弹出【合成设置】对话框，在【预设】下拉列表中选择【HDV/HDTV 720 29.97】预设置，设置【持续时间】为 5 秒，如图 14-42 所示。

（3）将图片"飞机.png"放到合成中，双击打开图层窗口。选择【钢笔】工具 🖊，在图层窗口中绘制飞机的外轮廓路径，在绘制过程中注意使用【转换"顶点"】工具 ▷ 调整路径，最终绘制好的飞机外轮廓如图 14-43 所示。

图 14-42　新建合成

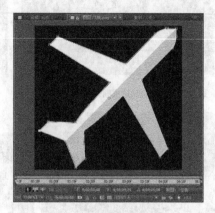

图 14-43　绘制飞机轮廓路径

（4）下面将路径复制到一个纯色层上。选择【图层】/【新建】/【纯色】菜单命令，打开【纯色设置】对话框，新建一个黑色的与合成大小一致的纯色层。

（5）单击图层"飞机.png"左侧的 ▶ 按钮，再次单击【蒙版】左侧的 ▶ 按钮，展开其属性，选中【蒙版路径】属性，"蒙版 1"就是刚才绘制的飞机轮廓路径，如图 14-44 所示。选择【编辑】/【复制】菜单命令。

（6）选中纯色层，选择【编辑】/【粘贴】菜单命令，将在图层"飞机.png"中绘制的路径复制到纯色层上，并将图层"飞机.png"的蒙版删除，如图 14-45 所示。

图 14-44　选中蒙版路径

（7）选中纯色层，选择【效果】/【生成】/【描边】菜单命令，为纯色层添加一个描边特效。在【效果控件】面板中对其属性值进行设置，如图 14-46 所示，在【路径】下拉列表中选择【蒙版 1】选项，设置【颜色】为黄色。

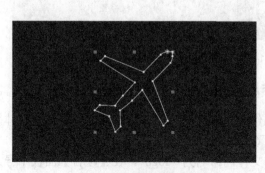

图 14-45　复制蒙版到纯色层上

图 14-46　添加描边特效

（8）下面为描边特效添加关键帧动画，将时间指针拖动到"00:00:00:00"处，单击【结束】左侧的时间变化秒表 ，建立关键帧，将【结束】属性值设为 "0%"；将时间指针拖动到 "00:00:03:00" 处，将【结束】属性值改为 "100%"，如图 14-47 和图 14-48 所示。

图 14-47　0 秒时【结束】属性值为 0%　　　　图 14-48　3 秒时【结束】属性值为 100%

（9）按数字键盘上的 [0] 键进行渲染，预览效果。

（10）将纯色层的持续时间缩短为 3 秒 1 帧，将图层 "飞机.png" 的开始点放置到 "00:00:03:01" 处，如图 14-49 所示。

图 14-49　改变图层持续时间

（11）选择【效果】/【过渡】/【渐变擦除】菜单命令为图层 "飞机.png" 添加一个过渡转场特效，在【渐变位置】下拉列表中选择【中心渐变】选项，如图 14-50 所示。

（12）将时间指针拖动到 "00:00:03:01" 处，单击【过渡完成】的时间变化秒表 添加一个关键帧，设置【过渡完成】属性值为 "100%"；将时间指针拖动到 "00:00:05:00" 处，将【过渡完成】属性值改为 "0%"，如图 14-51 和图 14-52 所示。

图 14-50　添加过渡转场特效

图 14-51　3 秒 1 帧时【过渡完成】属性值为 100%　　　图 14-52　5 秒时【过渡完成】属性值为 0%

（13）完成动画设置的【时间轴】面板如图 14-53 所示，按数字键盘上的 [0] 键进行渲染，预览效果。

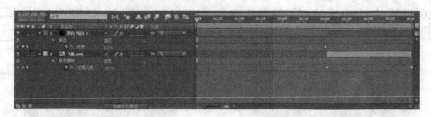

图 14-53　【时间轴】面板上的关键帧

14.3.6　预合成

此时飞机的动画制作完毕了，但是飞机的大小和位置都不合适，要改变图层"飞机.png"和纯色层的位置与大小，首先要对两者进行预合成。

【例 14-6】　预合成处理。

（1）将图层"飞机.png"和纯色层全部选中，右键选择【预合成】菜单命令，创建一个预合成，命名为"飞机 logo"，如图 14-54 所示。

（2）调整预合成【变换】中的位置、缩放、旋转等属性，如图 14-55 所示。调整后飞机的位置如图 14-56 所示。

图 14-54　创建预合成

图 14-55　调整【变换】属性参数

（3）下面将制作的飞机动画导出，选择【文件】/【导出】/【添加到渲染队列】菜单命令，在【渲染队列】面板中选择【输出模块】，弹出【输出模块设置】对话框，在【格式】下拉列表选择【"Targa"序列】选项，分辨率选择"24 位/像素"，设置【通道】为"RGB+Alpha"，如图 14-57 所示。单击 确定 按钮。

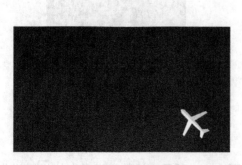

图 14-56　飞机的位置

图 14-57　导出图像序列

（4）回到【渲染队列】，单击"输出到"选项，弹出【将影片输出到】对话框，新建一个名为"飞机序列"的文件夹，单击 保存(S) 按钮退出。回到【渲染队列】单击 渲染 按钮导出。导出的动画序列如图 14-58 所示，导出的序列可以导入到 Premiere 中使用。

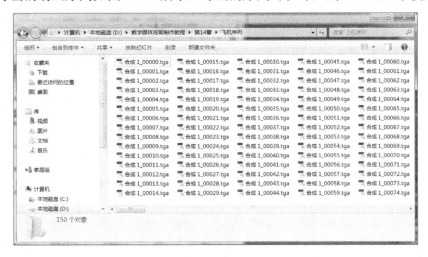

图 14-58　图像序列

小结

本章通过制作一部宣传类的 DV 短片，向读者介绍了素材的管理、故事板的应用、序列嵌套、粗编与编辑技巧等内容，并且通过几个小例子，介绍了如何使用轨道遮罩、快速模糊等制作移动遮罩效果，以及使用 After Effects 制作动画并导出为序列的方法。

习题

一、简答题

1．粗编的作用是什么？

2．观看一部影片，仔细体会片中对于镜头语言省略的运用。

3．什么是故事板？在 Premiere 中如何使用故事板？

4．在编辑较复杂的作品时，如何解决【时间轴】面板上排列素材过多，为编辑工作带来不便的情况？

5．在 After Effects 中绘制路径时，如何对已绘制的路径进行调整？

二、操作题

1．自己搜集素材，巩固 Premiere 中轨道遮罩键的用法。

2．尝试使用 After Effects 中过渡转场的各种效果。